Theory of Hazardous Materials

제4판

위험물질론

이재욱 · 강웅일 · 권용수 공저

화수목

Preface

과학기술과 문명의 발달에 따른 산업의 규모와 형태가 다양화되고 대형화되고 있다. 이에 발맞추어 화재의 발생건수도 매년 증가하고, 피해의 규모도 점차 대형화되어가고 있으며, 물적·인적 피해가 큰 폭으로 증가되고 있다. 재해로부터 생명과 재산을 보호하기 위해서 화재의 예방에 대한 보편적 교육과 국민의식개혁이 아직도 많이 필요하며, 소방시설과 소방관련 직종에 대한 투자와 연구개발이 병행되어야 한다. 현재 이러한 추세를 반영하여 국내의 여러 대학에 소방 및 안전 관련 학과들이 신설되고 있으며, 산업현장에서도 소방 관련자들의 전문화를 위한 전문적인 교육과정의 필요성이 대두되고 있다. 그러나 국내 소방법과 위험물안전관리법을 기초로 한 교재나 참고자료가 부족하여 다소 어려움을 겪고 있는 실정이다. 이에 필자는 소방안전관리과에서의 강의와 학생들과의 대화 등을 바탕으로 관련 자료와 논문 등을 참고하여 소방 관련학과의 학생 및 공무원, 산업현장의 소방관련 종사자, 소방관련 자격증을 준비하는 수험생들을 위하여 본 교재를 쓰게 되었다. 증개편된 본 교재는 개정된 위험물안전관리법을 기준으로 하였으며, 현재 적용되는 물질용어와 과거에 쓰이던 용어를 병용함으로써 용어적 혼선을 최소화하고자 하였다.

학생들은 이 책을 통해 소방공학이나 소방엔지니어의 업무, 그리고 소방 종사자들이 되기 위한 기초적인 지식을 얻게 될 수 있을 것이며, 향후 소방인으로의 준비를 할 수 있을 것으로 희망한다. 필자는 이 책을 보는 독자들이 소방과 안전에 관해서 보다 잘 이해할 수 있게 되기를 바라며, 소방업무 종사자로서의 경력을 충실히 쌓아 나가는데 도움이 될 수 있기를 바란다.

끝으로, 이 책이 완성되기까지 주위에서 많은 도움을 주신 분들과 감수를 맡아주신 권용수 교수님, 그리고 화수목 출판사 관계자 여러분께 진심으로 감사드립니다.

CONTENTS

Chapter 1 위험물의 구분 및 공통 기준

1. 위험물의 구분 ······ 3

Chapter 2 위험물 화학의 기초

1. 물질의 종류(물질의 상태와 변화) ······ 15
2. 일반화학의 기본 법칙 ······ 22
3. 산화와 환원 ······ 29
4. 전기화학 ······ 31
5. 중요 가스들의 성질 ······ 37
6. 유기화합물 ······ 45
7. 지방족 화합물 ······ 50
8. 방향족 화합물 ······ 56
9. 연소 ······ 59
10. 연소의 3요소 ······ 61
11. 연료 ······ 63
12. 연료의 특성 ······ 64
13. 연소의 형태 ······ 72
14. 연소의 제반사항 ······ 74
■ 연습문제 ······ 83

Chapter 3 제1류 위험물

1. 제1류 위험물의 일반적 성질 ········ 89
2. 위험성 ········ 91
3. 제1류 위험물의 품명 및 지정수량 ········ 92
4. 저장 및 취급방법 ········ 93
5. 소화 방법 ········ 93
6. 제1류 위험물의 종류 ········ 94
- 연습문제 ········ 115

Chapter 4 제2류 위험물

1. 제2류 위험물의 일반적 성질 ········ 123
2. 위험성 ········ 125
3. 제2류 위험물의 품명 및 지정수량 ········ 126
4. 저장 및 취급방법 ········ 127
5. 소화 방법 ········ 127
6. 제2류 위험물의 종류 ········ 127
- 연습문제 ········ 139

Chapter 5 제3류 위험물

1. 제3류 위험물의 일반적 성질 ········ 145
2. 위험성 ········ 146
3. 제3류 위험물의 품명 및 지정수량 ········ 146
4. 저장 및 취급방법 ········ 147
5. 소화 방법 ········ 148
6. 제3류 위험물의 종류 ········ 148
- 연습문제 ········ 164

Chapter 6 제4류 위험물

1. 제4류 위험물의 일반적 성질 ········ 169
2. 제4류 위험물의 품명 및 지정수량 ········ 170
3. 위험성 ········ 171

4. 저장 및 취급방법 ······ 172
5. 소화 방법 ······ 172
6. 제4류 위험물의 종류 ······ 172
■ 연습문제 ······ 201

Chapter 7 제5류 위험물

1. 제5류 위험물의 일반적 성질 ······ 209
2. 제5류 위험물의 품명 및 지정수량 ······ 210
3. 위험성 ······ 211
4. 저장 및 취급방법 ······ 211
5. 소화 방법 ······ 211
6. 제5류 위험물의 종류 ······ 212
■ 연습문제 ······ 229

Chapter 8 제6류 위험물

1. 제6류 위험물의 일반적 성질 ······ 233
2. 제6류 위험물의 품명 및 지정수량 ······ 234
3. 위험성 ······ 234
4. 저장 및 취급방법 ······ 234
5. 소화 방법 ······ 235
6. 제6류 위험물의 종류 ······ 235
■ 연습문제 ······ 241

Appendix 부 록

1. 위험물의 종류 ······ 245
2. 혼합으로 위험이 따르는 화학물질 일람표 ······ 249

■ 참고문헌 ······ 254
■ 연습문제 해답 ······ 255
■ 찾아보기 ······ 258

CHAPTER 01

위험물의 구분 및 공통 기준

1. 위험물의 구분

CHAPTER 01 Theory of Hazardous Materials

위험물의 구분 및 공통기준

1 위험물의 구분

1) 위험물의 정의

광의의 의미에서 위험물이라 함은

i) 사람의 건강에 위해를 끼치는 건강 위험성 물질

ii) 인간의 생활환경을 해치는 환경 위험성 물질

iii) 화재나 폭발로 인한 피해를 주는 물리적 위험성이 있는 물질이라 할 수 있다[1].

위험물안전관리법에서 정의하는 위험물은 인화성 또는 발화성 등의 성질을 가지는 것으로서 대통령령이 정하는 물품을 말한다[2]. 위험물안전관리법에 따른 위험물은 제1류~제6류로 총 6가지로 나뉘게 되며, 산업안전보건기준에 관한 규칙에 따라서는

i) 폭발성 물질 및 유기과산화물

ii) 물반응성 물질 및 인화성 고체

iii) 산화성 액체 및 산화성 고체

iv) 인화성 액체

v) 인화성 가스

vi) 부식성 물질

vii) 급성 독성물질로 총 7가지로 나뉜다.

산업안전보건기준에 관한 규칙에 따른 위험물을 다시 세분하여 설명하면, 우선

i) 폭발성 물질 및 유기과산화물은 질산에스터류(질산에스테르류), 나이트로화합물(니트로화합물), 나이트로소화합물(니트로소화합물), 아조화합물, 디아조화합물, 하이드라진유도체(하이드라진 유도체), 유기과산화물, 이 외에 폭발 위험이 있는 물질이나 이를

함유한 물질이다.

ii) 물반응성 물질 및 인화성 고체물질은 리튬, 칼륨·나트륨, 황, 황린, 황화인·적린, 셀룰로이드류, 알킬알루미늄·알킬리튬, 마그네슘분말, 금속분말(마그네슘 분말 제외), 알칼리금속(리튬·칼륨 및 나트륨 제외), 유기 금속화합물(알킬알루미늄 및 알킬리튬 제외), 금속의 수소화물, 금속의 인화물, 칼슘탄화물, 알루미늄탄화물, 이 외에 발화성 또는 인화성이 있는 물질 및 이를 함유한 물질이다.

iii) 산화성 액체 및 산화성 고체는 차아염소산 및 그 염류, 아염소산 및 그 염류, 염소산 및 그 염류, 과염소산 및 그 염류, 브로민산(브롬산) 및 그 염류, 아이오딘산(요오드산) 및 그 염류, 과산화수소 및 무기 과산화물, 질산 및 그 염류, 과망가니즈산(과망간산) 및 그 염류, 다이크로뮴산(중크롬산) 및 그 염류, 이 외에 산화성이 있는 물질 및 이를 함유한 물질을 말한다.

iv) 인화성 액체는 에틸에터(에틸에테르), 가솔린, 아세트알데하이드, 산화프로필렌, n−헥산, 아세톤, 메틸에틸케톤, 메틸알코올, 에틸알코올, 이황화탄소, 자일렌(크실렌), 아세트산아밀, 등유, 경유, 테레핀유, 이소아밀알코올, 아세트산, 하이드라진 등을 말한다.

v) 인화성가스는 수소, 아세틸렌, 에틸렌, 메탄, 에탄, 프로판, 부탄 등이 있다.

vi) 부식성 물질은 염산, 황산과 같은 부식성 산과 수산화나트륨이나 수산화칼륨과 같은 부식성 염류가 있다.

vii) 급성독성물질은 LD_{50} 및 LC_{50} 이하인 화학물질 등이 있다.

소방행정상에서 정의하는 위험물은 실생활에서 제조, 저장, 취급 등의 양이 많으며, 화재 및 폭발위험이 큰 것으로서 위험물안전관리법에서 정하는 것을 말한다.

본 교재에서는 위험물안전관리법을 기준으로 한 위험물질에 대해서 다루기로 하며, 표 1−1에 유해화학물질관련 규제법령을 나타내었다.

표 1−1 유해화학물질관련 규제법령

위험물질	소관부처	근거법령
유독물	환경부	유해화학물질관리법
건강장애물질	노동부	산업안전보건법
위험물	행정안전부	위험물안전관리법
화약류	경찰청	총포도검화약류등 단속법
가스	지식경제부	고압가스안전, 도시가스사업법, 액화가스사업 및 안전관리법
방사성물질	과학기술부	원자력법

참/고/

- LD_{50}(Lethal dose) : 한 무리의 실험동물 50%를 사망시키는 독성물질의 양 또는 방사선의 선량으로 반수치사량이라고도 한다. 같은 동물이라도 나이, 건강상태에 따라 차이가 있지만 일반적으로 50%가 죽을 확률이 있다는 독물량을 말하는 것으로 쥐, 개 등을 이용하여 실험적으로 구한다. 설치류의 실험으로 경구투여 시 LD_{50}이 300mg/kg 이하이면 유독물, 15mg/kg 이하이면 특정 유독물로 지정하고, 경피투여 시 1000mg/kg 이하이면 유독물, 50mg/kg 이하이면 특정 유독물로 지정한다.
- LC_{50}(Lethal concentration) : 한 무리의 실험동물 50%를 죽이게 하는 독성물질의 농도, 즉 50%의 치사농도로 반수치사농도라고도 하며, LD_{50}(50% 치사량)과 같은 개념으로 쓰이기도 한다. 기체 및 휘발성물질은 ppm으로 분말인 물질에 대해서는 mg/l로 표시한다. 한국의 유해화학물질관리법에서 유독물과 특정 유독물의 분류기준으로 이용하고 있다.

2) 위험물의 이해 및 위험성

(1) 위험물의 이해

위험물질은 화학적 혼합물질뿐만 아니라 자연계에 존재하는 순수광물질 등도 포함된다. 이들은 연소성과 폭발성을 가지고 있으며, 그 정도가 낮더라도 위험성을 인지하지 못하고 취급함에 따라 더 큰 사고나 재난을 일으킨다. 따라서, 화학물질이나 이를 함유한 제품을 구입할 경우, 그 물질에 대한 정보를 알려주기 위하여 물질보건안전보건자료(Material safety data sheet, MSDS)를 의무적으로 발행하여 제조자명, 제품명, 성분과 성질, 취급상의 주의, 적용법규, 사고 시의 응급처치방법 등을 통해 그 위험성을 알려준다.

※ 물질 안전 보건 자료(MSDS: Material Safety Data Sheet)[3]

화학 물질에 대한 안전상·보건상의 기초 자료(화학명, CAS(Chemical Abstracts Service) 등록 번호, 유해한 물리·화학적 특성 그리고 알려진 급·만성 건강 자료가 포함)를 정리하여 이에 따른 항목을 세분하여 근로자에게 제시함과 동시에 이를 활용하여 취급 물질로 인한 재해가 발생하지 않도록 예방하는 데 목적을 두고 작성된 문서.

물질 안전 보건 자료(MSDS: Material Safety Data Sheet)는 미국 노동부 산하 노동 안전 위생국(Occupational Safety & Health Administration, OSHA)이 약 600여 종의 화학 물질이 작업 근로자에게 유해하다고 여겨서 이들 물질의 유해 기준을 마련하고자 한 것으로부터 기인하였다. 국내는 산업안전보건법 제110조(물질 안전 보건 자료의 작성·비치 등)에 근거하여 화학물질을 제조, 수입, 사용, 운반, 저장하고자 하는 사업주가 MSDS를 작성·비치하고, 화학물질이 담겨있는 용기 또는 포장에 경고 표지를 부착하여 유해성을 알리며, 근로자에게 안전보건교육을 실시하는 제도로써, 화학물질로부터 근로자의 안전과 건강을 보호하기 위하여 시행된 제도이다.

MSDS제도는 화학물질을 취급하는 근로자에게 유해·위험성을 알려줌으로써 근로자 스스로가 직업병 등으로부터 자신을 보호하도록 하고 불의의 화학 사고에 신속히 대응하도록 하기 위해 실시되는 제도이다 연소란, 물질이 산소와 화합하여 열과 빛을 동반하는 현상이다. 자세히 설명하면, 가연성 물질이 점화원에 의해 공기 중의 산소와 반응하면 발열반응에 의해 열을 발생하게 되어 온도가 높아지므로 원자 및 분자의 운동에너지가 증가하게 된다. 운동에너지가 증가함에 따라 복사선이 나타나며, 이 열복사선은 온도가 상승하면 파장이 짧아지면서 가시광선 영역의 파장에 이르게 되어 발광반응을 감지할 수 있게 된다. 이러한 현상을 연소라 한다.

연소가 일어나기 위해서는 연소의 3요소인 가연물, 산소공급원, 점화원(열원)이 반드시 필요하며, 이 중 하나라도 없으면 연소는 일어나지 않는다. 연소의 3요소에 연쇄반응을 추가시키면 연소의 4요소라 한다. 그리고, 충분한 온도, 충분한 체류시간, 충분한 혼합이 이루어져야 연소가 일어난다.

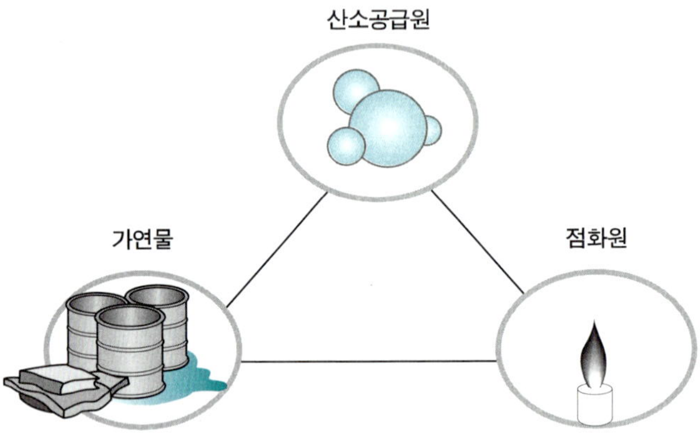

그림 1-1 연소의 3요소

(2) **위험성**

위험물안전관리법상으로 정하는 위험물은 법률상의 용어로 화재 발생, 연소의 확대, 소화활동의 곤란, 재산상 및 인체로의 유해를 가할 수 있는 것을 기준으로 한다. 위험물안전관리법에 따른 위험물은 물품들의 일반적인 성질, 화재예방방법, 소화방법 등의 공통점을 기준으로 제1류에서 제6류 위험물까지 총 6가지로 분류한다. 각 류별에 따른 일반적 성질로 연소성, 폭발성, 열분해성 등으로 그 위험성을 나타내며, 위험물안전관리법과 직접 관련이 있는 물리·화학적 위험성은 16종으로 분류된다. 표 1-2에 유별구분의 기준을 나타내었다. 또한, 표 1-3은 위험물질의 성질에 따른 물질의 표시 등을 나타내었다.

표 1-2 위험물 유별구분의 기준

유 별	공통 성질
제1류 위험물	산화성 고체
제2류 위험물	가연성 고체
제3류 위험물	자연발화성 및 금수성 물질
제4류 위험물	인화성 액체
제5류 위험물	자기반응성 물질
제6류 위험물	산화성 액체

위험물을 유별로 지정해둠으로써 같은 류에 있는 위험물은 공통의 화재위험성을 가지고 있으므로 동일한 화재예방 및 진압대책을 세울 수 있다.

참/고/

위험물안전관리법과 관련된 물리·화학적 위험성

1. 화약류
2. 인화성/가연성 기체
3. 인화성 에어졸
4. 산화성 기체
5. 고압가스
6. 인화성 액체
7. 가연성 고체
8. 자기반응성 화학품
9. 자연발화성 액체
10. 자연발화성 고체
11. 자기발연성 화학품
12. 물반응가연성 화학품
13. 산화성 액체
14. 산화성 고체
15. 유기과산화물
16. 금속부식성 물질

표 1-3 위험물질의 성질에 따른 표시 Label

인화성 물질	산화성 물질	폭발성 물질
인화성/가연성 기체/액체/고체 인화성 에어졸 자기반응성 화학품 자연발화성 액체 및 고체 자기발열성 화학품	산화성 기체/액체/고체 유기과산화물	자기반응성 화학품 유기과산화물

부식성 물질
피부부식성/자극성

자극성/과민성 물질

급성 독성

3) 위험물의 분류 및 공통기준

위험물안전관리법에서 말하는 고체, 액체, 기체의 기준은 일상조건에서의 물질의 상태를 말하는 것으로 액체는 1atm 및 20℃에서 액상인 것 혹은 20℃ 초과 40℃이하에서 액상인 것을 말하며, 기체는 1atm 및 20℃에서 기상인 것을 말한다. 고체는 액체와 기체의 상태를 제외한 나머지 고형화된 상태를 말하는 것이다. 이 경우 “액상”이라 함은 수직으로 된 시험관(안지름 30mL, 높이 120mm의 원통형 유리관)에 시료를 55mm까지 채운 다음 시험관을 수평으로 하였을 때 시료액면의 선단이 30mm를 이동하는 데 걸리는 시간이 90초 이내에 있는 것을 말한다.

(1) 제1류 위험물(산화성 고체)

제1류 위험물은 “산화성 고체”라 하며, 강산화제인 동시에 조연성 물질이다. 산화성 물질은 물과 반응하여 산소가스를 발생하여 연소를 촉진시키는 물질로서, 본 교재에서는 제1류 위험물(고체)과 제6류 위험물(액체)이 해당된다. 또한, 조연성물질이라 함은 산소를 다량 함유하고 있으며, 자신은 불연성이지만 다른 가연물의 연소를 도와주는 성질의 물질을 말한다.

제1류 위험물의 공통기준은

i) 가연물과의 접촉 및 혼합 금지

ii) 분해를 촉진하는 물질과의 접근 금지

iii) 과열, 충격, 마찰 등을 피해야 하고

iv) 알칼리금속의 과산화물이나 이를 함유한 것은 물과의 접촉을 피한다.

v) 용기는 밀전하여 공기가 잘 통하는 냉암소에 보관하여야 한다.

그림 1-2는 제1류 위험물 중 과염소산나트륨에 가열, 마찰, 충격 등을 가하면 분해되어 산소가 방출되고, 이렇게 방출된 산소는 산소공급원이 됨을 나타낸 것이다.

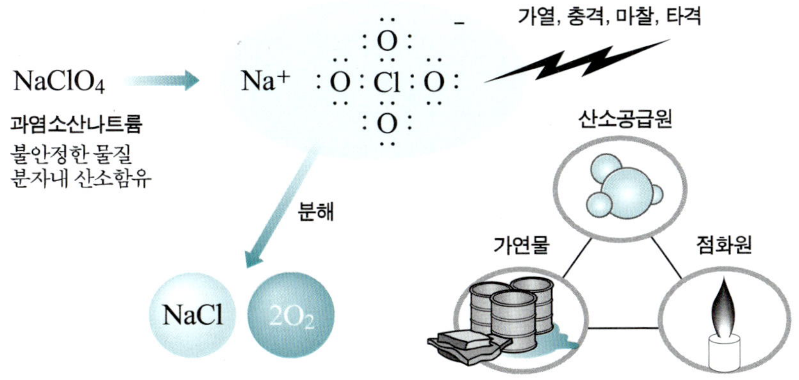

그림 1-2 제1류 위험물의 가열, 충격, 마찰 등에 의한 산소 분해

(2) 제2류 위험물(가연성 고체, 인화성 고체)

제2류 위험물은 유황, 철분, 금속분, 마그네슘분 등의 비교적 낮은 온도에서 발화하기 쉬운 가연성 고체위험물과 고형알코올 그 밖에 1atm에서 인화점이 40℃ 미만인 고체(인화성 고체) 위험물을 말한다.

제2류 위험물의 공통기준은

i) 산화제와의 접촉 및 혼합을 금지하며

ii) 불티, 불꽃, 고온체와의 접근 및 과열 금지

iii) 철분, 마그네슘, 금속분 및 이를 함유하는 것에 있어서는 물이나 산과의 접촉을 피해야하고

iv) 인화성고체에 있어서는 함부로 증기를 발생시키지 말아야 한다.

(3) 제3류 위험물(금수성 물질 및 자연발화성 물질)

제3류 위험물은 공기 중에서 발화위험성이 있는 것 또는 물과 접촉하여 발화하거나 가연성 가스의 발생 위험성이 있는 자연발화성 물질 및 물과의 접촉을 금해야 하는 류의 위험물들을 말한다. 즉, 물과 접촉하거나 대기 중의 수분과 접촉하면 발열, 발화하는 물질을 말한다.

공통기준은

i) 자연발화성 물질에 있어서는 불티, 불꽃 및 고온체와의 접근 및 과열 금지

ii) 공기와의 접촉을 피해야 한다.

(4) 제4류 위험물(인화성 액체)

비교적 낮은 온도에서도 연소를 일으키는 위험물로써 대단히 인화의 위험성이 큰 액체위험물을 제4류 위험물로 정의한다. 즉, 인화점이 250℃ 미만의 가연성 액체를 말하며, 액체 표면에서 증발된 가연성 증기와의 혼합기체에 의하여 폭발 위험성을 가지는 물질이 제4류 위험물에 해당된다.

공통기준은

i) 불티, 불꽃 및 고온체와의 접근 및 과열 금지

ii) 액체의 연소형태는 액체자체의 연소가 아니라 액체의 증기가 연소하는 형태이므로 함부로 증기를 발생시키지 말아야 한다.

그림 1-3에 액체의 증발연소의 예를 나타내었다.

그림 1-3 액체의 증발연소의 예

(5) 제5류 위험물(자기연소성 물질, 폭발성 물질)

자기연소성 물질이라 함은 고체 또는 액체로서 폭발의 위험성 또는 가열, 분해의 격렬함을 갖고 있는 위험물을 말한다. 특히, 나이트로기($-NO_2$)가 2개 이상인 물질은 강한 폭발성을 나타내는 물질로 화약의 주원료로 사용된다. 제5류 위험물에 대해서는

i) 불티, 불꽃 및 고온체와의 접근 및 과열을 금지하고
ii) 충격 혹은 마찰 등을 피해야 한다.

(6) 제6류 위험물(산화성 액체)

강산화성 액체로서 산화력의 잠재적인 위험성을 갖고 있는 위험물을 산화성 액체라 하고, 제6류 위험물로 분류된다. 강한 부식성을 가지고 있는 강산이며, 다량의 산소를 함유하고 있다.

제6류 위험물은 액체인 점을 제외하고는 제1류 위험물과 비슷한 성질을 가지고 있으며
i) 가연물과의 접촉 및 혼합을 금지하며
ii) 분해를 촉진하는 물질에의 접근 또는 과열을 피해야 한다.

(7) 복수성상의 물품에 대한 위험물 분류

복수성상의 물품은 규정된 성상을 2가지 이상 포함하는 물품을 말한다. 표 1-4에 복수성상의 물품에 대한 분류를 나타내었다.

표 1-4 복수성상의 물품에 대한 분류

복수성상 물품	분류되는 유별
산화성 고체의 성상 + 가연성 고체의 성상	제2류 가연성 고체
산화성 고체의 성상 + 자기반응성 물질의 성상	제5류 자기반응성 물질
가연성 고체의 성상 + 자연발화성 물질의 성상 및 금수성 물질의 성상	제3류 자연발화성 물질의 성상 및 금수성 물질의 성상
인화성 액체의 성상 + 자연발화성 물질의 성상 및 금수성 물질의 성상	제3류 자연발화성 물질의 성상 및 금수성 물질의 성상
인화성 액체의 성상 + 자기반응성 물질의 성상	제5류 자기반응성 물질

4) 지정수량 및 혼합발화

지정수량은 위험물의 종류별로 위험성을 고려하여 대통령령이 정하는 수량으로서 위험물을 취급하는 제조소 및 저장소 등의 설치허가 등에 있어서 최저의 기준이 되는 수량을 말한다[2]. 고체위험물들은 “kg”으로, 액체위험물은 “Liter” 단위로 표시한다. 단, 제6류 위험물은 산화성 액체임에도 불구하고 비중을 고려하여, 보다 엄격히 규제하고자 “kg”으로 지정수량을 표시한다. 저장수량이 작을수록 더 위험한 물질이라 할 수 있다.

(1) 2품명 이상의 위험물의 환산

위험물의 분류별(제1류~제6류 위험물)로 각각의 품명이 있으며, 그 품명별로 지정된 수량을 달리한다. 단일 품명인 경우, 그 저장 및 취급량에 따라 지정수량의 배수를 계산하기 쉽지만, 각기 다른 2품명 이상을 동일한 장소 또는 시설에서 제조·저장 및 취급할 경우에 품명별로 제조·저장 또는 취급하는 수량을 품명별 지정수량으로 나누어 얻는 수치의 합계로 지정수량의 배수를 계산한다. 즉,

$$\text{환산지정수량} = \frac{A\text{품명 저장수량}}{A\text{품명 지장수량}} + \frac{B\text{품명 저장수량}}{B\text{품명 지장수량}} + \cdots$$

$$= \sum \frac{i\text{ 품명 저장수량}}{i\text{ 품명 지장수량}}$$

(2) 혼합발화

위험물을 두 가지 혹은 그 이상으로 혼합하였을 때 발열 · 발화하는 현상으로 2종 이상의 물질이 상호 혼합 또는 접촉을 하여 발열 · 발화를 하는 것을 말한다. 대부분의 혼합위험에서는 한 쪽의 물질이 산화성이고 다른 한 쪽이 가연성인 것이 많다. 혼합발화는 주로 제조공정이나 저장 혹은 이송 중에 전혀 예기치 못한 화재나 폭발사고를 일으키는 원인이 된다. 특히, 단독으로는 산화성 또는 환원성이 강하지도 않고 보통 안전하다고 생각이 되는 것이 2~3종 혼합이 되면 발화, 폭발의 위험성을 나타내기도 한다[3]. 표1-5에 제1류~제6류 위험물까지 혼재 가능 여부를 나타내었다.

표 1-5 혼재할 수 있는 위험물

	제1류	제2류	제3류	제4류	제5류	제6류
제1류		×	×	×	×	○
제2류	×		×	○	○	×
제3류	×	×		○	×	×
제4류	×	○	○		○	×
제5류	×	○	×	○		×
제6류	○	×	×	×	×	

(○ : 혼재할 수 있음, × : 혼재할 수 없음)

CHAPTER 02

위험물 화학의 기초

1. 물질의 종류(물질의 상태와 변화)
2. 일반화학의 기본 법칙
3. 산화와 환원
4. 전기화학
5. 중요 가스들의 성질
6. 유기화합물
7. 지방족 화합물
8. 방향족 화합물
9. 연소
10. 연소의 3요소
11. 연료
12. 연료의 특성
13. 연소의 형태
14. 연소의 제반사항

CHAPTER 02 Theory of Hazardous Materials

위험물 화학의 기초

1 물질의 종류(물질의 상태와 변화)

1) 물질과 물체의 분류

물질(substance, material, matter)이란 일정한 질량을 가지고 공간을 점유하는 것으로 물체를 구성하는 본질을 뜻하며 원자, 분자 및 이온들이 모여서 이루어져 있는 것을 말한다. 또한, 물질을 기하학적 형태를 가진 공간점유물로 보는 경우에 이를 물체(body)라 한다.

(1) 물질의 분류

물질은 화학적 성분에 따라 크게 순수물질과 혼합물(혼합물질)로 분류된다. 순수물질 다시 단체(원소)와 화합물로 나뉘며, 혼합물 다시 균일 혼합물과 불균일 혼합물로 나뉜다.

① 순수물질

물리적 조작이나 증발·증류 등인 상태변화에 의하여, 2가지 물질로 분리할 수 없는 물질로 홑원소 물질, 화합물은 순수물질이다. 즉, 증류수, 염화나트륨, 산소 등과 같이 한 종류의 물질만으로 되어있으며 고유한 빛, 냄새, 맛, 비중, 주어진 압력에서 일정한 녹는점, 끓는점 등을 갖는 물질이다.

가) 단체

- 한 가지 원소로 된 단체(예: H_2, O_2, Fe, O_3, P_4, 다이아몬드, 흑연)

나) 화합물

- 화학변화에 의하여 2종 또는 그 이상인 원소의 홑물질로 나눌 수 있는 것 또는 2종 이상인 원자의 화학 결합에 의하여 생긴 순수물질(예: H_2O, NaCl, CO_2 등)

② 혼합물

물리적인 방법 또는 증발·증류 등 상태 변화에 의하여 2종 또는 그 이상인 물질(홑물질 또는 화합물)로 분리할 수 있는 물질을 혼합물이라 한다. 순수물질의 상대개념으로 혼합물을 이루는 각 홑물질 또는 화합물을 혼합물의 성분이라 한다. 자연에 존재하는 물질의 거의 대다수는 혼합물이다.

가) 균일 혼합물

- 두 종류 이상의 순물질이 섞여서 된 물질로 조성이 일정한 혼합물(예: 공기, 소금물, 설탕물 등)
- 순물질이 고르게 섞여 있는 것

나) 불균일 혼합물

- 순물질이 고르게 섞여있지 않은 것(예 : 우유, 화강암, 흙탕물 등)

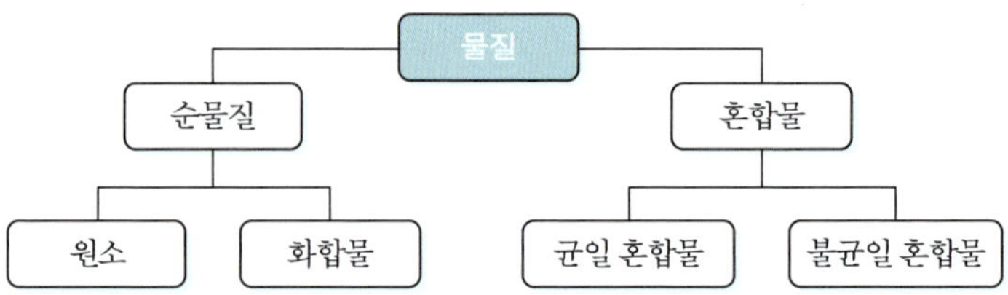

그림 2-1 화학적 성분에 의한 물질의 분류

2) 물질과 에너지

(1) 물질의 상태와 에너지

모든 물질은 그 본래의 성질에는 변함이 없이 온도와 압력, 에너지에 따라 고체, 액체, 기체 상태로 존재하며, 이러한 고체, 액체, 기체의 세 가지 상태를 물질의 상태(State of matter)라고 한다. 모든 물질의 상태변화에는 반드시 에너지 변화가 수반되어야만 기체에서 액체 혹은 액체에서 고체 등으로 상변화가 일어난다.

기체의 경우 큰 압축성을 가지며, 원자·이온·분자가 무질서하게 끊임없이 움직이고 상대밀도도 작다. 반면, 액체와 고체의 경우는 압축성이 작으며, 기체에 비해 원자·이온·분자의 집적도가 크고 상대밀도도 크다. 그림 2-2에는 압력과 온도에 따라 물질의 상이 구분되어짐을 그래프로 나타내었다.

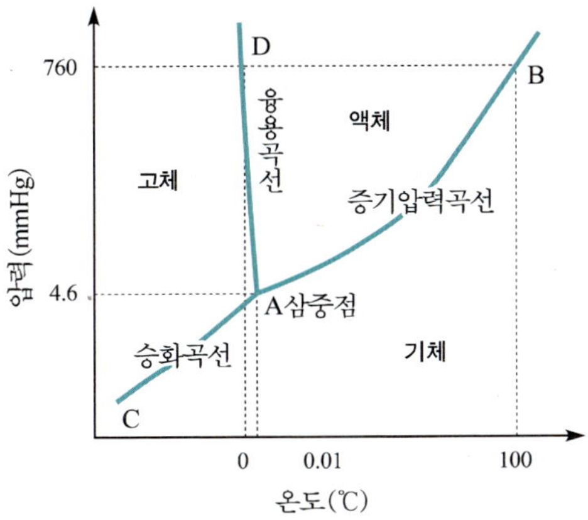

그림 2-2 압력과 온도에 따른 물질의 상태

그림 2-2의 물의 상평형도를 보게 되면 각각의 면에 고체(얼음), 액체(물), 기체(수증기)로 표시가 되어있고 세 개의 선으로 구분이 된다. 액체와 고체 사이의 곡선을 ~~용융~~ 곡선($\overline{AD}$), 물과 수증기 사이는 증기압곡선($\overline{AB}$), 그리고 고체와 기체 사이는 승화곡선($\overline{CA}$)이라고 한다. 그래프에서 점선을 보게 되면 100℃에서 증기압곡선은 1기압을 나타내고 있다. 즉 100℃에서 물이 끓는다는 것을 알려준다. 또한, ~~용융~~곡선($\overline{AD}$)을 자세히 보면 압력이 높아질수록 고체의 녹는점이 낮아지고 있음을 알 수 있다. 일반적으로는 액체에 압력을 가하면 고체가 되지만, 물은 특이하게 압력을 가하면 얼음이 녹아 액체로 된다.

(2) 물질의 상태

물질은 세 가지 상태로 존재하며, 그 상태는 아래 그림 2-3에 간략히 나타내었다.

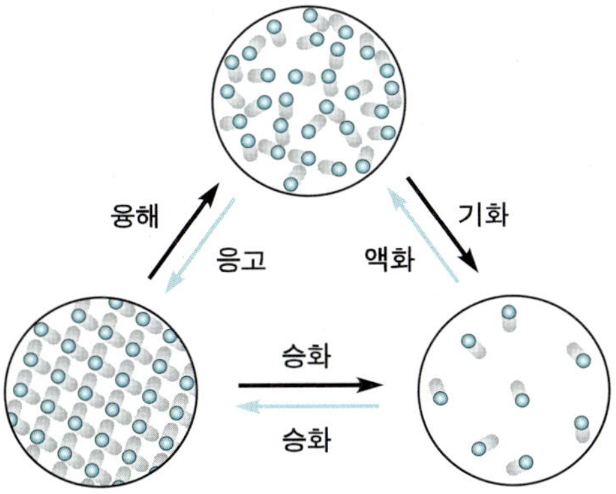

그림 2-3 물질의 상태

물질의 에너지 크기는 고체<액체<기체이며, 물질의 상태가 액체에서 고체 혹은 기체에서 액체 등으로 상태의 변화가 일어나는 것을 상전이(phase transition)이라 한다. 상전이에는 앞서 언급한 바와 같이 에너지의 변화가 반드시 수반된다. 즉, 고체에 열을 가하면 고체 내부 분자들의 운동에너지 및 내부에너지의 증가로 인해 분자 간 거리가 멀어져 액체가 되고, 계속 열을 가하면 더욱 멀어져 기체가 된다. 고체가 액체로 되는 변화를 융해, 액체가 고체로 되는 변화를 응고, 고체가 기체로 되는 변화 또는 기체가 고체로 되는 변화를 승화, 액체가 기체로 되는 변화를 기화, 기체가 액체로 되는 변화를 액화라 한다. 그림 2-4에 분자 간 인력과 운동을 고려한 기체, 액체, 고체를 그림으로 나타내었다.

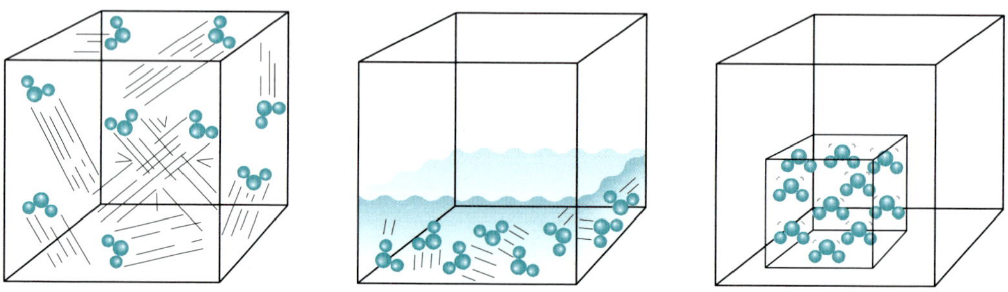

(a) 기체 : 무작위 운동 및 매우 약한 분자간의 인력

(b) 액체 : 유동적인 분자운동

(c) 고체 : 제한된 부피에서 운동 및 아주 강한 분자 간 인력

그림 2-4 기체, 액체, 고체

기화, 액화, 승화 등과 같이 상전이에 필요한 열을 상전이열 (heat of phase transition) 혹은 잠열(latent heat)이라 하며, 상전이열은 여러 소화약제들이 나타내는 냉각소화작용의 근거가 된다. 물질은 고체에서 액체, 혹은 액체에서 기체로 상태가 변하는 동안 아무리 가열하여도 온도가 변하지 않는다. 이때 상태가 변하는 동안 가해진 열을 잠열이라 한다. 반면, 현열이라 함은 물질의 상태변화없이 증감된 온도에 따라 가해진 열량을 말한다. 그림 2-5에 물의 상태변화에 따른 현열과 잠열을 그래프로 설명하였다. 물의 증발열은 약540kcal/kg으로 다른 소화약제보다 가장 큰 값을 가진다.

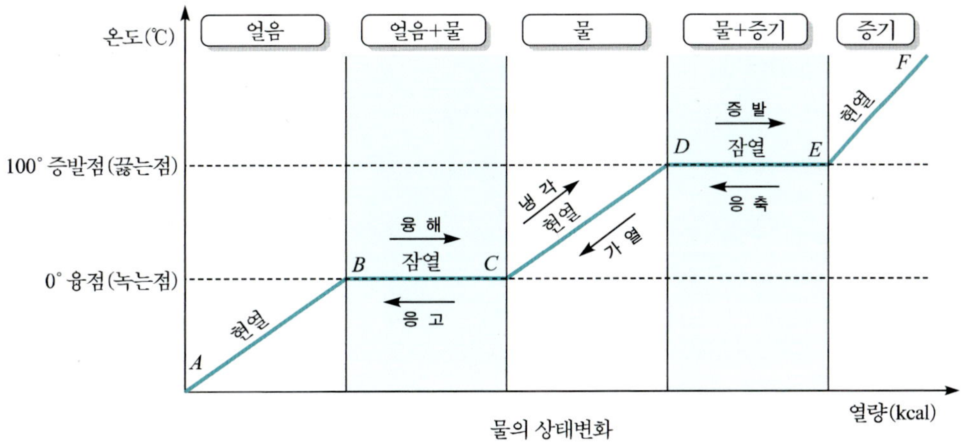

그림 2-5 물의 상태변화에 따른 현열과 잠열

(3) 측정과 단위

물질을 연구하기 위해서는 그 물질의 물리적 성질을 측정하여야 한다. 따라서 물질에 대한 길이, 부피, 온도, 질량 등을 정량적인 숫자로 나타낼 필요가 있으며, 정량적인 값들은 양의 수치와 함께 단위를 함께 적어 나타내주어야 한다. 일반적으로 SI(Systeme Internatiole d'Unites) 단위계를 적용하여 사용하지만, 미국공학단위계를 사용해야 할 경우도 있으므로 이를 같은 단위를 가지도록 환산할 필요가 있다.

① 길이, 면적, 부피

SI단위계를 적용할 경우, 일반적으로 미터법이라 하고 10의 멱으로 나타내는 단위접두어를 사용한다. 아래 표 2-1에 SI단위계와 미국공학단위계에서의 길이와 부피에 대한 관계를 나타내었으며, 표 2-2에 복수단위 접두어에 대한 표현을 나타내었다.

표 2-1 길이, 부피에 대한 SI단위계과 미국공학단위계의 관계

	SI 기본단위계	SI단위계와 미국공학단위계와의 관계
길이	m	1m = 100cm = 1,000mm = 3.2808ft = 39.37in. 1ft = 12in. = 0.3048m = 30.48cm = 1/3yd
부피	m^3	$1m^3$ = 1,000Liter = 10^6cm^3 = 10^6cc = $35.3145ft^3$ = 264.17gal $1ft^3$ = $1728in.^3$ = $0.028317m^3$ = 28.317Liter = 7.4805gal

표 2-2 주요 복수단위 접두어

Mega(M)	10^6
Kilo(k)	10^3
Deci(d)	10^{-1}
Centi(c)	10^{-2}
Milli(m)	10^{-3}
Micro(μ)	10^{-6}
Nano(n)	10^{-9}

② 밀도 및 비중

물질의 밀도는 그 물질의 단위부피당 질량으로 나타낸다.

$$\rho = m/V \qquad (m : 질량,\ V : 부피)$$

순수한 고체와 액체의 밀도는 온도와 압력에 비교적 무관하다.

물질의 비중(specific gravity)은 그 물질의 밀도와 특정한 조건에 있는 기준물질의 밀도와의 비로 나타내며, 단위는 없다. 즉,

$$\gamma = \rho / \rho_{ref}$$

여기서, ρ는 측정하고자 하는 물질의 밀도, ρ_{ref}는 기준물질의 밀도이다. 고체와 액체에 대한 기준물질은 대부분 4℃의 물이 사용되며, 이 때 물의 밀도는 1.0g/cc, 1,000kg/m^3 및 62.43lb/ft^3 등으로 나타낼 수 있다. 기체의 경우 기준물질은 공기를 사용하며, 기체물질의 분자량을 공기의 평균 분자량으로 나누어줌으로써 비중을 구할 수 있다. 공기 중 질소(N_2)와 산소(O_2)의 몰 조성은 각각 79%, 21%를 이용하여 공기의 평균 분자량을 구하면,

$$\overline{M_{air}} = y_{N_2} M_{N_2} + y_{O_2} M_{O_2}$$

$$= 0.79 \times 28 + 0.21 \times 35$$

$$\fallingdotseq 29 g/mol$$

이 된다.

③ 압력

압력은 힘이 작용하는 면적에 대한 그 힘의 비이다. 일반적으로 비압축성유체 (고체 및 액체)에 대해서는 밀도와 중력가속도 그리고 높이의 곱으로도 나타낼 수 있다.

$$P = F/A = \rho \cdot g \cdot h$$

여기서, P는 압력[force/area], ρ는 밀도, g는 중력가속도, h는 높이이다.

※ 비압축성유체에 대한 정압계산

P=F/A에서

F=mg

m=ρV (∵ρ=m/V)

V=Ah

→ ∴F=ρAhg

정리하면, P=ρAhg/A = ρgh

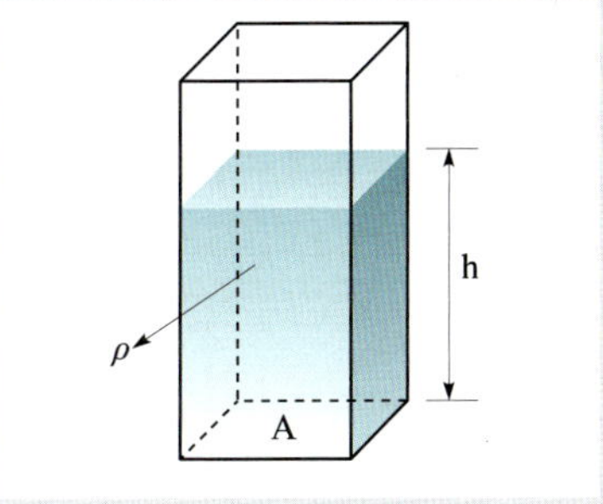

SI단위계에서는 압력을 파스칼(Pascal, Pa)로 나타내지만, 기압(atmosphere, atm) 이나 kg_f/cm^2, 수은주의 높이(mmHg, Torr)로 나타내기도 한다. 또한, 미국공학단위계를 적용하여 psi(pound force per square inch)로 나타내기도 하며, 각각의 관계는 아래와 같다.

1atm(1기압) = 760mmHg(760Torr) = 1.033kg/cm^2
= 10.33mH_2O =101,325Pa = 101.3kPa
= 1.01325bar = 14.7psi(psi=lb_f/in^2 : pound force per square inch)

공학적으로 사용하는 압력은 절대압력이란 계념을 가진다. 절대압력은 절대진공(0기압)을 기준으로 측정하는 압력으로 위치나 기온 등의 인자에 상관없이 변하지 않는 불변의 값이 된다. 일반적으로 압력계를 통해서 읽는 값을 계기압(gauge pressure)이라 하며, 대기압을 0으로 계산한 값이다. 따라서, 계기압에 대기압을 더하면 절대압이 된다. 즉,

$$\text{절대압력}(P_{abs}) = \text{대기압}(P_{atm}) + \text{계기압}(P_{gauge})$$

④ 온도

일반적으로 사용하는 온도단위는 섭씨온도와 화씨온도가 있다. 섭씨온도는 Celcius에 의해서 물의 어는점을 0℃, 물의 끓는점을 100℃로 하여 100등분한 것으로 전 세계적으로 통용되는 온도이다. 화씨온도는 Fahrenheit에 의해서 물의 어는점을 32°F, 물의 끓

는점을 212°F로 하여 총 180등분하여 나타낸 단위계이다. 이 외에 물리화학적인 의미에서 사용되는 온도단위로 절대온도가 있다. 이 온도체계는 물체의 에너지상태나 운동상태가 없는 상태를 기준으로 하는 것으로 물리화학적으로 상당히 중요한 단위체계이다. 절대온도는 Kelvin 온도라 하며, 섭씨온도에 273을 더하여 그 값을 구한다. Kelvin 절대온도는 K라고 쓰며, 상첨자 °는 쓰지 않는다. 이 외에 Rankin 온도라고 하는 절대온도가 있으며, 이는 °R로 표시한다. 섭씨온도와 화씨온도 그리고 절대온도에 대한 상관관계는 다음과 같다.

$$T(°F) = 1.8T(℃) + 32$$
$$T(K) = T(℃) + 273.14(\text{혹은 } 273)$$
$$T(°R) = 1.8T(K) = T(°F) + 459.67(\text{혹은 } 460)$$

2 일반화학의 기본 법칙

1) 기체

고체와 달리 일정한 모양과 부피를 갖지 않으며, 액체처럼 유동성을 가지고 있지만 용기 전체에 확산되고, 액체보다 훨씬 압축되기 쉬운 상태에 있는 물체의 상태를 말한다. 본 교재에서 다루는 기체는 이상기체를 기준으로 한다.

(1) 이상기체에 대한 일반적 가정

가) 기체분자는 끊임없이 여러 방향으로 직선운동을 한다.
나) 분자 자체의 부피는 무시한다.
다) 일정온도에서 모든 기체의 운동에너지는 같다.
라) 분자 사이에는 인력이 거의 작용하지 않는다.
마) 기체분자의 충돌은 완전탄성체이다.

(2) 보일의 법칙(Boyle's law)

등온에서 부피는 압력에 반비례한다는 것으로 아래 식과 같이 간단히 나타낼 수 있다.

$$PV = C(\text{일정})$$

보일의 법칙에 대한 이해를 돕기 위해 그림 2-6에 도식적으로 나타내었다.

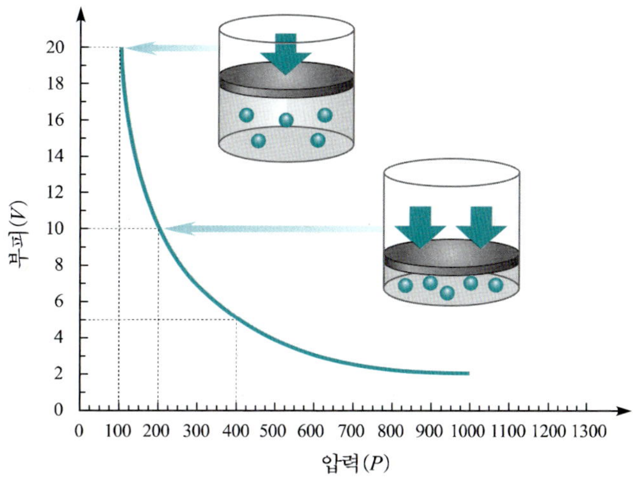

그림 2-6 Boyle의 법칙

이를 압력×부피 vs. 압력 혹은 부피, 부피의 역수 vs. 압력의 관계를 그래프로 나타내면 아래와 같다.

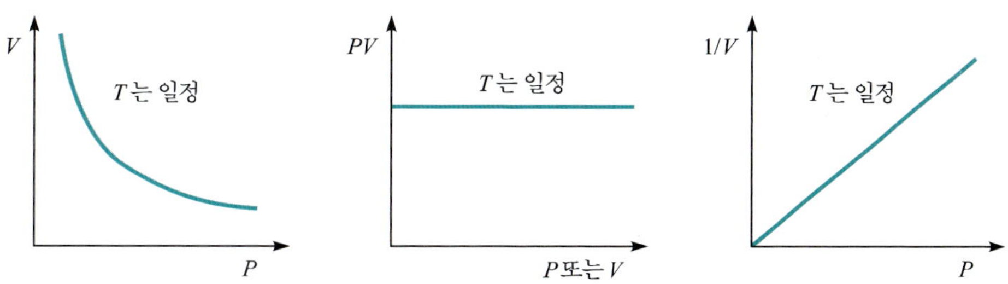

그림 2-7 기체에 대한 압력 vs. 부피, 압력×부피 vs. 압력, 부피의 역수 vs. 압력의 관계

(3) **샤를의 법칙**(Charles's law)

기체의 압력이 일정할 때 부피와 온도의 비례관계를 설명한 법칙으로 다음의 식으로 나타낼 수 있다.

$$V/T = C(\text{상수})$$

샤를의 법칙을 그래프로 나타내면 그림 2-8과 같다.

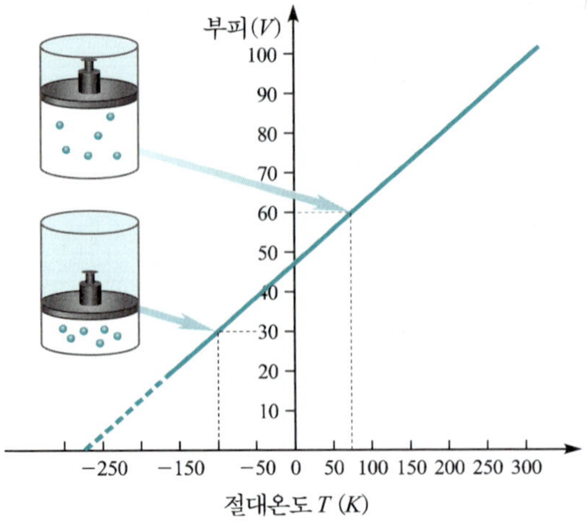

그림 2-8 Charles의 법칙

그림 2-8에서 부피와 온도 간의 관계가 직선적으로 표현이 된다. 이를 외삽법을 통해 열역학적으로 추정하면 −273℃에 이르게 되고, 이를 절대온도 0 K라 한다. 따라서 섭씨온도에 273을 더해줌으로써 열역학적인 절대온도(K)를 구할 수 있게 되는 것이다.

샤를의 법칙을 부피를 온도로 나눈 값 vs. 온도를 나타내면 아래와 같다.

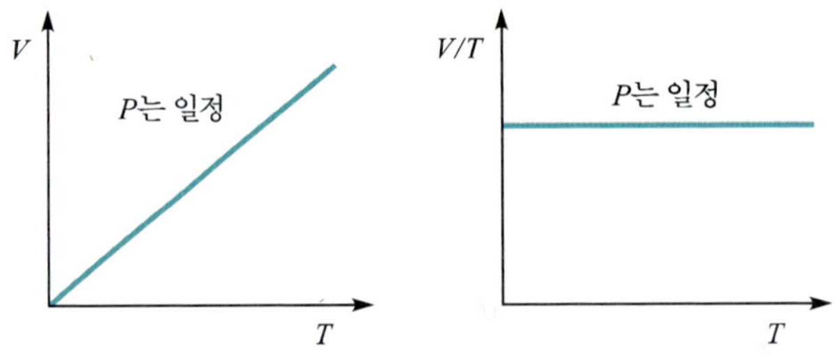

그림 2-9 기체에 대한 부피 vs. 온도, 1/부피 vs. 온도와의 관계

(4) **보일-샤를의 법칙**(Boyle-Charles's law)

온도가 일정할 때 기체의 압력은 부피에 반비례한다는 보일의 법칙과 압력이 일정할 때 기체의 부피는 온도에 비례한다는 샤를의 법칙을 조합하여 만든 법칙이다. 즉, 일정량의 기체의 부피는 절대온도에 비례하고, 압력에 반비례함을 나타낸다.

$$P_1V_1/T_1 = P_2V_2/T_2 \quad \text{(하첨자 1, 2는 상태에 대한 표시)}$$

(5) 이상기체의 상태방정식

아보가드로법칙(Avogadro's law)과 보일-샤를의 법칙을 조합하여 성립한 것으로, 압력은 부피에 반비례하고 몰수와 절대온도에 비례한다는 법칙을 이상기체상태방정식이라 한다. 보일-샤를의 법칙으로부터 PV/T의 값은 일정하고, 1몰의 기체는 표준상태(0℃, 1atm)에서 22.4Liter의 부피를 가지므로 PV/T=1×22.4/273 = 0.082atm·Liter/mol·K이 되고 이를 기체상수 R이라 한다. 따라서 n몰의 기체라면 PV/T= n·R이 되고, 이항정리하면 PV = nRT가 된다. 이상기체상태방정식은 실제 기체에 비해서 온도가 높고, 압력이 낮은 경우에 비교적 잘 맞음을 알 수 있다.

$$\text{이상기체상태방정식 } PV = nRT$$

여기서, P : 압력, V : 부피, n : 몰 수, T : 절대온도
R : 기체상수 (=0.082atm·Liter / mol·K = 8.314J/mol·K)

(6) 달톤의 분압법칙(Dalton's law)

일정온도에서 혼합기체가 나타내는 전체 압력은 그 성분 기체들의 부분 압력의 합과 같다는 법칙으로 아래 식으로 간략히 나타낼 수 있다.

$$P(\text{전압}) = p_1 + p_2 + p_3 + \cdots = \Sigma p_i$$

여기서, $p_1 = n_1RT/V$이므로 $P = nRT/V = p_1n/n_1$로 다시 나타낼 수 있으며, 이를 이용하면 아래와 같이 전압과 분압의 관계를 통해 몰분율과 부피의 관계를 다시 정리해서 나타낼 수 있다.

$$p_A(\text{A성분의 분압}) = \text{전체 압력}(P) \times \text{몰분율}(y_A)$$

$$\text{몰분율}(y_i) = \text{성분기체의 몰수(부피)/혼합기체의 몰수(부피)}$$

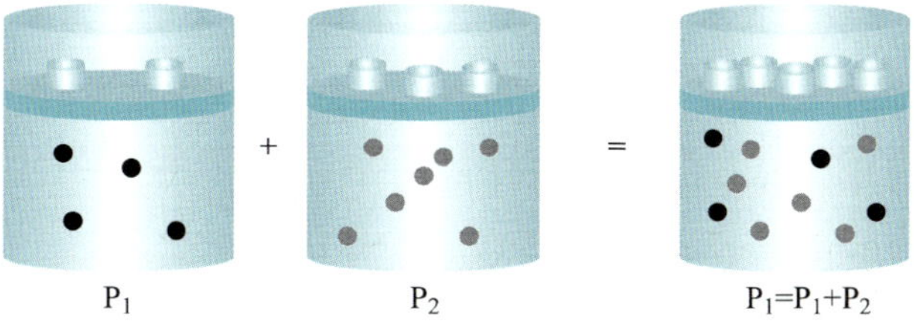

그림 2-10 달톤의 분압법칙

2) 액체

(1) 증기압

일정한 온도에서 액체상 또는 고체상과 평형상태에 있는 증기상의 압력을 말하며, 일반적으로 포화증기압을 말한다. 일반적으로 증기압은 같은 물질이라도 온도가 높아짐에 따라 커진다. 예를 들어, 물은 1atm에서 100℃에서 끓는다고 할 때, 이때 온도의 변화는 없으며 기체와 액체가 공존하고 있는 평형상태인 것이다. 즉, 물이 100℃에서 기체와 평형상태에 있기 위한(끓기 위한) 압력은 1atm이 되는 것이고, 이때의 압력이 증기압이 된다. 고지대에서 밥을 지을 때 밥이 설익는 것은 물의 끓는점이 낮아지기 때문인데, 바로 증기압이 낮아졌기 때문인 것이다.

(2) 끓는점(비점, 비등점)

액체표면으로부터 증발이 일어날 뿐만 아니라, 액체 내부로부터 기화가 일어나 기포가 올라가기 시작하는 온도를 말한다. 끓는점은 액체의 증기압이 외부의 압력과 같아지는 온도이므로 외부의 압력에 따라 변화하게 되며, 일반적으로 외부의 압력이 커질수록 끓는점은 높아지지만 보통 1기압 하에서 끓는 온도를 그 액체의 끓는점이라 하고, b.p. 또는 bp로 간단히 나타낸다.

순수한 물질은 고유의 끓는점을 가지고 있으므로, 끓는점을 측정하면 물질의 순도를 판별할 수 있다. 일반적으로 다른 물질이 녹아 있는 용액은 순수한 액체보다 끓는점이 높다.

3) 고체

기체와 액체와 함께 물질이 가질 수 있는 상태 중에 하나이나, 기체나 액체와는 달리 일정한 형태를 유지할 수 있다. 전단응력이 가해지면 모양이 변화하는 방식으로 탄성력이 만들어져서 전단응력을 버텨낼 수 있는 점이 기체나 액체와는 다르다. 물질을 구성하는 원자나 분자 수준에서 일정한 결정구조를 가지는가에 따라서 결정질(Crystalline)고체와 비정질(Amorphous) 고체로 나눌 수 있으며, 결정질은 다시 다결정과 단결정으로 나뉜다.

- 결정질의 예

  염화나트륨 : 입방체의 결정으로 나트륨이온 Na^{+}과 염소이온 Cl^{-}이 서로 나란히 된 구조이며, 그 나트륨이온과 염소이온의 간격은 동일하다.

– 비정질의 예
  유리, 플라스틱, 아교 등

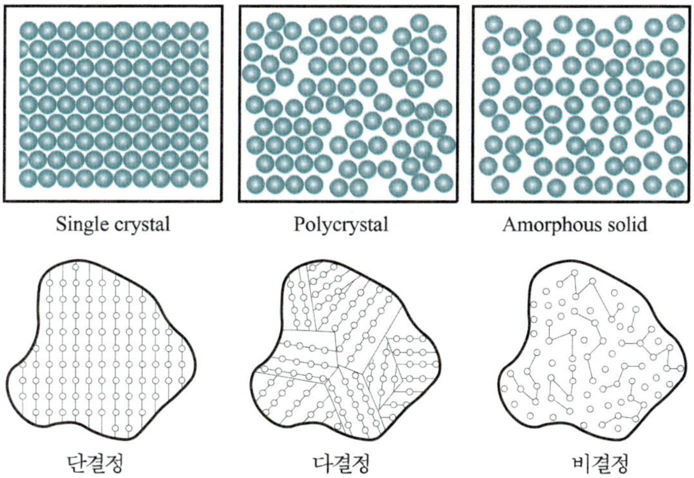

그림 2–11 결정질과 비결정질 고체

액체를 가열하여 어느 일정한 온도에 달하면 녹기 시작하는데, 비결정성 고체는 결정이 약한 부분부터 단절 현상이 일어나기 때문에 녹는점도 각기 다르다. 반면 결정성 고체는 입자의 결합을 끊는 데 소요되는 힘이 같기 때문에 그 녹는점도 같아진다. 결정성 고체는 입자의 결합 배열방식에 따라 공유(결합)결정, 분자결정, 이온결정・금속결정(금속결합)으로 나누기도 한다.

※ 결합력의 세기 : 원자성 결정 > 이온성 결정 > 금속성 결정 > 분자성 결정

4) 화학식

화합물을 나타내는 가장 간단한 식은 화합물을 구성하는 원소 사이에 존재하는 일정성분비를 최소의 정수비로 표시하는 것이다. 이렇게 나타내는 방법을 실험식(empirical formula)이라 한다. 이 외에도 분자식과 시성식, 구조식으로 화합물을 나타낼 수 있으며, 각각에 대한 설명은 다음과 같다.

(1) 실험식

화합물을 구성하는 원소의 종류와 조성비를 나타낸 식으로 간단하게 분자식을 최소의 정수비로 나타낸 식을 말한다.

(2) 분자식

분자 속에 있는 원자의 종류와 수를 나타낸 식으로 같은 원소의 개수로 묶어놓은 화학식이다. 즉,

$$분자식 = 실험식 \times n$$

(3) 시성식

분자 속에 들어있는 기(基)를 구별해서 나타낸 식으로, 특성 원자단(=라디칼)의 존재로서 그 물질의 성질을 나타낸 식이다.

> **※ 라디칼 (radical)**[(9),(13)]
> 다원자 이온을 가진 화학종을 칭하거나 짝지어지지 않은 홀전자를 가진 원자나 분자(자유라디칼)를 말한다. 전자가 짝지어지지 않았기에 매우 불안정하여 반응성이 큰 특징이 있다.

(4) 구조식

분자 내의 원자결합상태를 결합수로 써서 나타낸 식으로, 실제 분자의 구조를 나타내는 방식으로 단일결합, 이중결합, 삼중결합 등으로 표현할 수 있다. 표 2-3에 아세트산과 에틸알코올, 아세틸렌에 대한 실험식, 분자식, 시성식과 구조식에 대한 예를 나타내었다.

표 2-3 실험식과 분자식, 시성식, 구조식에 대한 예

구분	실험식	분자식	시성식	구조식
아세트산	CH_2O	$C_2H_4O_2$	CH_3COOH	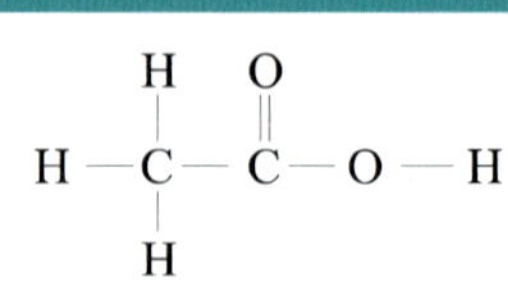
에틸알코올	C^2H_6O	C_2H_6O	$C_2H_5 \cdot OH$	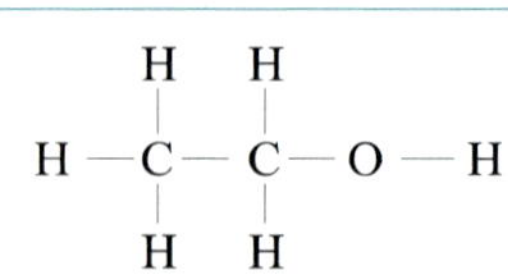
아세틸렌	CH	C_2H_2	CH · CH	H − C ≡ C − H

3 산화와 환원

산화와 환원 반응(Oxidation-reduction reaction)은 화학반응 중에서 가장 중요한 반응 중 하나이다. 실제로 에너지를 얻기 위하여 이루어지는 화학반응은 모두 산화-환원반응이다. 연료의 연소, 전지에 의한 전기의 발생 및 음식물의 대사도 산화-환원반응에 속한다.

1) 산화와 환원

물질이 전자를 잃을 때 산화반응이라 하고, 전자를 얻을 때 환원반응이라 하며, 다음과 같이 산화반응과 환원반응을 자세히 나누어 분류할 수 있다.

① 산화반응

가) 산소와 화합하는 반응 : $C + O_2 \rightarrow CO_2$

나) 수소를 잃는 반응 : $H_2S + Cl_2 \rightarrow S + 2HCl$

다) 전자를 잃는 반응 : $Na \rightarrow Na^+ + e^-$

라) 산화수가 증가하는 반응 : $Fe^{+2} \rightarrow Fe^{+3}$ $(+2 \rightarrow +3)$

② 환원반응

가) 산소를 잃는 반응 : $CuO + H_2 \rightarrow Cu + H_2O$

나) 수소와 화합하는 반응 : $H_2 + Cl_2 \rightarrow 2HCl$

다) 전자를 얻는 반응 : $Cl_2 + 2e^- \rightarrow 2Cl^-$

라) 산화수가 감소하는 반응 : $Mn^{+7} \rightarrow Mn^{+2}$ $(+7 \rightarrow +2)$

③ 산화와 환원반응은 항상 동시에 일어나며, 화학전지가 대표적인 예이다.

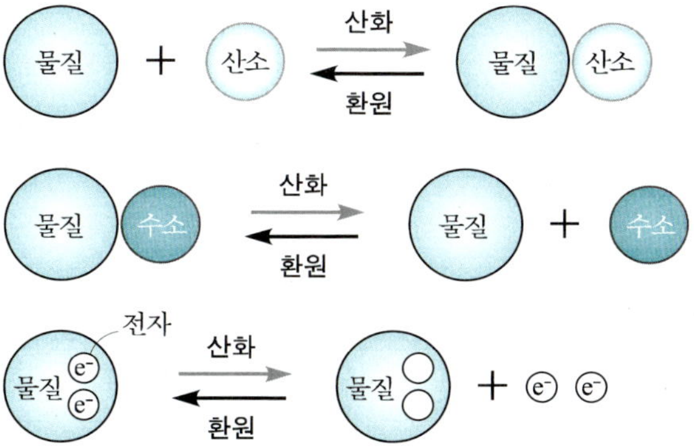

그림 2-12 산화-환원반응의 예

2) 산화제와 환원제

(1) 산화제

다른 물질을 산화시키는 능력을 지닌 물질을 산화제라 한다. 그 특징은 산소를 방출하기 쉬우며, 다른 물질에서 전자를 빼앗아 그 물질을 산화시키는 물질을 가리킨다(다른 물질을 산화시키고 자신은 환원되는 물질).

일반적으로 산화제는

i) 이름에 '과'자가 붙는 것

예) $KMnO_4$(과망가니즈산칼륨), H_2O_2(과산화수소)

ii) 할로젠원소(F, Cl, Br, I)

iii) 제2화합물(Fe_2O_3 산화제2철, $HgCl_2$ 염화제2수은 등)

iv) 산소산(H_2SO_4, HNO_3) 등이다.

(2) 환원제

산화제와는 반대로 다른 물질을 환원시키는 물질로 어떤 물질을 환원시킬 때 환원제 자신은 전자를 잃고 산화된다(다른 물질을 환원시키고 자신은 산화되는 물질).

일반적으로 환원제는

i) 이름에 '이'자가 붙는 것

예) SO_2(이산화황), Na_2SO_3(이황산나트륨 = 아황산나트륨)

ii) 금속성이 강한 단체(K, Na, Ca, Mg)

iii) 제1화합물(FeO 산화제1철, Hg_2Cl_2 염화제1수은 등)

iv) 수소산 혹은 비산소산(HI, HBr, H_2S 등) 등이다.

그림 2-13과 2-14는 산화와 환원반응에서 각각의 물질이 산화제와 환원제로 적용되는 예와 산화제와 환원제 역할에 대해 나타내었다.

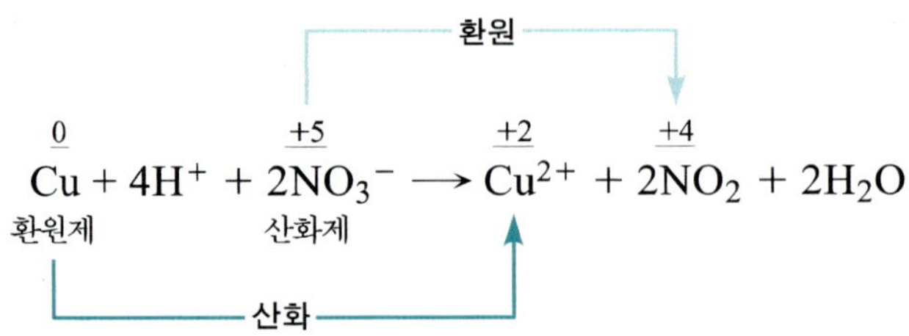

그림 2-13 반응에서의 각 물질들의 산화제와 환원제로서의 역할

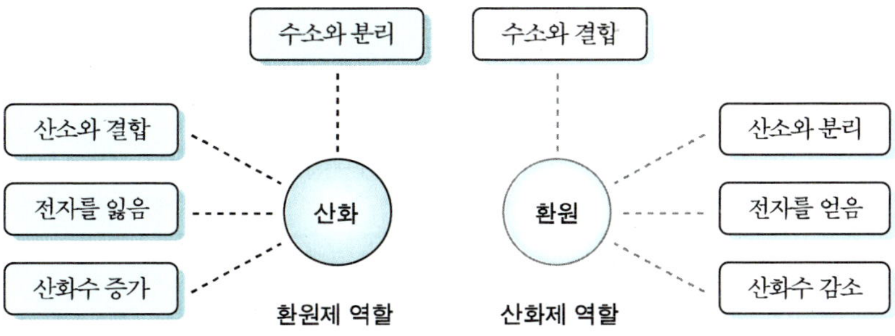

그림 2-14 산화제와 환원제의 역할

4 전기화학[(9),(12),(13),(20)]

1) 화학전지

전해질 수용액에 이온화 경향이 다른 두 금속을 넣어 도선으로 연결하면 화학변화가 일어나며, 이 화학 변화로 생긴 에너지를 전기에너지로 바꾸어 쓸 수 있는 장치를 전지(혹은 화학전지)라고 한다.

(1) 전지의 원리

순수한 금속 아연을 묽은 황산에 넣으면 이온화 경향이 큰 아연은 아연의 양이온(Zn^{+2})으로 되며 Zn이 내놓은 전자가 Zn에 남게 되어 Zn은(−)로 대전되며 (−)로 대전된 주위에 Zn^{+2}이 인력으로 둘러싸여 있으므로 황산에서 전리된 H^{+}은 아연 주위에 접근할 수 없어서 수소는 발생되기 어렵다. 아연이 양이온으로 되는 반쪽전지 반응은 다음과 같다.

$$Zn \rightarrow Zn^{+2} + 2e^{-}$$

그러나, 묽은 황산 용액에 Zn이외에 Cu를 넣고 도선으로 연결하면 e^{-}가 아연 전극으로부터 Cu전극으로 이동되고 e^{-}가 많아진 Cu 전극은 H^{+}을 잡아당겨 수소기체가 발생한다. 이때의 반쪽전지반응은 다음과 같다.

$$2H^{+} + 2e^{-} \rightarrow H2$$

기체의 반응은 $Zn + 2H^{+} \rightarrow Zn^{+2} + H_2$

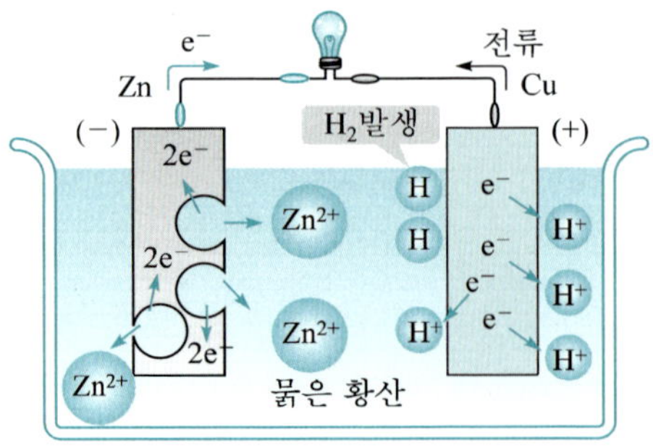

그림 2-15 묽은 황산에서의 전지반응

(2) 분극현상

볼타전지에서 기전력은 약 1V정도로 잠시 사용하면 0.4V로 떨어진다. 이것은 (+)극 표면에서 발생한 수소기체가 전자를 (+)극에 방출해서 ($H2 \rightarrow 2H^{+}+e^{-}$) H^{+} 으로 되어 기전력이 떨어지는 것으로 이를 분극현상이라 한다.

(3) 소극제(감극제)

분극작용을 방지하기 위해서 넣어주는 물질(산화제)을 소극제라 한다.

예 $KMnO_4$, MnO_2, PbO_2, H_2O_2, $K_2Cr_2O_7$ 등

(4) 전지의 종류

표 2-4 전지의 종류에 따른 구조

구조 및 E° / 종류	구조	E°
볼타전지(−)	(−)Zn|H2SO4|Cu(+)	1V
다니엘 전지(−)	(−)Zn|ZnSO4(aq)‖CuSO4(aq)|Cu(+)	1.1V
건전지(−)	(−)Zn|NH4Cl 포화용액|C(MnO2)(+)	1.5V
납축전지(−)	(−)Pb|H2SO4(aq)|PbO2(+)	2V

(※참고 : 볼타전지, 다니엘전지, 건전지는 1차전지 즉, 축전을 할 수 없는 전지.)

① 볼타전지

가) 두 금속(은판과 아연판 사이에 소금물이나 알칼리용액으로 적신 천조각을 끼운것)을 여러 쌍 겹쳐 쌓은 것의 양 끝에 전선을 연결하여 묽은 황산 속에 구리와 아연을 담근 것.

나) 구리와 아연의 경우에는 아연이 이온화경향이 크기 때문에 아연 이온 Zn^{2+}으로 되

어 용액에 녹아 나온다. 두 극을 전선으로 연결하면 아연판의 전자는 동판으로 이동하고 수소 이온 H^{-}에 전자를 주어서 수소가스가 된다. 전지는 이온화경향이 큰 쪽의 금속이 음극, 작은 쪽이 양극이 되므로 아연은 음극, 구리는 양극으로 대전한다.

다) 볼타전지는 처음에 1.1V의 전압을 보이지만, 약 2~3분 후에는 전압이 0.4V 정도로 떨어진다. 이는 구리판에서 발생한 수소 기체가 구리판 주위에 막을 형성하여 수소이온의 환원 반응을 방해하기 때문이다.

라) 사용하지 않을 때라도 아연극은 끊임없이 부식용해하고, 편극도 크므로 오늘날에는 사용하지 않는다. 최초의 1차 전지로서 화학전지를 일반적으로 볼타전지라 부르는 경우가 있다.

② 다니엘전지

가) 황산아연 용액 속에 넣은 아연을 음극, 황산구리 용액 속에 넣은 구리를 양극으로 하여 두 용액을 염류 용액으로 이어서 만든 전지.

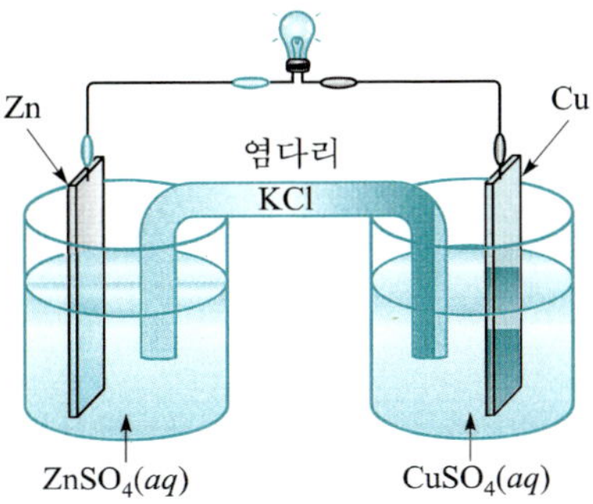

그림 2-16 다니엘전지의 원리

나) 전지로서의 구성은 (+)Cu | $CuSO_4$ | $ZnSO_4$ | Zn(−)이며, 회로를 닫으면 양극에서 $Cu^{2+}+2e \rightarrow Cu$, 음극에서 $Zn \rightarrow Zn^{2+} + 2e^{-}$ (e^{-}는 전자)의 반응이 일어나 전류가 흐르는데 기전력은 1.10V정도이다.

다) 비교적 장시간 쓸 수 있고, 전압의 동요나 불쾌한 기체의 발생이 없으므로 이전에는 전신용 전원으로 많이 이용되었으나, 현재는 사용되지 않고 있다.

라) 금속 M_1, M_2와 각각의 염 M_1X_1, M_2X_2를 $M_1 | M_1X_1 | M_2X_2 | M_2$형으로 배치한 전지를 다니엘형 전지라고 한다.

$$(-)Zn \mid ZnSO_4 \| CuSO_4 \mid Cu(+)$$

③ 건전지

가) 구조는 원통 모양 또는 4각기둥 모양이며, 바깥쪽은 음극아연제의 원통으로 용기를 겸하고 있다.

나) 중앙에 탄소양극이 있으며, 그 주위에는 이산화망간과 흑연을 섞어 반죽한 것을 고압에서 압착시켰다. 그 바깥쪽은 전해액(염화암모늄)을 충분히 흡수시킨 펄프·면지이다.

$$(-)Zn \mid NH_4Cl\text{포화용액} \mid C(MnO_2)(+)$$

> ※ NH_4Cl의 역할
>
> Zn^{2+}을 $Zn(NH_3)_4{}^{2+}$의 착이온으로 만들어 Zn^{2+}의 농도를 줄여줌으로 $Zn \rightarrow Zn^{2+} + 2e^-$ 의 속도가 일정하고 따라서 일정한 기전력을 유지시켜 준다.
>
> ※ MnO_2의 역할
>
> (+)극에서 발생되는 H_2를 H_2O로 만들어 분극작용을 없애 주는 감극제.
>
> 건전지 $\Rightarrow (-)Zn|NH_4Cl|MnO_2(+)$ $E^\circ = 1.5V$

④ 납축전지

가) 가장 널리 사용되며, 알칼리 축전지와 함께 축전지의 2대 분류를 이룬다.

나) 전기화학반응을 이용하는 축전지로서 전해액으로는 비중 약 1.2의 묽은 황산을 쓰고, 그 속에 양극(+)으로서 과산화납을, 음극(-)으로서 납을 넣는다.

다) 화학반응이 가역적이고, 사용에 의해서 기전력이 떨어진 경우 충전하면 원상태로 돌아온다. 출력전압은 약 2V이고 전류용량이 커서 자동차 등에 널리 쓰인다.

$$(-)Pb \mid H_2SO_4(aq) \mid PbO_2(+)$$

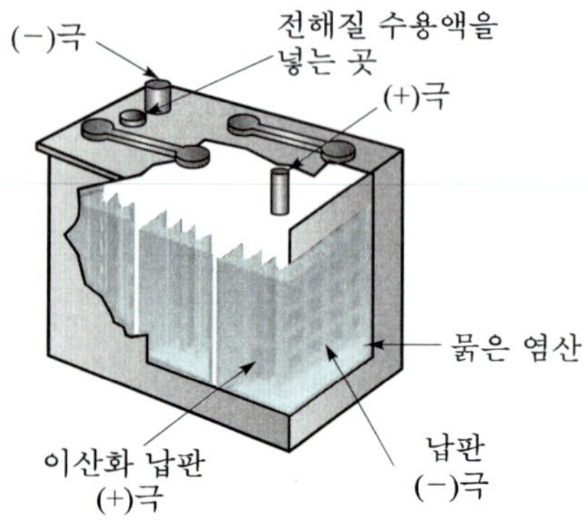

그림 2-16 납축전지의 구조

> 납축전지 { 방전 → 두 극의 질량은 모두 증가, 용액의 비중은 감소
> 충전 → 두 극의 질량은 모두 감소, 용액의 비중은 증가
>
> (-)극 $Pb \rightleftarrows PbSO_4$ (+)극 $PbO_2 \leftrightarrows PbSO_4$
>
> 용액은 방전에 의해 H_2SO_4 감소, 충전에 의해 H_2SO_4 증가.

⑤ 연료전지(fuel cell)

가) 연료와 산화제를 전기화학적으로 반응시켜 전기에너지를 발생시키는 장치.

나) 연료전지의 화학반응은 촉매층내에서 촉매에 의해 이루어지며 일반적으로 연료가 계속적으로 공급되는 한 지속적으로 발전이 가능하다는 장점을 가진다.

다) 전지는 닫힌계에서 화학적으로 전기에너지를 저장하는 반면, 연료전지는 연료를 소모하여 전력을 생산하는 차이를 가진다.

라) 전지의 전극은 반응을 통해 충전과 방전상태에 따라 바뀌지만, 연료전지의 전극은 촉매작용을 하므로 상대적으로 안정한 장점도 가진다.

마) 연료전지의 연료는 주로 수소이며, 이 외에도 탄화수소, 알코올 등이 사용되며, 산화제로 주로 산소, 공기, 염소, 인산화염소 등이 사용된다.

바) 수소는 저장이 용이하고 수소와 산소가 결합하면서 28,680ca/g의 열을 발생시키며, 자연발화온도는 585℃로 메탄이나 프로판보다 높은 장점을 가지므로 연료전지의 연료로 주로 사용된다.

사) 연료전지는 연료개질기, 연료전지 본체(stack), 전력변환장치의 3가지로 구성되며, 그 외에 연료전지의 발전설비 효율을 높이기 위한 부수적인 장치가 뒤따른다.

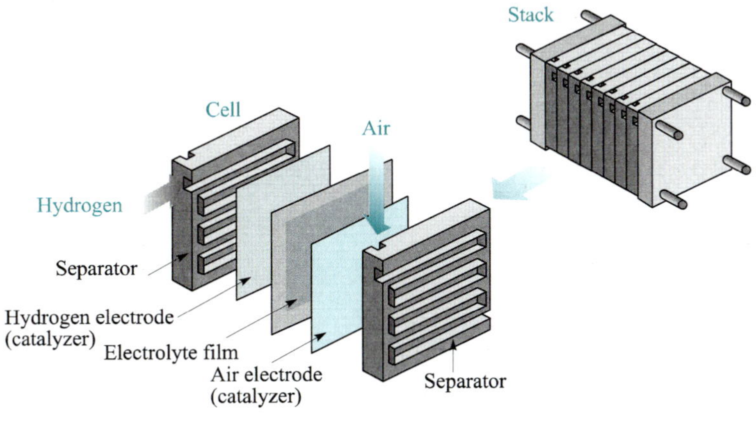

그림 2-17 연료전지의 구조

2) 전기분해

전해질의 수용액이나 용융점에 전극을 담그고 직류 전류를 통하면 두 극에서 화학 변화를 일으키는 성질을 이용한 것이다(전지의 경우는 반대이다). 산화전극은 어떤 경우에서나 항상 물질의 산화반응이 일어나는 전극이고, 환원전극은 환원반응이 일어나는 전극이다.

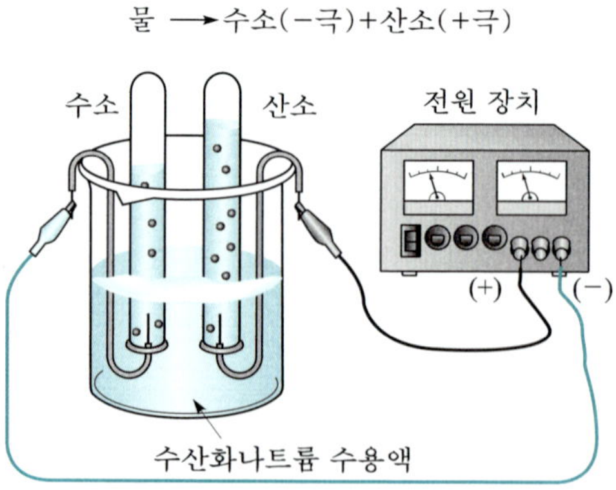

그림 2-18 물의 전기분해

3) 패러데이의 법칙 (Faraday's law)

전기화학의 기초법칙으로 1g당량의 물질을 석출시키는 전기량을 패러데이상수, 1C(쿨롬)의 전기량에 의해 석출되는 물질의 양을 그 물질의 전기화학당량이라 한다.

① 기본 법칙

가) 전기분해에서 얻어지는 물질의 질량은 전해액에 통해준 전기량에 비례.

나) 일정한 전기량으로부터 얻어지는 물질의 질량은 그 물질의 당량에 비례.

1F = 96,500C(쿠울롱, coulomb) = 1g당량을 석출 = 1몰의 전자

② 1F(패러데이)

물질 1g당량의 석출에 필요한 전기량, 96500C/mol

③ 1쿠울롱(coul)

1초 동안에 흐르는 전기량(A, amp).

1C(쿠울롱) = 1A(암페어) × 1sec(초)

표 2-5 1패러데이(F)로 변화하는 물질의 양

전기량	전해질	무게	부피 (표준상태)	원자 수	분자 수
1F	H_2	1.008g	11.2 Liter	6×10^{23}개	$1/2\times6\times10^{23}$개
1F	O_2	8.00g	5.6 Liter	$1/2\times6\times10^{23}$개	$1/4\times6\times10^{23}$개
1F	$CuSO_4$	63.5/2g		$1/2\times6\times10^{23}$개	$1/2\times6\times10^{23}$개
1F	$AgNO_3$	108g		6×10^{23}개	6×10^{23}개

5 중요 가스들의 성질

1) 수소(H_2)

(1) 성질

① 무색, 무미, 무취의 기체로, 기체 중에서 확산속도가 가장 빠르고 최소의 밀도를 가지며, 열전도도가 대단히 크다.

② 수소폭명기와 염소폭명기를 만든다.

$$2H_2 + O_2 \rightarrow 2H_2O \qquad + 136.6\ kcal \qquad (\text{수소폭명기})$$

$$H_2 + Cl_2 \rightarrow 2HCl \qquad (\text{염소폭명기})$$

③ 환원성이 강하다(고온에서 금속산화물을 환원시킨다).

④ 할로젠원소와 격렬히 반응하며 폭발반응이 일어난다.

(2) 공업적 제법

① 물의 전기분해법

가) 전극을 이용한 전기분해

$$2H_2O \rightarrow 2H_2 + O_2$$

나) 순도가 높지만 경제성이 떨어짐

다) 전해액으로 10～25%의 수산화나트륨 용액이 사용된다.

② 수성가스법 : 가열된 코크스에 수증기를 불어넣어 일산화탄소와 수소를 얻는 방법이다.

$$C + H_2O \leftrightarrows H_2 + CO \qquad - 28.2kcal$$

③ 천연가스분해법

가) 수증기 개질법(steam reforming)

수소와 일산화탄소를 제조하는 방법으로 반응 효율이 높고 황에 의한 피독작용이 적어 최근 많이 사용되고 있다. 수소는 나프타에 수증기를 혼합한 가스를 750℃, 150atm 이상에서 산화우라늄 촉매를 이용하여 개질한다.

$$CH_4 + H_2O \leftrightarrows CO + 3H_2 \qquad -49.3kcal$$

나) 부분산화법(partial oxidation)

메탄을 산소와 불완전연소시켜 일산화탄소와 수소를 생성하는 방법이다.

$$CH_4 + \frac{1}{2}O_2 \leftrightarrows CO + 2H_2 \qquad + 8.5kcal$$

④ 석유의 분해법

가) 수증기 개질법 : $C_mH_n + mH_2O \rightarrow mCO + \frac{2m+n}{2}H_2$

나) 부분산화법 : $C_mH_n + \frac{m}{2}O_2 \rightarrow mCO + \frac{n}{2}H_2$

⑤ 일산화탄소 전화법

$$CO + H_2O \rightarrow CO_2 + H_2 \qquad + 9.8kcal$$

(3) 기타

① 환원성을 이용하여 금속 제련에 이용한다.

② 폭발범위는 대기압 하에서 4~75%, 산소 중에서는 4~94%이다.

③ 수소의 폭굉범위는 상온상압에서 공기 중 18.3~59%, 산소 중 15~90%

2) 산소(O_2)

(1) 성질

① 상온에서 무색, 무취의 기체이고 공기 중에 부피로 약 21% 존재한다.

② 강력한 조연성 기체로 그 자신은 연소하지 않는다.

③ 산소농도가 커짐에 따라 연소속도의 급격한 증가, 발화온도의 저하, 화염온도의 상승, 화염길이의 감소를 가져온다.

④ 화학적으로 활발한 원소이며 희가스, 할로젠원소, 백금, 금 등의 귀금속 이외의 모든 원소와 직접 화합하여 산화물을 만든다.

(2) 공업적 제법

① 물의 전기분해법

$$2H_2O \rightarrow 2H_2 + O_2$$

② 공기액화분리법

공기를 강하게 압축시킨 후에 냉각하면 액체로 된다. 공기를 조성하고 있는 각 물질은 끓는점이 다르기 때문에 액체공기로부터 분별증류에 의해 각 성분을 분리할 수 있다. 산소의 끓는점은 −183℃이고 질소의 끓는점은 −196℃이므로, 액화공기로부터 질소가 먼저 증류되고 산소가 남게 된다.

(3) 기타

① 액체산소의 비점이 −183℃로 저온이므로 인체에 닿으면 동상의 우려가 있다.

② 산소를 많이 사용하는 대표적인 공업은 제철공업으로서, 탄소나 황 등의 불순물을 산화시켜 제거하는데 사용된다.

③ 황산, 메탄올 등의 화합물을 생산하는데도 많은 양의 산소가 필요하다.

3) 질소(N_2)

(1) 성질

① 공기 중에서 부피로 약 79% 차지한다.

② 고온·고압에서 수소와 반응하여 암모니아를 생성한다.

③ 상온에서 다른 물질과 반응하지 않는 안정한 불연성의 기체이지만 Mg, Ca, Li 등의 금속과는 반응한다.

④ 질소는 공업적으로 암모니아, 황산암모늄, 질산암모늄 등의 비료 제조에 가장 많이 사용된다.

(2) 기타

① 대부분의 용도가 암모니아 합성용 또는 질소비료의 원료인 질산제조에 사용된다.

② 불활성이므로 가연성가스를 취급하는 장치의 퍼지(purge)용으로 사용

③ 액체 질소의 온도는 너무 낮기 때문에 식품의 저장, 순간냉동 및 초전도체의 냉각 등에 사용된다.

4) 일산화탄소(CO)

(1) 성질

① 무색, 무취의 기체로 독성이 강하다(허용농도 50ppm).

② 환원성이 강한 가스이며 금속산화물을 환원시킨다.

③ 철이나 니켈과 금속카보닐을 생성한다.

④ 물에 잘 녹지 않으며, 산·염기와 반응하지 않는다.

⑤ 혈액속의 헤모글로빈과 반응하여 그 활동력을 저하시킨다.

(2) 공업적 제법

① 가열한 코크스에 수증기를 통과시키거나 코크스와 산소를 사용하여 불완전연소시켜 얻는다.

② 개미산(폼산, HCOOH)에 진한 황산을 작용시켜 만든다.

5) 염소(Cl_2)

(1) 성질

① 자극성이 있는 황록색의 무거운 기체이며, 자극적인 냄새를 가지고 있고 액체 상태는 진한 황색의 유상액체이다.

② 독성과 조연성 가스이며 허용농도가 1ppm이다.

③ 염소는 수분존재 하에서 발생기 산소를 발생시켜 살균, 표백, 소독작용을 한다.

④ 알칼리에 용해되고 물에 미량 녹으며, 염소는 수분과 작용하여 염산(HCl)을 생성하고 부식이 크므로 위험하다.

(2) 공업적 제법

① 소금물 전기분해법 : 소금물을 전기분해하면 양극에서 염소가 음극에서 수소가 발생하며, 그 주위에 수산화나트륨이 생긴다.

$$2NaCl + 2H_2O \rightarrow 2NaOH + H_2 + Cl_2$$

가) 격막법

나) 수은법

다) 이온교환막법

② 염산의 전해법 : 염산을 전기분해하면 고순도의 염소와 수소가 생성된다.

$$2HCl \rightarrow H_2 + Cl_2$$

(3) 기타

① 에터(에테르), 탄화수소 등의 유기화합물, 암모니아 가스, 수소가스, 금속분말 등과 발화하여 폭발하며 산화성이 있다.

② 취급하다 눈에 중독되어 충혈되었을 때, 응급처치로 붕산수 3% 정도로 씻어낸다.

6) 암모니아(NH_3)

(1) 성질

① 무색의 수용성 기체, 강하고 특유한 냄새를 가진 가연성과 독성가스이며 가압에 의해 쉽게 액화된다.

② 암모니아용 장치나 계기에는 직접 구리나 황동, 알루미늄 합금을 현저하게 부식시키며 수분이 있으면 그 작용이 더욱 격렬해진다.

③ 염소가스 또는 요소가스와 혼합하면 폭발의 위험이 있으며 구리, 아연 등의 합금을 자극하여 부식시키고 강알칼리성을 나타낸다.

④ 공기와 혼합하여 폭발성 가스를 생성하며 공기 중에서 가열하면 질소와 수소로 분해한다.

⑤ 액체암모니아는 증발잠열이 크며(301.8cal/g℃), 여러 가지 물질을 쉽게 녹인다.

(2) 제법

① 하버-보쉬법

$$N_2 + 3H_2 \rightarrow 2NH_3 \qquad + 23kcal$$

② 석회질소법

$$CaCN_2 + 3H_2O \rightarrow CaCO_3 + 2NH_3$$

(3) 기타

① 질소비료(요소, 황산암모늄, 질산암모늄)의 원료와 화학섬유(레이온, 나일론, 하이드라진, 중탄산암모늄)의 제조에 사용된다.

② 액체암모니아는 −33℃까지 냉각하므로 제빙기, 냉동기에 이용된다.

③ 반응압력에 따라 합성 구분

가) 고압합성법(600~1000kg/cm^2) : 클라우드법, 카자레법

나) 중압합성법(300kg/cm^2 전후) : IG법, 신파우저법, 뉴파우더법, 케미그법, JCI법, 하버보쉬법

다) 저압합성법(150kg/cm^2 전후) : 구데법, 케로그법

7) 황화수소(H_2S)

(1) 성질

① 무색, 특유한 계란 썩는 냄새를 가진 기체로서, 유독하며 물에 녹아 산성을 나타낸다.

② 연소반응식

완전연소 : $2H_2S + 3O_2 \rightarrow 2H_2O + 2SO_2$

불완전연소 : $2H_2S + O_2 \rightarrow 2H_2O + 2S$

③ 환원제로 작용한다.

④ 독성이 강하고 고농도가스를 다량 흡입할 경우 즉사한다.

(2) 기타

① 공기 중에서는 청색 불꽃을 내고 타며, 순수한 것은 염화마그네슘과 황화칼슘의 혼합물에 물을 조금 가한 후 가열하여 얻는다.

② 금속염용액과 작용하여 각종 황화물을 생성한다.

③ 농질산, 발연질산 등의 산화제와는 심하게 반응한다.

8) 아세틸렌(C_2H_2)

(1) 성질

① 무색의 기체로 순수한 물질은 에터(에테르)와 비슷한 향기가 있으나, 보통 공존하는 불순물 때문에 특유의 냄새가 난다.

② 액체 아세틸렌은 불안정하나 고체 아세틸렌은 비교적 안정하다. 15℃에서 아세톤의 부피비로 약 25배가량 녹는다.

③ 흡열화합물로서 충격이나 압축에 의해서 분해 폭발할 우려가 있으므로, 용기충전 시 다공물질 용제를 침윤시켜 충전한다.

④ Cu, Ag, Hg과 화합 폭발하여 폭발성의 금속아세틸라이트를 생성한다.

$$C_2H_2 + 2Cu \rightarrow Cu_2C_2 + H_2$$

⑤ 액체 공기 제조 시 아세틸렌이 원료 공기 중에 적은 양이라도 함유되어 있으면 정류탑 내에 축적되어 폭발사고의 원인이 된다.

(2) 제조방법

① 생석회와 코크스를 원료로 카바이드를 만들고 카바이드를 물과 반응시켜 제조한다.

$$CaO + 3C \rightarrow CaC_2 + CO$$

$$CaC_2 + H_2O \rightarrow Ca(OH)_2 + C_2H_2$$

② 석유화학가스를 고온 열분해하거나 천연가스를 부분 산화하는 방식

9) 프레온(CFCs)

(1) 성질

① 무색, 무취, 무독성으로 불연성이다.

② 증발잠열이 크고, 쉽게 액화되며 200℃ 이하에서는 대부분의 금속과 반응하지 않는다.

(2) 기타

① 냉동기의 냉매나 에어졸의 용제로 사용

② 불소수지(테프론 등)나 우레탄 발포제의 원료로 사용

10) 불활성가스

(1) 성질

① 주기율표 8족에 속하는 헬륨(He), 네온(Ne), 아르곤(Ar), 크립톤(Kr), 크세논(Xe), 라돈(Rn) 등의 원소이다.

② 화학적으로 안정하며 반응성 없는 가스로서 불활성이며, 불연성이다.

③ 방전 시 특유한 색을 낸다. [He(황백색), Ne(주황색), Ar(적색), Kr(녹자색), Xe(청자색), Rn(청녹색)]

④ 상온에서 기체이며, 단원자 분자이다.

⑤ 헬륨은 천연가스로부터 얻으며, 라돈은 방사선 물질의 생성물이다. 다른 기체들은 모두 공기로부터 얻는다.

(2) 기타

① 헬륨은 공기보다 가볍기 때문에 광고 풍선이나 기구에 사용되며 아르곤과 혼합하여 용접과정 중 산화를 방지시키는 역할을 한다.

② 네온을 저압에서 방전시키면 붉은 색을 내므로, 네온사인 등의 전구 제조에 사용된다.
③ 아르곤이나 크립톤은 전구의 수명안정성을 위하여 사용된다.
④ 화학공업의 보호가스로 쓰인다.

11) 특수가스

(1) 모노실란(SiH_4)

① 특이한 냄새가 나는 무색 기체로, 상온에서는 안정적이지만 300℃ 이상 가열 시 공기 중에서는 자연 발화한다.
② 수산화알칼리용액과 작용하여 수소를 발생하고 규산알칼리가 된다.
③ 상온에서 불소, 브로민(브롬), 염소와는 폭발적 반응을 일으킨다.

(2) 포스핀(PH_3)

① 불소와 염소 중에서 격렬하게 반응한다.
② 상온의 공기 중에 누출되면 발화하며 발화온도는 37.7℃로 낮다.
③ 반도체 도핑용 가스체, 축합촉매, 중합기폭제, 포스포늄, 할로젠화 유기처리제 등에 사용된다.

(3) 알진(AsH_3)

① 가열하면 300℃ 이상의 온도에서 서서히 분해를 시작하여 500℃ 이상에서는 장시간 가열하면 완전하게 분해반응을 일으킨다.
② 건조된 알진은 상온에서 산소와 반응하지 않으나 수분이 있는 경우 즉시 반응한다.
③ 강산화제로 수용액 중에서 질산은 등을 환원한다.
④ 질산, 사염화질소 등과의 반응은 위험하다.
⑤ 유기합성 원료 및 반도체 도핑의 원료로 사용된다.

(4) 디보레인(B_2H_6)

① 40~50℃에서 대기 중의 습기와 반응하여 발화한다.
② 산화성물질, 암모니아, 염소, 리튬, 알루미늄, 알코올 등과 심하게 반응한다.
③ 환원성이 강하고 중금속을 금속으로 환원한다.
④ 올레핀중합 솔벤트, 환원제, 붕화수소의 중간체, 도핑가스제 등에 사용된다.

(5) **모노게르마늄**(GeH_4)

① 물과 접촉하여 가연성 가스인 수소가스가 발생하며 공기 중에 누출 시 발화위험이 있다.

② 산화성은 없고 폭발성과 연소성이 있다.

③ 반도체용 가스로 사용된다.

(6) **시안화수소**(HCN)

① 특유의 복숭아향이 나는 맹독성 기체(허용농도 10ppm)로 쉽게 액화된다.

② 물, 암모니아, 수산화나트륨에 쉽게 흡수된다.

③ 순수한 HCN 액체는 안정하나 소량의 수분이나 알칼리성 물질을 함유하면 중합이 촉진되어 중합열에 의해 폭발한다.

④ 부식성이 있으나 산화성은 없다.

⑤ 아크릴로니트릴, 아클릴산수지 등 기타 유기합성원료, 살충제로 이용된다.

6 유기화합물

1) 유기화합물

탄소화합물이라고도 하며, 독일 화학자 뵐러(Friedrich Wöhler)에 의해 개념이 현대적인 합성유기화학으로 발전되었다. 과거에는 유기화합물을 생명력이 있는 화합물로 인식이 되었지만 뵐러가 요소를 합성함에 따라 탄소의 화합물로 인식되어졌다(예외 : CO, CO_2, 탄산염 등은 무기화합물로 취급함).

(1) 유기화합물의 일반적 특성

유기화합물을 구성하는 주성분은 탄소(C)이며 H, O, N, S, P, 소량의 할로젠원소와 화합한다. 또한, 공유결합물질이므로 대부분 비전해질이다(단, 포름산, 아세트산, 옥살산은 전해질이다). 이온반응이 아닌 분자와 분자 사이의 반응이므로 반응속도가 느리며, 공기 중에서 완전연소하면 CO_2와 H_2O로 된다. 물에는 잘 안 녹으며 유기용매(알코올, 에터(에테르), 벤젠, 아세톤 등)에 잘 녹으며, 분자 간에 인력이 작아서 녹는점, 끓는점이 낮다(대부분 녹는점이 300℃ 이하이다). 유기화합물은 무기화합물보다 이성질체 수가 많아 그 종류가 다양하다.

(2) 유기화합물의 분류

유기화합물은 크게 지방족과 방향족으로 나뉜다. 지방족은 다시 포화지방족 그리고, 불포화지방족으로 구분된다. 또한, 방향족은 치환족과 방향족, 이원소족으로 다시 분류된다. 표 2-6에 탄화수소를 각각 구분하여 나타내었다.

표 2-6 탄화수소의 분류

<table>
<tr><th colspan="6">탄화수소</th></tr>
<tr><th colspan="3">사슬모양(지방족)</th><th colspan="3" rowspan="2">고리모양(방향족)</th></tr>
<tr><th>포화</th><th colspan="2">불포화</th></tr>
<tr><td rowspan="2">알칸
(단일결합)</td><td rowspan="2">알켄
(이중결합)</td><td rowspan="2">알킨
(삼중결합)</td><td>치환족</td><td>방향족</td><td>이원소족(복소환체)</td></tr>
<tr><td>시클로알칸,
시클로알켄 (포화)</td><td>벤젠, 나프탈렌,
톨루엔(불포화)</td><td>피리딘</td></tr>
</table>

2) 유기화합물 수에 관한 접두어

유기화합물을 표현함에 있어서 탄소의 수 등에 따라 그 명칭을 달리한다. 명명에 필요한 접두어를 표 2-7에 나타내었다.

표 2-7 유기화합물의 접두어

	수 표시	물질명 표시
1	mono (모노)	metha (메타)
2	di (디)	etha (에타)
3	tri (트리)	propa (프로파)
4	tetra (테트라)	buta (부타)
5	penta (펜타)	penta (펜타)
6	hexa (헥사)	hexa (헥사)
7	hepta (헵타)	hepta (헵타)
8	octa (옥타)	octa (옥타)
9	nona (노나)	nona (노나)
10	deca (데카)	deca (데카)

3) 유기물의 명명

유기화합물 중에서 사슬모양의 지방족 탄화수소의 경우, 그 결합수에 따라 크게 3가지와 작용기로 나타낼 수 있다. 표 2-8에는 지방족탄화수소의 결합수와 탄소수에 따른 계열과 명명법 및 작용기에 따른 명명법을 나타내었다.

표 2-8 지방족탄화수소의 명명법

계열 / 일반식 / 탄소수	메탄 계열 alkane(알칸) C–C (C_nH_{2n+2})	에틸렌 계열 alkene(알켄) C=C (C_nH_{2n})	아세틸렌 계열 alkine(알킨) C≡C (C_nH_{2n-2})	알킬 계열 R–(알킬기) (C_nH_{2n+1})
1	CH_4 methane	–	–	CH_3–methyl 기
2	C_2H_6 ethane	C_2H_4 ethene	C_2H_2 ethine	C_2H_5–ethyl 기
3	C_3H_8 propane	C_3H_6 propene	C_3H_4 propine	C_3H_7–propyl 기
4	C_4H_{10} butane	C_4H_8 butene	C_4H_6 butine	C_4H_9–butyl 기
5	C_5H_{12} pentane	C_5H_{10} pentene	C_5H_8 pentine	C_5H_{11}–pentyl 기

4) 유기화합물의 IUPAC(국제순수 및 응용화학연합)명과 관용명

유기화학의 발전과 탄소원자의 특이성으로 인해 다양한 유기화합물이 가능하기 때문에 단순한 명령체계의 한계로 인해 국제순수 및 응용화학연합(IUPAC)에서 새로운 명명체계를 만들었다. 현재는 이 방법을 이용하여 유기화합물들을 명명하며, 아래 표 2-9에 IUPAC 명명법과 더불어 관용명을 나타내었다.

표 2-9 IUPAC 명명법 및 관용명

C_nH_{2n}(이중결합)	IUPAC명	관용명
C_2H_4	ethane(에텐)	ethylene(에틸렌)
C_3H_6	propene(프로펜)	propylene(프로필렌)
C_4H_8	butene(부텐)	butylene(부틸렌)
C_5H_{10}	pentene(펜텐)	pentylene(펜틸렌)
C_nH_{2n-2}(삼중결합)	**IUPAC명**	**관용명**
C_2H_2	ethine(에틴)	acetylene(아세틸렌)
C_3H_4	propine(프로핀)	methyl acetylene(메틸 아세틸렌)
C_4H_6	butine(부틴)	ethyle acetylene(에틸 아세틸렌)

5) IUPAC 명명법

IUPAC명명법은 우선 가장 긴 탄소 사슬의 탄화수소명을 기본으로 하고, 사슬 한 끝에서부터 각 탄소에 번호를 표시하여 각 가지의 위치, 수, 명칭을 기본명(탄소골격) 앞에 붙인다.

예 $^{1}CH_3-{}^{2}CH_2-{}^{3}CH_2-{}^{4}CH_2-{}^{5}CH_3$: n-pentane(n-펜탄)

$^{1}CH_3-{}^{2}CH(CH_3)-{}^{3}CH_2-{}^{4}CH_2$: iso-pentane(iso-펜탄)
2-methylbutane(2-메틸부탄)

$^{1}CH_3-{}^{2}CH(CH_3)-{}^{3}CH(CH_3)-{}^{4}CH_2$: iso-hexane(iso-헥산)
2,3-dimethylbutane(2,3-디메틸부탄)

이중결합이 1개 있는 경우, 올레핀 계열은 어미에 -ene를 붙인다.

예 $^{1}CH_3-{}^{2}CH={}^{3}CH-{}^{4}CH_3$: 2-butene(2-부텐)

이중결합이 2개 있는 경우는 어미에 -adiene을 붙인다.

예 $^{1}CH_2={}^{2}CH_2-{}^{3}CH_2={}^{4}CH_2$: 1,3-butadiene(1,3-부타디엔)

6) 중요한 작용기에 의한 유기화합물의 분류

작용기는 공통된 화학적 특성을 가진 유기화합물에서 그 특성의 원인이 되는 원자단 또는 결합양식이며, 결합의 수와 배치에 따라 각각 다른 화학반응을 나타낸다[7]. 표 2-10에 중요 작용기의 화학식과 일반명 및 예를 나타내었다.

표 2-10 중요작용

작용기		일반명	보 기
이름	기호		
하이드록시기 (수산기)	-OH	알코올 페놀	메틸알코올(CH_3OH) 페놀(C_6H_5OH)
알데하이드기 (포르밀기)	-CHO	알데하이드	포름알데하이드(HCHO) 환원성(펠링 용액을 환원, 은거울 반응)
카르복실기	-COOH	카르복실산	아세트산(CH_3COOH) 산성, 알코올과 에스테르 반응
카르보닐기	>CO	케톤	아세톤(CH_3COCH_3) 저급은 용매로 사용

작용기		일반명	보 기
이름	기호		
나이트로기	$-NO_2$	나이트로화합물	나이트로벤젠($C_6H_5NO_2$) 폭발성이 있고, 환원하면 아민이 된다.
아미노기	$-NH_2$	아민	아닐린($C_6H_5NH_2$) 염기성을 나타냄
술폰산기	$-SO_3H$	술폰산	벤젠 술폰산($C_6H_5SO_3H$) 강산성을 나타냄
아세틸기	$-COCH_3$	아세틸화합물	아세트아닐리드($C_6H_5NHCOCH_3$)
에터기 (에테르기)	$-O-$	에터 (에테르)	에틸에터($C_2H_5OC_2H_5$) 마취성, 휘발성, 인화성이 있음
에스터기 (에스테르기)	$-COO-$	에스테르	아세트산메틸(CH_3COOCH_3) 방향성, 가수분해됨
바이닐기 (비닐기)	$CH_2=CH-$	비닐	염화바이닐(CH_2CHCl) 첨가 및 중합반응을 잘함

7) 이성질체

같은 원자가 그 원자가를 만족시키면 여러 방법으로 배치가 가능하며, 이러한 형태의 분자들을 이성질체라 한다. 즉, 분자식은 같으나 시성식이나 구조식(성질)이 다른 물질을 말한다.

예 C_2H_5OH(에틸알코올)과 $(CH_3)_2O$(다이메틸에터(에테르))

분자식 : C_2H_6O

구조식 : C_2H_5-OH(에틸알코올), CH_3-O-CH_3(다이메틸에터(에테르))

(1) 이성질체의 종류

① 구조이성질체

펜탄(C_5H_{12})에는 탄소원자 간의 결합위치에 따라 구조가 서로 다른 n(노르말), iso(아이소, 이소), neo(네오)의 화합물이 존재한다.

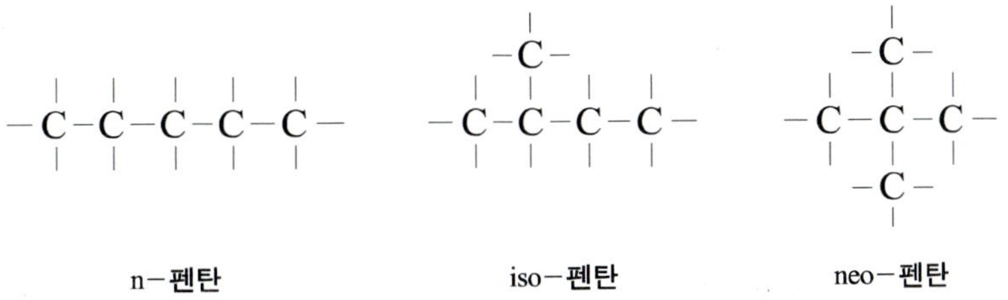

그림 2-19 펜탄의 구조이성질체

② 기하이성질체

이중결합을 갖고 있는 것으로 이중결합의 축을 경계로 하여 원자단이나 원자가 같은 쪽인 cis(시스형)와 반대쪽인 trans(트랜스형)가 있다. 아래에 디클로로에텐($C_2H_2Cl_2$)에 대한 cis와 trans형을 나타내었다.

시스형, 극성　　　　트렌스형, 비극성

그림 2-20 다이클로로에텐의 기하이성질체

③ 광학이성질체

카이랄성(비대칭성) 분자가 갖는 이성질체로 거울상 이성질체라고도 한다. 거울상으로 만들어지는 두 이성질체는 작용기의 배열이 달라서 서로 겹쳐지지 않는다. 그림 2-21에 광학이성질체의 예로써 아미노산의 알라닌(Alanine)을 나타내었다.

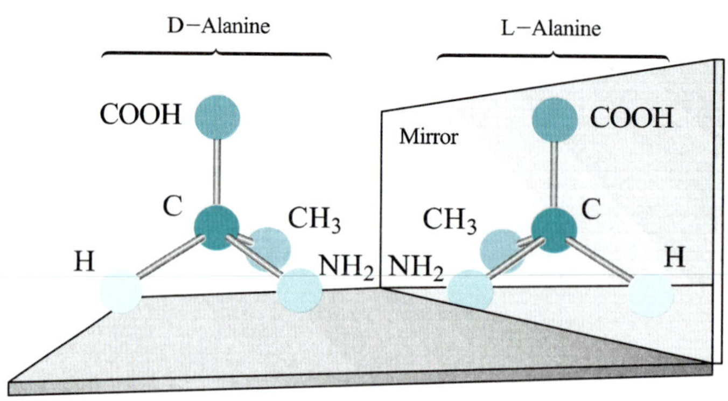

그림 2-21 알라닌의 광학이성질체

7 지방족 화합물

1) 지방족 탄화수소(사슬모양)

지방족 탄화수소는 크게 포화탄화수소와 불포화탄화수소로 나뉘며, 포화탄화수소는 주로 파라핀계 또는 메탄계 화합물이라고 하며, 사슬모양 탄화수소라고도 한다. 불포화탄화수소는 이중결합을 함유하는 것(에틸렌계 탄화수소), 삼중결합을 함유하는 것(아세틸렌계 탄화수소), 이중결합, 삼중결합 모두를 함유하는 것이 있다[9].

(1) 포화탄화수소 = 알칸족(AlKane) = 파라핀계 탄화수소

포화탄화수소는 이중결합이나 삼중결합이 없이 단일결합만으로 이루어진 것으로 파라핀계 혹은 메탄계라고도 하며, 그 표현식은 C_nH_{2n+2}이다. 이성질체는 탄소수가 3개 이하인 프로판까지는 이성질체가 없고, 탄소수가 4개 이상일 때부터 있다. 이성질체 수는 탄소수가 증가할수록 기하급수적으로 증가한다. 표 2-11은 포화탄화수소의 이성질체 수를 나타내었다.

표 2-11 포화탄화수소의 이성질체 수

화학식	C_4H_{10}	C_5H_{12}	C_6H_{14}	C_7H_{16}	C_8H_{18}	C_9H_{20}
이름	butane	pentane	hexane	heptane	octane	nonane
이성질체의 수	2개	3개	5개	9개	18개	36개

포화탄화수소에서 탄소수가 증가할수록 비중, 용융점, 비등점, 연소열이 높아지고 발화점이 낮아진다. 상온상압에서 C_1~C_4까지는 기체, C_5~C_{16}개까지는 액체, C_{17}개 이상은 고체로 존재한다.

(2) 에틸렌계 탄화수소 = 알켄족(AlKene) = 올레핀계 탄화수소

불포화탄화수소 중 이중결합이 있을 경우는 보통 에틸렌계 혹은 올레핀계라 불리며 그 표현식은 C_nH_{2n}이다. 이중결합이 있어 치환반응보다는 부가(=첨가)반응 또는 부가중합반응을 하고 반응성은 포화탄화수소보다 크다. 탄소수가 많을수록 비중, 녹는점, 끓는점이 높아지고 구조이성질체와 기하이성질체를 가지고 있다. 불포화결합이 있음을 확인하는 검출은 적갈색 브로민(브롬, Br_2)이 무색으로 탈색됨을 확인함으로써 알 수 있다.

(3) 아세틸렌계 탄화수소(불포화탄화수소) = 알킨족(Alkyne) 탄화수소

불포화탄화수소 중 삼중결합이 있을 경우는 아세틸렌계라 하며, 일반식은 C_nH_{2n-2}이다. 결합길이가 1.2 Å 으로 가장 짧다. 또한, 반응성이 매우 커서 부가반응, 중합반응이 잘 일어난다.

(반응성의 크기 : 삼중결합 > 이중결합 > 단일결합)

아세틸렌계(알킨족)에 수소를 부가하면 에틸렌계(알켄족)을 거쳐 알칸족(메탄계)이 된다.

또한, 아세틸렌 3분자를 중합하면 방향족 화합물인 벤젠(C_6H_6)이 된다[9].

$$C_2H_2 \rightarrow C_2H_4 \rightarrow C_2H_6$$

2) 지방족 탄화수소의 유도체

(1) 알코올 (Alcohol : 일반식 = $C_nH_{2n+1}OH$ = R-OH)

※ R …… 알킬기 (C_nH_{2n+1})

① 물에 녹으며 전리하지 않고, 비전해질이며 액성은 중성이다.

② 1가 알코올에서 C_1~C_4는 액체, C_5~C_{11}은 점도가 큰 기름모양 액체, C_{12} 이상은 고체이다.

③ 알칼리금속(Na, K)과 반응하여 H_2을 발생시킨다.

$$2ROH + 2Na \rightarrow 2RONa + H_2\uparrow \text{ (알코올 검출)}$$

④ 물에 대한 용해도는 분자량이 증가할수록 감소하고, -OH수가 증가할수록 커진다.

⑤ 산화하면 알데하이드를 거쳐 카르복실산이 된다.

$$ROH \underset{\text{환원}}{\overset{\text{산화}}{\rightleftarrows}} RCHO(\text{알데하이드}) \underset{\text{환원}}{\overset{\text{산화}}{\rightleftarrows}} RCOOH(\text{카르복실산})$$

예 $CH_3OH \underset{+2H}{\overset{-2H}{\rightleftarrows}} HCHO \overset{+O}{\rightleftarrows} HCOOH$

(메탄올) (포름알데하이드) (포름산, 메탄산)

$C_2H_5OH \underset{+2H}{\overset{-2H}{\rightleftarrows}} CH_3CHO \overset{+O}{\rightleftarrows} CH_3COOH$

(에탄올) (아세트알데히드) (초산, 아세트산)

⑥ 산과 반응하여 에스터(에스테르, Ester)를 만든다. (농황산은 탈수제)

$$RCOOH + R'OH \rightarrow H_2O + RCOOR' \text{ (Ester)}$$

예 $CH_3COOH + C_2H_5OH \rightarrow H_2O + CH_3COOC_2H_5$ (초산에틸 혹은 아세트산에틸)

⑦ 메틸알코올 검출법 : 시험관에 메틸알코올을 넣고 불에 달구어진 산화구리로 반응하면 HCHO(포름알데하이드)의 냄새가 나며, 붉은색 침전(Cu)이 생긴다.

$$CH_3OH + CuO \rightarrow Cu + H_2O + HCHO$$

⑧ 에틸알코올 검출법 : 에탄올(C_2H_5OH)에 KOH 또는 NaOH와 요오드(I_2)를 반응시키면 다른 알코올에서는 볼 수 없는 아이오드포름 (요오드포름, CHI_3) 침전반응을 볼 수 있다. (아이오드포름반응, 요오드포름반응)

$$C_2H_5OH + KOH + I_2 \rightarrow CHI_3$$

> ※ 아이오드포름반응 (요오드포름반응)
> - 에탄올에 요오드를 용해하여 NaOH(KOH)용액을 섞어 60~70℃로 가열하면 특유한 냄새인 요오드포름(CHI_3)의 노란색 침전이 생긴다.
> - 요오드포름 반응을 하는 물질 : C_2H_5OH, CH_3CHO, CH_3COCH_3 등)

⑨ 알코올의 분류

가) OH수에 따라 분류

- 1가 알코올 (−OH기가 1개인 것) **예** CH_3OH(메틸알코올), C_2H_5OH(에틸알코올)
- 2가 알코올 (−OH기가 2개인 것) **예** CH_2OHCH_2OH (에틸렌글리콜)
- 3가 알코올 (−OH기가 3개인 것) **예** $CH_2OHCHOHCH_2OH$ (글리세린)

나) OH기가 결합한 탄소의 위치에 따라 구분

- 1차 알코올 : OH기와 결합한 탄소가 다른 탄소 1개와 연결된 알코올

  예 n−프로판올 $CH_3-CH_2-CH_2-OH$

- 2차 알코올 : OH기와 결합한 탄소가 다른 탄소 2개와 연결된 알코올

  예 iso−프로판올

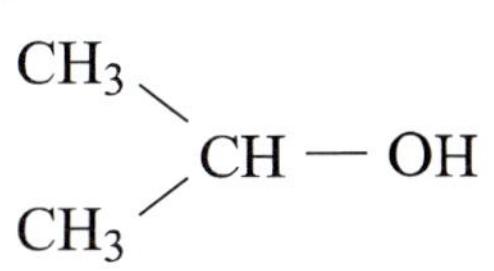

- 3차 알코올 : OH기와 결합한 탄소가 다른 탄소 3개와 연결된 알코올

⑩ 1차 알코올을 산화시키면 알데하이드를 거쳐 카르복실산이 되고 2차 알코올을 산화시키면 케톤이 된다. 3차 알코올은 산화가 되지 않는다.

표 2-12 알코올의 산화

1차 알코올의 산화	2차 알코올의 산화
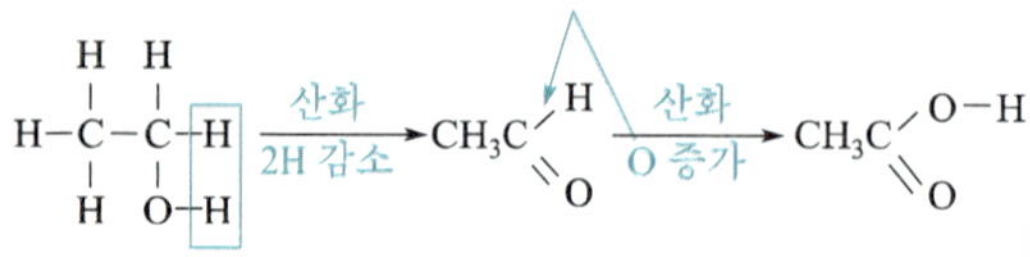	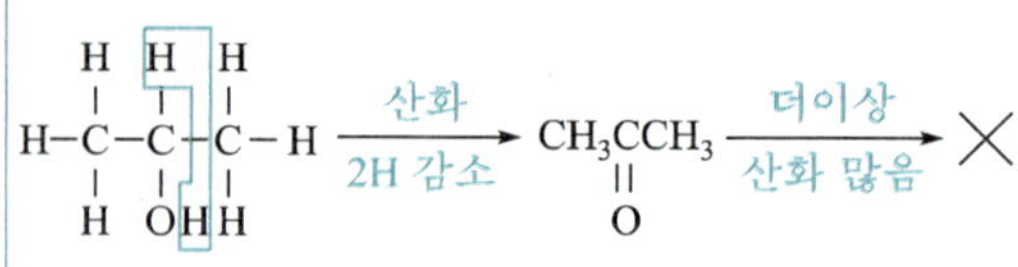

(2) **에터 (에테르**, Ether, **일반식** R-O-R′)

① 2개의 알킬기가 산소원자 하나와 결합된 형태를 말하며 알코올 두 분자의 탈수로 얻을 수 있으며(축합반응), 물에 녹기 어렵고, Na과도 반응을 하지 않는다.

$$C_2H_5OH + HOC_2H_5 \xrightarrow[130℃]{\text{진한 } H_2SO_4} H_2O + C_2H_5OC_2H_5$$

② 극성을 띠지 않아 물에 녹지 않는다.

③ 휘발성, 마취성, 인화성 액체로서 주로 용매로 사용한다.

(3) **알데하이드 (알데히드**, Aldehyde, **일반식** : R-CHO)

① HCHO (포름알데하이드, 수용액은 포르말린)

가) HCHO을 산화시키면 HCOOH (폼산, 의산, 개미산)로 되고 페엘링용액과 반응하여 붉은 침전이 생긴다.

나) 은거울반응과 페엘링반응은 하지만 아이오드포름(요오드포름)반응은 하지 않는다.

다) 살균력이 커 방부제나 소독제, 환원제, 페놀수지 및 요소수지의 원료로 쓰인다.

> ※ Fehling(페엘링) 반응
>
> R-CHO에 페엘링 용액(청색)을 반응시키면 환원반응에 의해서 산화제1구리(Cu_2O)의 붉은색 침전을 만드는 반응 (알데하이드 검출법).
>
> $$R\text{-}CHO + 2CuO \rightarrow RCOOH + Cu_2O$$
>
> ※ 은거울반응
>
> R-CHO에 암모니아성 질산은 용액을 가하고 가열하면, $Ag^+ \rightarrow Ag$ 으로 환원되어 은(Ag)이 유리면에 붙어 거울이 된다(알데하이드 검출법).
>
> $$R\text{-}CHO + Ag_2O \rightarrow RCOOH + 2Ag$$

② CH_3CHO (아세트알데하이드)

가) 에틸알코올을 산화시키거나 아세틸렌을 물과 작용시켜 얻는다.

나) 아이오드포름반응(요오드포름반응)을 하고 산화되면 CH_3COOH (아세트산, 초산, 빙초산)이 된다.

$$C_2H_5OH \rightarrow CH_3CHO + H_2O, \qquad C_2H_2 + H_2O \rightarrow CH_3CHO$$

(4) 케톤 (Ketone, 일반식 = RCOR′)

① 이소프로필알코올을 산화시키면 아세톤을 얻을 수 있다.

$$CH_3CHOHCH_3 \rightarrow CH_3-CO-CH_3$$

② 알킬기 2개와 카르보닐기 한 개가 결합된 형태이고 환원성이 없으므로 은거울반응이나 페엘링용액을 환원시키지 못한다.

(5) 카르복실산 (Carboxyl산, 일반식 = RCOOH)

① HCOOH (폼산, 개미산, 의산)

가) 메틸알코올을 산화시키면 포름알데하이드가 되고 포름알데하이드를 산화시키면 포름산이 된다.

나) 환원성이 있어 은거울 반응을 하며, 또 Fehling 용액을 환원시키고 알코올과 에스터화반응 (에스테르화반응)을 한다.

다) 진한 황산과 가열하면 탈수되어 일산화탄소를 생성시킨다.

$$HCOOH \rightarrow H_2O+CO$$

② CH_3COOH (아세트산, 초산, 빙초산)

가) 에틸알코올을 산화시키면 아세트알데하이드가 되고 아세트알데하이드를 산화시키면 아세트산이 된다.

나) 물에 잘 녹으며 알코올과 에스터화반응(에스테르화반응)을 한다.

(6) 에스터 (에스테르, Ester, 일반식 = RCOOR′)

① 에스터는 산과 알코올로부터 물이 빠진 축합된 화합물이다.

② 카르복실산과 알코올의 에스터화반응으로 만든다.

$$RCOOH + R'OH \xrightarrow[\text{(에스테르화반응)}]{c-H_2SO_4\ \text{(탈수제)}} RCOOR' + H_2O$$

③ 에스터화반응의 역반응을 가수분해반응이라하며 에스터의 알칼리가수분해를 비누화반응이라 한다.

$$R-COO-R' + NaOH \rightarrow R-COO-Na + R'-OH$$

④ 저급에스테르는 향기 있는 액체이며, 고급에스테르는 고체로서 향료 및 용매로 사용된다.

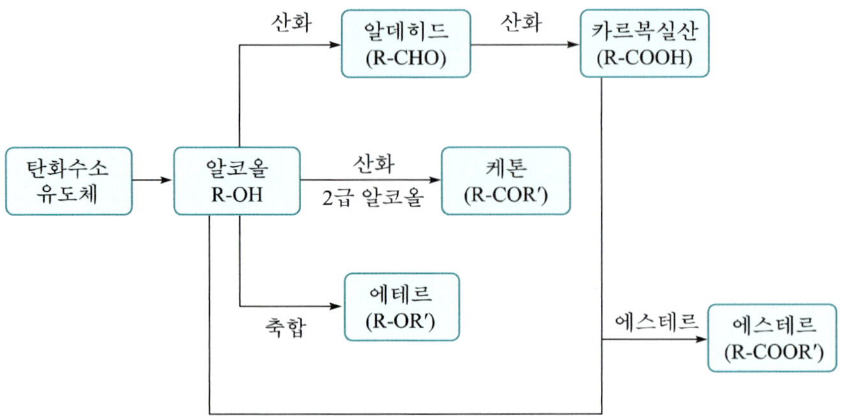

그림 2-22 지방족 탄화수소 유도체 정리

8 방향족 화합물

방향족 화합물은 비교적 단순한 구조를 가지고 있으며, 여러 화학반응을 통해서도 손상을 입지 않는 공통적인 6개의 탄소 단위를 포함한다.

1) 벤젠과 그 유도체

(1) 벤젠 (C_6H_6)

벤젠은 특별한 화학적 성질 때문에 방향족 화합물들의 모체탄화수소이다. 무색이며, 비점 80.13℃인 휘발성 액체이며, 독특한 냄새를 가졌다. 일반적으로, 경유에서 분리하여 얻거나, 아세틸렌 3분자를 중합하여 얻을 수 있다.

$$3C_2H_2 \rightarrow C_6H_6$$

벤젠의 탄소원자는 고리 모양으로 되어있으며, 단일결합 · 이중결합이 교대로 연결되어 있으므로 안정하며, 첨가반응보다는 치환반응이 잘 일어난다. 표2-13은 벤젠의 직접 치환으로 생성된 화합물들을 나타내었으며, 표 2-14는 다단계 치환으로 생성된 화합물들을 나타내었다.

표 2-13 벤젠의 직접 치환체(치환반응)

구 조	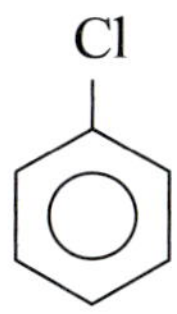 (클로로벤젠)	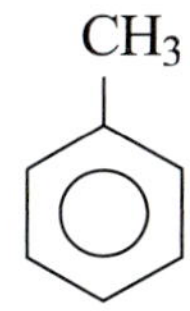 (메틸벤젠 ; 톨루엔)
반응 명칭	할로젠화	알킬화반응(프리델-크라프츠반응)
반 응	$C_6H_6 + Cl_2 \rightarrow C_6H_5Cl + HCl$ Fe를 촉매로 Cl_2를 벤젠과 작용시켜, 치환반응이 일어나서 클로로벤젠 생성	$C_6H_6 + CH_3Cl \rightarrow C_6H_5CH_3 + HCl$ 무수염화알루미늄을 촉매로 할로젠화 알킬을 작용시키면 알킬기가 치환되어 알킬벤젠 생성
구 조	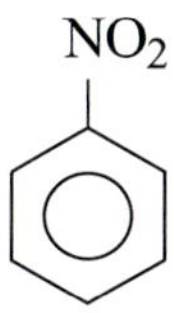 (나이트로벤젠)	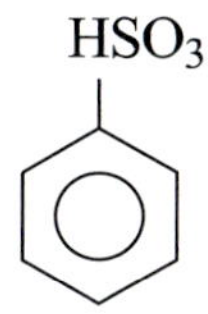 (벤젠술폰산)
반응 명칭	니트로화 (나이트로화)	술폰화
반 응	$C_6H_6 + HNO_3 \rightarrow C_6H_5NO_2 + H_2O$ 진한 황산과 진한 질산의 혼합가열하면 나이트로벤젠 생성	$C_6H_6 + H_2SO_4 \rightarrow C_6H_5SO_3H + H_2O$ 발열황산을 가하고 가열하면 강한 산성물질인 벤젠술폰산 생성

표 2-14 벤젠의 다단계 치환체(치환반응)

<table>
<tr><td rowspan="2">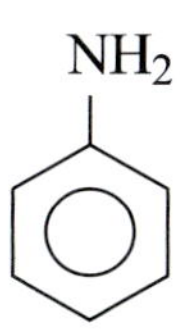
(아닐린)</td><td>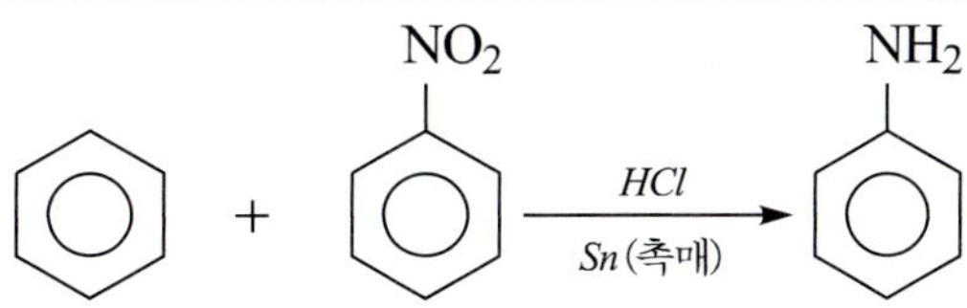</td></tr>
<tr><td>대표적인 방향족 아민. 페닐아민 혹은 아미노벤젠이라고도 하며, 벤젠에서 유도되는 1차 아민. 특유의 냄새를 지닌 무색 액체로 벤젠과 함께 화학공업에 있어서 중요한 화합물로 간주된다.</td></tr>
<tr><td rowspan="2">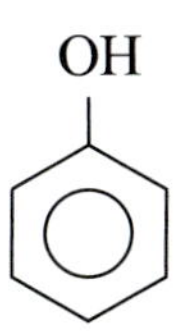
(페놀)</td><td>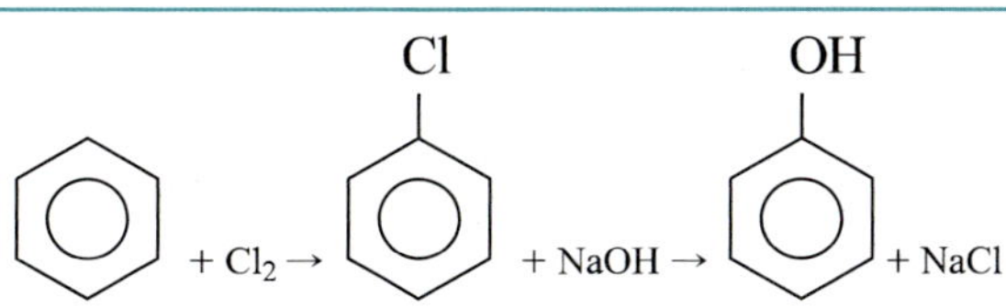
(클로로벤젠)</td></tr>
<tr><td>① 특유한 강한 냄새를 가진 무색의 결정이며 물에 약간 녹으며, 산성이다.
② 카르복실산과 반응하여 에스터(에스테르)가 된다.
③ 공기나 햇빛을 쪼이면 적색으로 변하므로 갈색병에 보관해야 한다.
④ 염화제2철($FeCl_3$)과 만나면 보라색이 된다.
⑤ 진한 질산과 농황산으로 나이트로화시키면 피크린산($C_6H_2OH(NO_2)_3$)이 된다.</td></tr>
</table>

(2) 방향족 탄화수소의 이성질체

다른 사슬모양의 불포화탄화수소와 마찬가지로 방향족 탄화수소도 이성질체를 가진다. 2개의 치환기가 있으면 3가지 이성질체 구조가 가능하며, 이들은 접두사 오르토(ortho-), 메타(meta-), 파라(para-)로 말하며, 줄여서 $o-$, $m-$, $p-$ 등으로 구별한다. 표 2-15에 클로로톨루엔에 대한 3가지 이성질체를 예로 나타내었다.

표 2-15 클로로톨루엔의 3가지 이성질체

오르토(ortho)의 구조	메타(meta)의 구조	파라(para)의 구조
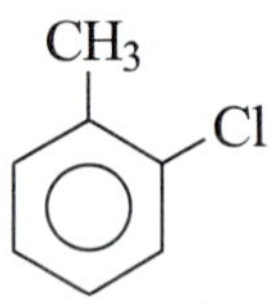	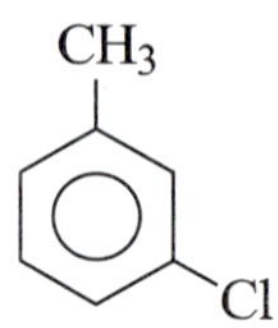	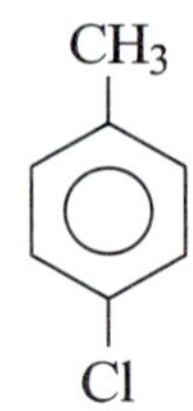

(3) 톨루엔($C_6H_5CH_3$)

톨루엔의 분자식은 $C_6H_5CH_3$로 벤젠에서 하나의 수소와 메틸기($-CH_3$)가 치환된 형태이다. 상온에서 액체 상태이며, 투명하고 독특한 냄새가 난다. 프리델-크라프츠 알킬화 반응(Friedel-Crafts reaction)을 통해 2-클로로에탄을 이용해서 제조한다.

$FeCl_3$의 존재 하에서 톨루엔과 염소를 반응시키면 $o-$클로로톨루엔이 된다. 그림 2-23에 $o-$클로로톨루엔의 구조식을 나타내었다.

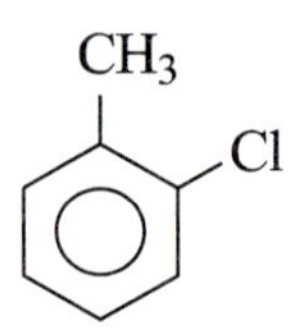

그림 2-23 $o-$클로로톨루엔의 구조식

또한, 톨루엔에 질산과 진한 황산을 사용하여 탈수/나이트로화하여 생성되는 물질은 폭약인 트리나이트로톨루엔(Trinitrotoluene, TNT)이 된다. 그림 2-24에 TNT의 구조식을 나타내었다.

$$C_6H_5CH_3 + 3HNO_3 \xrightarrow{H_2SO_4} C_6H_2CH_3(NO_2)_3 + 3H_2O$$

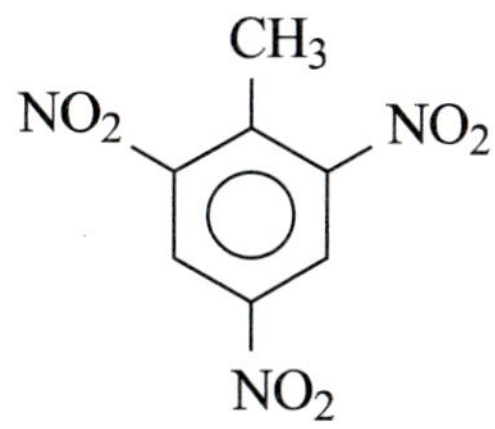

그림 2-24 TNT의 구조식

톨루엔에 산화제($KMnO_4+H_2SO_4$)를 작용시키면 산화되어 벤젠알데하이드(C_6H_5CHO)를 거쳐 벤조산(C_6H_5COOH, 안식향산)이 된다.

※ 프리델크라프츠 알킬화 반응(Friedel-Crafts reaction)[12]

무수 염화알루미늄 등의 존재 하에서 방향족 화합물과 올레핀 중 불포화 결합에 관여하고 있는 탄소 원자가 할로젠화알킬과 할로젠화아실 등과 반응하여 알킬화 또는 아실화되는 반응을 말한다. 19C말에 C. Friedel과 J. Crafts가 할로젠화알킬과 금속 알루미늄의 반응을 연구하고 있을 때 발견한 반응으로 이후 다양한 변화가 발견되고 있다. 전형적인 반응은 다음과 같다.

1) 할로젠화알킬에 의한 벤젠고리의 알킬화

$$C_6H_6 + R\text{-}Cl \rightarrow C_6H_5R + HCl$$

2) 할로젠화아실에 의한 벤젠고리의 아실화

$$C_6H_6 + R\text{-}COCl \rightarrow C_6H_5COR + HCl$$

9 연소

연소에 대한 기본적 정의는 앞선 장에서 설명한 바와 같이 가연성물질이 점화원에 의해 공기 중의 산소와 반응하면 발열반응에 의해 열을 발생하게 되어 온도가 높아지므로 원자 및 분자의 운동에너지가 증가하게 된다. 운동에너지가 증가함에 따라 복사선이 나타나며, 이 열복사선은 온도가 상승하면 파장이 짧아지면서 가시광선 영역의 파장에 이르게 되어 발광반응을 감지할 수 있게 된다. 이러한 현상을 연소라 한다[11],[17].

1) 완전연소

산소가 충분한 상태에서 가연성분이 완전히 산화되는 연소를 말하며, 연소 후 발생되는 물질 중에서 가연성분이 없는 연소로써 일산화탄소의 발생 없이 이산화탄소와 물만 생성된다. 수소에 비해 탄소의 수가 적은 물질인 메탄(CH_4)이나 프로판(C_3H_8) 등이 연소할 때에는 필요한 산소의 수가 적으므로 완전연소되기가 쉽고, 수소에 비해 탄소의 수가 많은 물질인 벤젠(C_6H_6), 경유(C_{16}~C_{18}) 등은 연소할 때 필요한 산소의 수가 상대적으로 많아 불완전연소하여 그을음이나 일산화탄소를 배출하기 쉽다. 즉, 포화탄화수소화합물의 탄소수가 많아질수록 완전연소하기 어렵다.

– 메탄(CH_4)의 연소

$$CH_4 + 2O_2 \rightarrow CO_2 + 2H_2O$$ (수소 대 탄소의 비= 4 : 1 = 1 : 0.25)

– 경유의 연소

$$C_{17}H_{36} + 26O_2 \rightarrow 17CO_2 + 18H_2O$$ (수소 대 탄소의 비= 36 : 17 = 1 : 0.47)

위 두 연소를 비교하면 메탄(CH_4)은 수소 1에 대한 탄소의 수가 0.25이며, 1분자가 연소하기 위해서는 산소 2분자가 필요하지만, 경유($C_{17}H_{36}$)는 수소 1에 대한 탄소의 수가 0.47이며 1분자가 연소하기 위해서는 산소 26분자가 필요하므로 완전연소하기 어렵다.

2) 불완전연소

산소가 부족한 상태이거나 연소에 필요한 온도를 적정하게 유지하지 못할 경우 가연성분이 불완전하게 산화되는 연소를 말하며, 연소 후 발생되는 물질 중에서 가연성분이 있는 연소 시 일산화탄소가 발생한다.

$$2C + 2O_2 \rightarrow 2CO + O_2$$

불완전연소는

i) 산소 공급원이 부족할 때

ii) 주위의 온도, 연소실의 온도가 너무 낮을 때

iii) 연소기구가 적합하지 않을 때

iv) 가스조성이 맞지 않을 때

v) 환기, 배기가 불충분할 때

vi) 유류의 온도가 낮을 때

vii) 불꽃이 냉각되었을 때 발생한다.

10 연소의 3요소

연소가 일어나기 위해서는 연소의 3요소인 가연물, 산소공급원, 점화원(열원)이 반드시 필요하며, 이 중 하나라도 없으면 연소는 일어나지 않는다. 연소의 3요소에 연쇄반응을 추가시키면 연소의 4요소라 한다. 그리고 충분한 온도, 충분한 체류시간, 충분한 혼합이 이루어져야 연소가 일어난다.

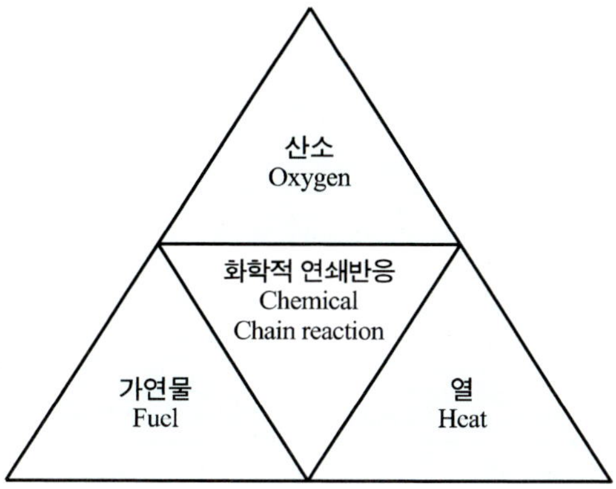

그림 2-25 연소의 4요소

1) 가연물

고체, 액체, 기체를 통틀어 산화되기 쉬운 물질을 말하며, 산화되기 어려운 물질이나 이미 산소와 화합하여 더 이상 화합반응이 진행되기 어려운 물질(CO_2나 H_2O와 같은 물질), 불연성물질로서 가연물과 구별하는 것이 보통이다.

가연물이 되기 위해서는

i) 산화 시 발열량이 클 것

ii) 산화 시 열전도율이 적은 것

iii) 산화 시 활성화에너지가 작은 것

iv) 산소와 친화력이 좋고, 표면적이 넓은 것

v) 연쇄반응을 일으킬 수 있어야 한다.

이와는 반대로

i) 이미 산화반응이 완결된 안정한 산화물(CO_2, H_2O, Al_2O_3, SiO_2 등)

ii) 주기율표의 0족 원소(He, Ne, Ar, Kr, Xe, Rn 등)

iii) 산소와 반응은 하지만 흡열반응을 하는 물질인 질소 또는 질소산화물(NO_x) 등은 가연물이 될 수 없다.

2) 산소 공급원

연소를 발생시키는 데 필요한 산소 공습원으로는 산화성물질 또는 조연성물질 (연소를 지속시키는 물질)과, 공기, 산화제, 자기반응성 물질 혹은 자기연소성 물질이 있다. 공기는 산소를 약 21 vol.% 함유하고 있으며, 산화제는 위험물에서 제1류 위험물, 제6류 위험물에 해당하며 많은 산소를 함유하고 있다. 자기반응성 물질(자기연소성 물질)은 산소를 방출하는 물질이 산소원이 되고 또한 가연성물질 자체 내에 다량의 산소를 함유하고 있는 물질(위험물에서 제5류 위험물에 해당)로써 산소의 공급을 필요로 하지 않고 점화원만으로 연소할 수 있다.

3) 점화원

화기, 전기불꽃, 정전기불꽃, 충격 및 마찰에 의한 불꽃, 단열 압축열, 낙뢰 등으로 연소를 하기 위해 물질에 활성화에너지를 주는 물질을 말한다. 점화원은 아래 표 2-16에서 보는 바와 같이 여러 가지 종류가 있다[10].

표 2-16 점화원의 종류

에너지 유형	발화원의 종류
기계	타격, 마찰, 압축단열, 충격파
열	가열표면, 화염, 고온가스, 열방사
전기	전기스파크, 아크, 코로나, 정전기
광학	적외선, 레이저
화학	자연발열(분해, 산화, 중합)

11 연료

1) 연료의 정의

연료란 열, 빛, 동력을 얻기 위하여 연소시키는 재료를 말하는 것으로, 연소의 3요소 중 가연물에 해당하는 물질이다. 일반적으로 산소와 반응하여 얻어진 열을 경제적으로 이용할 수 있는 물질을 일컫는다.

2) 연료의 구비조건

연료의 구비조건은 다음과 같다.

i) 연소할 때 발열량이 클 것
ii) 매연이 적고 공해 요인이 없을 것
iii) 점화 및 소화가 용이하고 연소조절이 용의할 것
iv) 저장운반 취급이 쉽고 경제적일 것
v) 연소 생성물은 독성과 냄새가 없어야 한다.

3) 연료의 구분

연료를 구성하는 주성분은 탄소(C), 수소(H), 산소(O), 황(S)이며, 이 중 가연성 성분은 탄소, 수소, 황이다. 이 외에 황, 수분 회분, 질소는 불순물로 분류된다.

4) 연료의 종류

연료는 크게 고체연료, 액체연료, 기체연료로 구분한다. 고체연료에는 천연연료로 석탄(아탄, 갈탄, 역청탄, 무연탄)과 목재 등이 있으며, 인공연료로 코크스, 목탄 등이 있다. 우리가 일상생활에서 자주 볼 수 있고 간단하여 자주 쓰이고 있다. 구입이 쉽고 가격이 저렴하여 전통적으로도 많이 이용되었다. 액체연료에는 대표적으로 석유를 들 수 있으며, 가솔린, 등유, 경유, 중유, 아스팔트, 피치 등이 포함된다. 이는 고체연료보다 균일한 품질을 가지고 있으며, 발열량과 연소효율이 더 높다. 또한 액체상태이기 때문에 점화 및 소화가 쉽고, 운반이 편리하다. 기체연료에는 액화천연가스(LNG)와 액화석유가스(LPG)가 있으며, 석탄계 가스인 석탄가스와 발생로가스 그리고 수성가스와 고로가스가 있다. 기체연료는 연소효율이 좋으며 대기오염에도 영향이 없어 많은 곳에 사용한다[14].

12 연료의 특성

고체, 액체, 기체연료의 장·단점 및 특징은 다음과 같다.

1) 고체연료

고체연료는

i) 저장운반 시 노천야적이 가능하며

ii) 연소 시 분무 등으로 인한 소음이 없고

iii) 역화 또는 폭발 등 사고가 적으며

iv) 화염에 의한 국부 가열을 일으키지 않는 장점을 가진다.

고체연료의 단점은

i) 연소 후에 재가 많이 남으므로 처리를 해야 하며

ii) 점화와 소화가 불편하므로 연소관리가 어렵고

iii) 연소 효율이 낮고 완전 연소가 어려우며

iv) 건조, 분쇄 등의 전처리가 필요한 경우가 많고

v) 매연 발생이 심하며 회분이 많고 부하변동에 대응하기 어렵다.

(1) 고체연료의 종류

고체연료는 자연에서 직접 얻는 석탄과 그 가공품인 목탄, 코크스, 연탄 등이 있다. 석탄은 탄화의 정도에 따라 토탄, 갈탄, 역청탄, 무연탄 등으로 나눈다.

갈탄은 토탄으로부터 석탄이 형성되는 첫 단계(석탄화가 시작되는 단계)에서 만들어지는 것으로 탄소의 함유량은 60~70%, 수분의 함유량은 15~25% 정도이다. 건조된 갈탄은 부서지기 쉬운 단점을 가지지만, 채굴이 쉽고 생산비용이 적게 든다는 장점을 가진다.

역청탄은 검고 광택이 있는 가장 일반적인 석탄으로 땅속 깊이 매장된 갈탄이 압축되고 열을 받음으로써 생성된다. 탄소 함유량은 75~90% 정도로 무연탄보다 적지만 유질(油質)이 풍부하다. 도시가스나 코크스 재조용 및 제철소용으로 사용된다.

무연탄은 탄소 함유량이 90% 이상이며, 불이 빨리 붙지는 않으나 불순물이 적고, 탈 때 연기가 안 나며 열량이 높다. 우리나라의 석탄은 대부분이 무연탄이다.

(2) 고체연료의 특징

고체연료의 가장 큰 특징 중 하나는 탄화도를 들 수 있다. 탄화도는 석탄의 성분이 변화되는 진행 정도를 말하며, 탄화도에 따라 토탄(이탄) → 갈탄 → 역청탄 → 무연탄 → 흑연순으로 진행된다. 탄화도가 클수록 수분과 휘발분이 감소하고 고정탄소량이 증가하므로 발열량은 높아지고 연료비는 증가한다. 또한, 탄화도가 커짐에 따라 증가된 고정탄소로 인해 연소속도가 늦어지고, 착화온도가 높아지지만, 매연 발생이 적어진다. 연료비란 탄화도의 정도를 나타내는 지수로서 고정탄소와 휘발분의 질량비를 말한다.

$$\text{연료비} = \frac{\text{고정탄소}}{\text{휘발분}}$$

수분이 많은 석탄은 착화성이 나쁘고 수분의 기화로 다량의 열을 흡수하여 열손실이 커진다. 석탄 중에 함유된 실리카, 알루미나 등은 회분으로 분류되며, 회분이 많을수록 발열량이 낮고 연소효과가 나빠지게 된다. 또한, 휘발분이 많은 석탄은 긴 불꽃을 발생하며 검은 연기를 내기 쉽고 발열량이 낮아지는 단점을 가진다.

2) 액체연료

액체연료의 장점은

i) 단위질량당 발열량이 크고 연소 효율이 높고

ii) 대체로 성분이 일정하며 저장과 운반이 편리하며

iii) 연소 후 회분 유해성분의 잔류가 거의 없고

iv) 점화, 소화 및 연소의 조절과 계량, 기록이 비교적 용이하다는 것이다.

단점으로는

i) 국내 자원이 매우 적고, 거의 수입에 의존하다는 것과

ii) 화재, 역화 등의 위험이 크며

iii) 연소온도가 높기 때문에 국부 가열을 일으키기 쉬우며

iv) 사용 버너의 종류에 따라서는 연소 시에 소음이 발생될 수 있으며

v) 중질유는 많은 황분을 함유하고 있어 연소 시 오염물질인 SO_2를 발생시킨다는 것이다.

(1) 액체연료의 종류

액체 연료 중에서 가장 많이 사용하는 것이 석유류이며, 이는 위험물안전관리법령상 제4류 위험물의 대부분을 차지한다. 천연상태로 지하에서 뽑아 올린 것을 원유라 하며, 생산지에

따라 물리적, 화학적 성질이 다르다. 유전에서 산출되는 원유는 검푸른색의 액체로 여러 가지 물질이 섞여 있는 혼합물이다. 이 원류는 정유공장 정류탑에서 끓는점의 차이에 따라 분별증류되어, 원하는 물질로 분리된다. 증류답은 여러 개의 층으로 되어 있으며, 탑 안의 온도는 아래쪽이 높고 위쪽으로 갈수록 낮다. 일반적인 증류는 상압증류와 감압증류법이 있으며, 그림 2-26에 상압증류에 대해서 간략히 나타내었다.

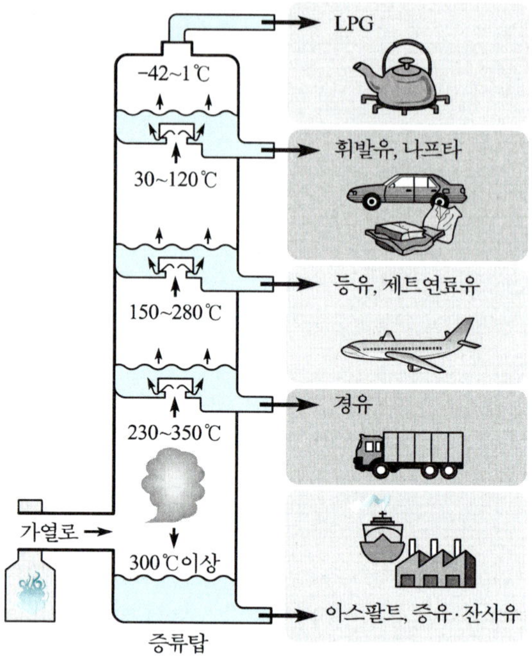

상압 증류장치 구조도

그림 2-26 석유화학의 상압증류 구조도

증류탑에서 끓는점에 따른 분리되어 나오는 제품은 다음과 같다.

가) 액화석유가스 : 석유정제공정에서 증류나 분해처리를 할 때에 발생하는 가스와 천연의 습성가스로 만든다. 메탄을 주성분으로 하는 건성가스와 달리 쉽게 액화시켜 운반하기가 쉽기 때문에 가정용 연료나 자동차용 연료로 널리 이용되고 있다.

나) 가솔린(gasoline, 휘발유) : 비중이 0.69~0.77이며, 기화하기 쉽고 인화점이 낮아서 화재의 위험이 크므로 운반 및 취급에 주의해야 한다. 또, 가솔린의 증기는 공기보다 약 3배 무겁고 유독하므로 주의해야 한다. 주로 항공기 및 승용차에 사용된다.

다) 나프타 : 가솔린과 등유의 중간 정도의 성분 포함. 옥탄가가 낮으므로 내연기관 연료보다

가솔린 조합 원료나 석유화학공업용의 원료로서 사용된다.

– 경질 나프타 : 비점 70~140℃이며, 비중은 0.65~0.7 정도이다. 석유화학의 원료 및 화학 공업의 원료로 주로 사용된다.

– 중질 나프타 : 비점이 140~200℃이며, 비중은 0.7~0.75 정도이다.

라) 등유(kerosene) : 비점 150~250℃이며, 제트, 트랙터, 가정용 연료, 용매로도 사용된다.

마) 경유(light oil) : 비점 250~350℃이며, 디젤 기관용 연료, 접촉 분해 가솔린의 원료 등으로 사용된다.

바) 중유(heavy oil) : 비점 350℃ 이상으로 원유를 상압 증류한 찌끼유를 주원료로 한다. 대형 디젤 기관용 연료, 보일러용 연료, 석유 코크스나 아스팔트의 원료용으로 사용된다.

사) 윤활유(lubricating oil) : 각종 기계나 기관 등의 마찰 저항을 줄이기 위하여 사용된다.

아) 아스팔트(asphalt) : 감압 증류한 찌끼유에서 얻어지며, 도로포장, 도료, 건축재료 등에 이용된다.

(2) 액체연료의 특징

① 중유에 함유된 성분이 연소에 미치는 영향

가) 고온 부식(Vanadium wear) : 중유에 함유된 미량의 바나듐화합물이 연소하여 오산화바나듐(V_2O_5)을 생성되고, 이는 금속산화물과 공존하면 그 용융점이 낮아지게 된다. 고온 소재부에 융착된 오산화바나듐의 용융점이 낮아짐에 따라 승화되어 고온 소재부의 금속 표면을 탈이시키고 침식을 가속하게 되는 것을 고온 부식이라 한다.

나) 저온 부식(corrosive wear) : 연소기의 공기 중에 함유된 수분과 연료에 함유된 황이 반응하여 황산이 생성되고, 이로 인해 발생되는 화학적 부식을 저온 부식이라 한다.

② 원유 성분의 분류

가) 파라핀계 탄화수소

일반식은 C_nH_{2n+2}로 표시되고, 탄소와 탄소가 하나의 결합손으로 –C–C–C–…와 같은 구조를 가지며, 석유 속 탄화수소 중에서 가장 널리 분포되어 있다. 끓는점이 낮은 유분에서 n–파라핀 성분이 많아 윤활유 제조에 적당하다.

나) 올레핀계 탄화수소

일반식은 C_nH_{2n}으로 표시되고, 탄소와 탄소의 결합손은 –C=C–의 구조를 이루며, 천연으로 생산되는 원유에는 거의 없으나 정제 공정의 분해 장치에서 생성되는 유분이다.

다) 나프텐계 탄화수소

일반식은 C_nH_{2n}으로 올레핀계와 같지만, 탄소와 탄소 사이의 이중결합은 없고 고리모양으로 결합되어 있는 탄화수소들. 석유 중에서 가장 많이 함유되어 있는데, 특히 끓는점이 높은 유분에 많다. 같은 탄화수소인 n-파라핀보다 끓는점이 높고 비중이 크다.

라) 방향족계 탄화수소

6개의 탄소 원자가 3개의 이중결합을 교대로 가지는 고리모양의 화합물을 벤젠이라 한다. 방향족 탄화수소는 벤젠 고리를 기본으로 하며, 원유 중에서 중질분에 많다. 방향족 탄화수소에는 벤젠(benzene), 톨루엔(toluene), 자일렌(xylene)이 있으며, 석유화학원료로서 중요하다.

마) 탄화수소 이외의 성분

원유 중에는 황, 질소, 산소화합물과 염화마그네슘, 염화나트륨, 바나듐, 니켈, 철분 등의 무기화합물이 존재하며, 그 양은 10ppm 이하이다. 이 중에서 황화합물의 양이 비교적 많으며, 이들이 연료에 들어있을 경우 대기오염의 주요 원인이 된다.

3) 기체연료

기체연료는

i) 연소조절이 용이하고

ii) 점화와 소화가 쉬우며

iii) 연소 효율이 높고

iv) 적은 과잉 공기로 완전연소가 가능하다.

v) 연소의 자동제어에 가장 적합하며

vi) 회분 및 매연 등의 오염물 생성량이 거의 없으며

vii) 저발열량의 연료로 고온을 얻을 수 있고

viii) 연료 중에 황성분이 거의 없다는 장점을 가진다.

기체연료의 단점은

i) 수송과 저장이 어려우며

ii) 저장탱크, 배관공사 등 시설비가 많이 들며

iii) 저장 및 취급에 위험성이 크고

iv) 연료비가 비싸며

v) 누설 시에 폭발 위험이 있고

vi) 질식할 염려가 있다는 것이다.

(1) 연료의 종류

① 천연가스

지하에서 직접 채취되는 가스를 총칭하며, 석유가 생산되는 지역에 석유와 함께 얻어진다.

② 액화천연가스(LNG)

주성분은 메탄이며, 지하에서 생산한 천연가스를 액화하기 전에 먼지 제거, 탈황, 탈탄산, 탈수, 탈습 등의 전처리과정을 거친다. 액화방법으로는 캐스케이드법과 팽창법이 있다.

③ 액화석유가스(LPG)

주성분은 프로판과 부탄이다. 천연가스나 제유소 가스의 분해가스를 분리시켜 상온에서 낮은 압력을 가압하면 액화되는 석유정제의 부산물이다.

④ 석유계 가스

석유계 가스는 크게 석유가스와 오프가스로 구분한다. 석유가스는 석유계 연료를 열분해, 부분연소, 접촉분해, 수소첨가분해 등 저분자화하여 얻어지는 기체를 말하며, 오프가스에는 석유화학 오프가스, 정유소 오프가스가 있다.

⑤ 오일가스

원유, 중유 혹은 나프타 등을 열분해하여 고열량 오일가스(8,000~10,000 kcal/m^3)를 발생시켜 열량이 낮은 수성가스 등에 혼합하여 쓴다.

⑥ 석탄을 통하여 얻어지는 가스

석탄을 건류하거나 불완전 연소시켜 얻어지는 기체 연료로 제조방법에 의해 석탄가스, 발생로가스, 수성가스, 고로가스 등이 있다.

석탄가스는 석탄을 고온 건류했을 때 얻어지는 가스로, 코크스 가스라고도 한다. 석탄가스는 보통 수소(50~55%), 메탄(20~30%), 일산화탄소(6~12%, 발열량: 6,811 kcal/m^3 정도)로 구성된다.

발생로가스는 발열량이 1200~1600kcal/m^3이며, 석탄이나 코크스 등을 공기와 소량의 수증기로 불완전연소시켜서 얻을 수 있다.

고로가스는 용광로가스라고도 하며, 용광로에서 철광석을 용융시킬 때 코크스가 연소해서 배출되는 가스이다. 구성성분은 일산화탄소, 이산화탄소, 질소이며, 발열량은 900kcal/m^3 정도이다.

수성가스는 고온으로 가열한 코크스에 수증기를 작용시키면 생기는 가스로 수소 49%, 일산화탄소 42%, 이산화탄소 4%, 질소 4.5%로 되어있다. 발열량은 약 2,800kcal/m^3 이다.

4) 연료의 시험방법 및 분석

연료에 함유된 성분 및 인화점 등의 측정법은 각 연료의 상태에 따라 그 방법을 달리한다.

(1) 고체(석탄)연료의 분석(공업분석법, 원소 분석)

석탄의 공업적 분석은 수분, 회분 및 휘발분은 측정하고 고정탄소는 계산한다.

석탄의 경우 : 100-(수분+회분+휘발분) = 항습 베이스

수분 = 가열감량/시료량(g)×100

회분 = 회량(잔류량)/시료량(g)×100

휘발분 = 가열감량(g)/시료량(g)×100-수분(%)

고정탄소

코크스 : 100-(회분+휘발분) = 무습 베이스

(2) 액체연료

액체연료는 액체의 기본적인 물성인 비중과 점도의 측정과 더불어 인화점을 측정한다.

① 비중의 시험

임의의 온도에서 측정한 비중치를 비중 15/4℃로 환산하려면 원유, 석유 제품 비중 및 용적 환산표를 쓴다(API : American Petroleum Institute).

가) API도 = $\dfrac{141.5}{\text{비중}(60/60°\text{F})} - 131.5$

나) Baume도 : $\dfrac{140}{\text{비중}(60/60°\text{F})} - 130$

② 점도 측정방법

가) 절대점도 측정법 : 절대점도 = 질량(g)/길이(cm)-시간(s), 단위는 포이즈(poise)

나) 동점도의 측정법 : 동점도 = 절대점도/밀도=cm^2/s, 단위는 스토크스(stokes)

③ 인화점 측정방법

가) 밀폐식

태그 밀폐식, 펜스키마텐스 밀폐식, 신속평형법이 있다.

㉮ 태그 밀폐식

인화점이 93℃ 이하인 시료에 적용하고 시료를 밀폐된 시료 컵 속에 넣고 서서히 가열하여 0.5~1℃마다 불꽃을 갖다 대어 인화점을 측정한다.

㉯ 펜스키마텐스 밀폐식

인화점이 50℃ 이상인 시료에 적용하고 시료를 밀폐된 시료 컵 속에 넣고 교반하면서 서서히 가열하여 1~2℃마다 불꽃을 갖다 대어 인화점을 측정한다.

나) 개방식

- 클리브랜드 개방식이 있다.
- 인화점이 80℃ 이상인 시료에 적용하고 시료를 밀폐된 시료 컵 속에 넣고 서서히 가열하여 2℃마다 불꽃을 갖다 대어 인화점을 측정한다.

표 2-17 인화점 측정법 요약

인화점 종류	시험방법	적용기준	적용유종
밀폐식 인화점	태그 밀폐식	인화점 95℃미만인 시료	원유, 가솔린, 등유, 항공유
	펜스키마텐스 밀폐식	밀폐식 인화점의 측정이 필요한 시료 및 태그밀폐식으로 시험할 수 없는 시료	원유, 경유, 중유, 방청유, 절삭유, 전기절연유
	신속평형법	인화점이 110 ℃ 이하인 시료	원유, 등유, 경유, 중유, 항공유
개방식 인화점	클리블랜드 개방식	원유 및 연료유를 제외한 인환점 80℃ 이상인 시료	석유아스팔트, 유동파라핀, 에어필터유 등

(3) 기체연료 시험법

기체연료는 확산연소의 형태를 가지므로 비중과 더불어 확산속도를 측정한다.

① 비중측정

유출법, 분젠시량법, 라이트법이 있다.

② 유출법

그래엄(Graham)의 분자확산속도법칙을 이용하여 측정한다.

$$\frac{v_A}{v_B} = \sqrt{\frac{M_B}{M_A}}$$

13 연소의 형태

1) 기체의 연소

기체의 연소는 불꽃은 있으나 불티가 없는 연소 때문에 발염연소 혹은 불꽃염소라고도 한다.

(1) 확산연소

분출된 가연성기체가 공기와 섞이는 과정을 연소에서는 확산이라 표현한다. 비교적 공기보다 가벼운 기체, 수소, 아세틸렌 등과 같은 가연성 기체가 공기 중에 분출할 때 착화에너지를 주면 산소와 접촉하고 있는 부분의 가연성 기체만 연소하는 현상이다. 화염의 안정범위가 넓고, 조작이 용이한 연소형태이다.

(2) 정상연소

기체의 연소형태는 대부분 정상연소, 즉 가연성 기체와 산소와 혼합되어 연소하는 형태를 말한다.

(3) 비정상연소

많은 양의 가연성 기체와 공기의 혼합가스가 밀폐용기 중에 있을 때 점화되면 연소온도가 급변하게 증가하여 일시에 폭발적으로 연소하는 형태를 말한다.

2) 액체의 연소

액체는 그 자체가 연소하는 것이 아니라 액체에서 발생된 증기가 연소하는 것이므로 증발연소라 한다.

(1) 증발연소

알코올, 에터(에테르), 석유, 아세톤, 촛불에 의한 연소 등과 같은 가연성 액체가 액면에서 증발하는 가연성 증기가 착화되어 화염을 내고, 이 화염의 온도에 의해서 액 표면의 온도를 상승시켜 증발을 촉진시켜 연소하는 형태이다.

(2) 액적연소

점도가 높은 벙커 C유에서 연소를 일으키는 형태로 가열하면 점도가 낮아져 버너 등을 사용하여 액체의 입자를 안개 모양으로 분출하며 액체의 표면적을 넓게 하여 공기와의 접촉변을 증가시켜 연소시키는 형태이다. 즉, 높은 점도의 비휘발성 액체를 낮은 점도로 만들어 분무시켜 연소시키는 형태이다.

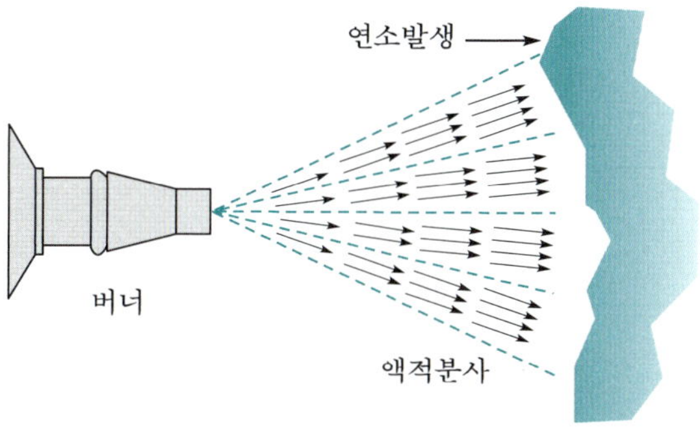

그림 2-27 액적연소의 예

3) 고체의 연소

고체에서는 여러 가지 연소형태가 복합적으로 나타나며, 크게 표면연소, 분해연소, 증발연소, 자기연소로 나뉜다[18].

(1) 표면연소

목탄(숯), 코크스, 금속분 등이 열분해하여 고체가 표면이 고온을 유지하면서 가연성 가스를 발생하지 않고 그 물질 자체가 표면이 빨갛게 연소하는 형태로 비교적 반응속도가 느리다.

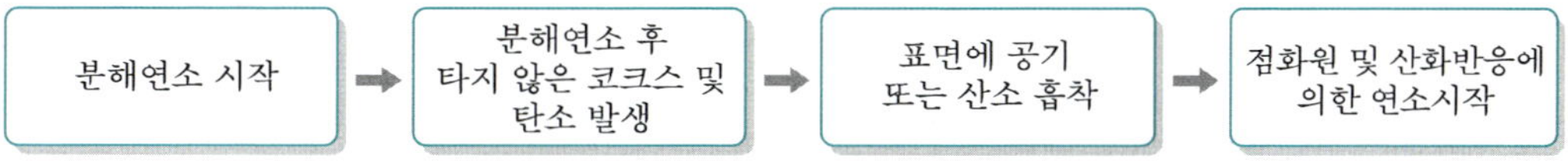

그림 2-28 표면연소의 진행순서와 숯의 표면연소 예

(2) 분해연소

석탄, 종이, 목재, 플라스틱의 고체 물질과 중유와 같은 점도가 높은 액체연료에서 찾아볼 수 있는 형태로, 열분해에 의해서 생성된 분해생성물과 산소와 혼합하여 연소하는 형태이다.

(3) 증발연소

나프탈렌, 장뇌, 유황, 왁스, 파라핀, 촛불과 같이 고체가 가열되어 가연성 가스를 발생시켜 연소하는 형태이다.

(4) 자기연소

화약, 폭약의 원료인 제5류 위험물 나이트로글리세린, 나이트로셀룰로오스, 질산에스터류에서 볼 수 있는 연소의 형태이며, 공기 중의 산소를 필요로 하지 않고 그 물질 자체에 함유되어 있는 산소로부터 내부 연소하는 형태이다.

14 연소의 제반사항

1) 인화점

가연성 물질에 점화원을 접촉시켰을 때 불이 붙은 최저온도이다. 인화점은 액체 연료의 인화성을 판단하는 것으로, 석유류의 인화 위험성 표시에 주로 이용된다. 즉, 가연성 액체의 위험성을 나타내는 척도로 사용되고 있다. 인화점은 낮을수록 인화의 위험이 크고, 특히 인화점이 상온보다 낮은 제4류 위험물은 특히 주의를 요하는 위험물이다.

2) 발화점(착화점)

가연성 물질이 점화원 없이 축적된 열만으로 연소를 일으키는 최저온도를 말한다. 또한, 착화점, 발화온도, 착화온도라고 부르기도 한다. 발화점이 낮은 물질일수록 위험성이 크며 발화점과 인화점은 서로 아무런 관계가 없다.

착화점은

i) 발열량, 화학적 활성도, 산소와 친화력, 압력이 높을 때

ii) 분자구조가 복잡할 때

iii) 열전도율, 공기압, 습도 및 가스압이 낮을 때 낮아진다.

3) 인화점과 발화점의 차이

기본적으로 점화원의 유·무로 인화점과 발화점을 구분할 수 있지만, 이 외에 다른 사항에 대해서는 표 2-18에 나타내었다.

표 2-18 인화점과 발화점의 차이

인화점	발화점
점화원이 있다.	점화원이 없다.
물질 농도만 필요	물질 농도와 에너지를 필요로 한다.
국부적인 열원에 의한 발화 현상이기 때문에 개방계	가연성 혼합계를 외부에서 가열하기 때문에 밀폐계

4) 연소점

인화점에서는 외부의 열을 제거하면 연소가 중단되는 반면, 연소점은 점화원을 제거하더라도 계속 탈 수 있는 온도로서 대략 인화점보다 5~10℃ 높은 온도를 말한다. 즉, 인화점의 경우 한 번 불이 붙으면 그 이후는 불이 꺼져도 무방하지만, 연소점에서는 지속되어야 하는 점이 다르다.

5) 연소범위

가연성 액체의 증기 또는 가연성가스가 공기 또는 산소와 적당한 비율로 혼합되어있을 때, 여기에 점화하면 폭발을 일으킨다. 이 적당한 혼합비율의 범위를 폭발범위 또는 연소범위라고 하며, 혼합가스에 대한 용량 %로 표시된다. 이 최저의 농도를 폭발하한계, 최고농도를 폭발상한계라고 한다[10]. 즉, 가연성가스가 공기 중에 존재할 때 폭발할 수 있는 농도의 범위를 연소범위 혹은 폭발범위라 하며, 그림 2-29에 연소범위에 대한 그래프를 나타내었다. 농도가 진한 쪽(C_2)을 폭발 상한계, 농도가 낮은 쪽(C_1)을 폭발 하한계라 한다. 아래 그림에서 C_1과 C_2 사이를 폭발범위(연소범위)라 한다.

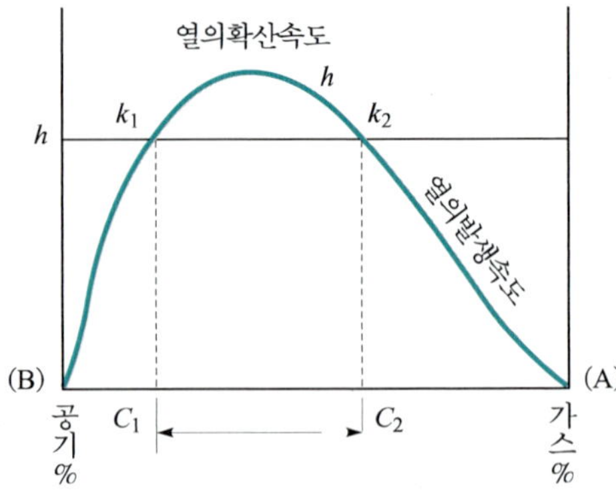

그림 2-29 연소범위 (폭발범위) 그래프

예를 들어, 가솔린의 연소범위가 1.4~7.6%라는 것은 가솔린이 1.4%이고 공기가 98.6%인 조건에서부터 가솔린이 7.6%, 공기가 92.4%인 조건 사이에서 연소가 일어난다는 의미이다. (대부분의 경우 가연성 가스와 지연성 가스의 혼합비율, 즉 조성에 의하여 폭발이 일어난다) 즉, 수소는 상온 상압에서 공기 중의 체적이 4~75%의 범위 내에서 화염이 확산되나, 4% 이하의 조성이나 75% 이상의 공기 혼합조성에서는 화염이 확산되지 않는다. 표 2-19는 공업적으로 중요한 가스들의 공기 중 폭발범위를 나타낸 것이다.

표 2-19 중요가스 공기 중 폭발범위(상온, 1atm에서)

가스	하한계	상한계	가스	하한계	상한계
수소(H_2)	4.0	75.0	벤젠	1.4	7.1
일산화탄소(CO)	12.5	74.0	톨루엔	1.4	6.7
시안화수소(HCN)	6.0	41.0	시클로프로판	2.4	10.4
메탄	5.0	15.0	시클로헥산	1.3	8.0
에탄	3.0	12.5	메틸알코올	7.3	36.0
프로판	2.2	9.5	에틸알코올	4.3	19.0
부탄	1.8	8.4	이소프로필알콜	2.0	12.0
펜탄	1.4	7.8	아세트알데하이드	4.1	57.0
헥산	1.2	7.4	에터(에테르)	1.9	48.0
에틸렌	2.7	36.0	아세톤	3.0	13.0
프로필렌	2.4	11.0	산화에틸렌(C_2H_4O)	3.0	80.0
1-부텐	1.7	9.7	산화프로필렌	2.0	22.0
이소부틸렌	1.8	9.6	염화비닐	4.0	22.0
1,3-부타디엔	2.0	12.0	암모니아(NH_3)	15.0	28.0
4 불화에틸렌	10.0	42.0	이황화탄소(CS_2)	1.2	44.0
아세틸렌(C_2H_2)	2.5	81.0	황화수소(H_2S)	4.3	45.0

가연성 가스들이 혼합되어있을 때 연소범위는 르샤틀리에의 법칙을 이용하여 구할 수 있다. 즉, A, B, C로 혼합된 가스의 연소하한 및 연소상한(L)을 구하고자 할 때,

$$\frac{\sum_{i}^{n} V_i}{L} = \frac{V_A}{L_A} + \frac{V_B}{L_B} + \frac{V_C}{L_C}$$

로 구할 수 있다. 여기서, V_A, V_B, V_C는 혼합가스 A, B, C의 부피%를 말하며, L_A, L_B, L_C는 혼합가스의 연소하한 및 연소상한을 각각 말한다.

가연성 가스의 위험도는 폭발을 일으키는 가연성 가스의 크기를 나타내는 수치로 아래 식으로 구할 수 있다.

$$\text{위험도} = \frac{\text{연소상한} - \text{연소하한}}{\text{연소하한}}$$

예를 들어, 수소와 아세틸렌이 20%, 80% 혼합된 가스의 연소범위와 위험도는

$$\frac{100}{L_{\text{연소하한}}} = \frac{20}{4} + \frac{80}{2.5} \qquad \therefore L_{\text{연소하한}} = 100/37 \fallingdotseq 2.7$$

$$\frac{100}{L_{\text{연소상한}}} = \frac{20}{75} + \frac{80}{81} \qquad \therefore L_{\text{연소상한}} = 100/1.255 \fallingdotseq 79.68$$

$$\text{위험도} = \frac{79.68 - 2.7}{2.7} = 28.51$$

로 얻을 수 있다.

(1) 폭발범위와 압력과의 관계

폭발범위와 압력은 상당히 밀접한 관계를 가지고 있다. 일반적으로 압력이 높아질수록 발화온도는 낮아지고, 폭발범위는 넓어진다 (폭발하한계는 거의 영향을 받지 않으나 상한계가 현격이 증가하여 전체적으로 폭발범위가 넓어짐). 압력변화에 따른 폭발상한계를 구하는 식(경험식)은 아래와 같다[(3),(18)].

$$UFL_p = UFL + 20.6(\log P + 1)$$

여기서, UFL : 1기압에서 가스(증기)의 폭발상한계, P : 절대압으로써 MPa

몇몇 예외적인 경우로, 수소와 공기의 혼합 가스는 10atm 정도까지는 폭발범위가 좁아지나 그 이상의 압력에서는 다시 점차 넓어진다. 또한, 일산화탄소와 공기의 혼합 가스는 압력이 높아질수록 폭발범위가 오히려 좁아진다[(11),(17)(18)].

6) 발화

(1) 발화의 종류

발화는 크게 자연발화, 준자연발화, 혼합발화로 나뉘어진다[11].

(2) 자연발화의 형태

넓은 의미에서 자연발화는 인위적으로 외부에서 점화에너지를 가하지 않더라도 상온에서 물질이 화학적 변화를 일으켜 열의 축적을 통해 발화하는 현상을 말하며, 주로 오랜 시간에 걸친 열의 축적에 의해서 발화점에 도달함에 따라 발생하게 된다. 열이 축적되는 형태에 따라 아래와 같이 산화열, 분해열, 흡착열 등으로 구분하여 설명할 수 있다.

① 산화열에 의한 발화

석탄, 고무분말, 건성유 등은 습도가 높은 곳에서 서서히 산화되어 빨갛게 불타는 것을 말한다.

② 분해열에 의한 발화

나이트로셀룰로오스, 셀룰로이드 등이 분해될 때 발생하는 열에 의한 발화이다.

③ 흡착열에 의한 발화

목탄, 활성탄에 고열물을 가까이하면 고열물에서 방출하는 복사열을 흡수하여 발열한다.

④ 미생물에 의한 발화

퇴비, 먼지 속에 들어있는 혐기성 미생물은 퇴비 속의 단백질과 같은 영양소를 섭취하여 생명력 유지와 활동에너지를 위해 사용하며, 이 활동에너지의 축적으로 자연발화한다.

(3) 자연발화에 영향을 주는 인자 및 조건

수분, 열전도율, 열의 축적, 용기의 크기와 형태, 발열량, 공기 유동, 퇴적 방법 등이 자연발화에 영향을 미친다. 자연발화는

i) 주위의 온도가 높고

ii) 열전도율이 적고

iii) 발열량이 크며

iv) 표면적이 넓을 때 발생할 수 있다.

자연발화를 막기 위해서는

i) 저장실 온도를 낮추고

ii) 습도를 낮게(수분량이 적당하지 않도록)

iii) 통풍을 잘 시키고

iv) 불활성 가스를 주입하여 공기와 접촉면적을 낮게 하고

v) 퇴적 및 수납할 때에 열이 쌓이지 않도록 한다.

(4) 준자연발화

자연발화현상과는 달리 공기 중에서 화학변화로 인하여 발열을 하며, 비교적 짧은 시간 안에 자연적으로 발화하는 것을 말한다[10]. 즉, 자연발화보다 연소반응속도가 빠르고 특히, 공기 또는 물과 접촉하였을 때 일어나는 발화현상을 말한다.

(5) 혼합발화

위험물을 두 가지 혹은 그 이상으로 혼합하였을 때 발열・발화하는 현상으로 2종 이상의 물질이 상호 혼합 또는 접촉을 하여 발열・발화를 하는 것을 말한다. 대부분의 혼합위험에서는 한 쪽의 물질이 산화성이고 다른 한 쪽이 가연성인 것이 많다. 혼합발화는 주로 제조공정이나 저장 혹은 이송 중에 전혀 예기치 못한 화재나 폭발사고를 일으키는 원인이 된다. 특히, 단독으로는 산화성 또는 환원성이 강하지도 않고 보통 안전하다고 생각되는 것이 2~3종 혼합이 되면 발화, 폭발의 위험성을 나타내기도 한다[11].

7) 폭발

가연성 기체 또는 액체의 열의 발생속도가 열의 확산속도를 상회하는 현상이 폭발이며, 급격한 압력의 발생 또는 해방의 결과로서 격렬하거나 또한 음향을 발하며 파열되거나 팽창하는 현상을 말한다(앞선 그림에서 k_1~k_2 이상인 경우).

(1) 폭발의 유형

① 화학적 폭발

화학적 폭발은 폭발성 혼합가스의 점화 시 일어나는 폭발(산화폭발), 화약의 폭발 등으로 화학적 화합물의 치환 또는 반응으로 인한 급격한 에너지의 방출현상에 의해 폭발하는 현상이다.

② 압력에 의한 폭발

불량용기의 폭발, 고압가스 용기의 폭발, 보일러 폭발 등으로 기기적인 장치에서 압력이 상승함으로 인해 폭발하는 현상을 말한다.

③ 분해폭발

분해폭발은 가압 하에서 공기나 산소가 혼합되지 않더라도 가스자체의 분해반응열에 의해 폭발하는 현상을 말한다. 대표적인 물질로 아세틸렌, 산화에틸렌, 에틸렌, 하이드라진 등이 있다[10].

④ 중합폭발

초산비닐, 염화비닐 등의 원료인 단량체, 시안화수소 등 중합열에 의한 폭발하는 현상을 일컫는다[5].

⑤ 촉매폭발

수소와 염소의 혼합가스에 촉매로 작용하는 직사광선, 일광 등에 의한 폭발하는 현상이다.

8) 폭굉(Detonation)

가연성가스의 농도가 완전연소의 조성에 가깝거나 가연성가스와 산소와의 혼합물과 같이 과격한 연소가 일어나는 것은 화염의 전파속도가 화염이 확산되어 가는 사이에 가속되어 음속을 초과하는 경우가 있다. 이러한 경우에는 충격파가 발생하며, 발생하는 압력도 보통 폭발에서는 초기압력의 약 10배 이하이지만, 초기압력의 40배 이상이나 되어 피해를 주는 범위가 넓다(속도 1,000~3,500m/s). 이러한 현상을 폭굉이라 하며 화염속도가 음속 이하인 경우와 구별한다[10]. 즉, 폭발 중에서도 특히 격렬한 경우를 폭굉이라 하며 폭굉이라 함은 가스 중의 음속보다도 화염전파속도가 더 큰 경우로 이때 파면선단에 충격파라고 하는 솟구치는 압력파가 발생하여 격렬한 파괴 작용을 일으키는 현상을 말한다.

(1) 폭속(폭굉속도)

폭굉이 전하는 연소속도를 폭굉속도라 하는데, 음속보다 빠르며 폭속이 클수록 파괴 작용은 더욱 더 격렬해진다.

① 폭굉 시 전하는 전파속도(폭굉파) : 1,000~3,500m/sec.

② 정상연소 시 전하는 전파속도(연소파) : 0.03(0.1)~10m/sec.

③ 폭굉파의 파괴압력 : (3,000m/sec일 경우) 1,000kg/cm^2

(2) 폭굉유도거리(Detonation Inducement Distance, DID)

최초의 완만한 연소가 격렬한 폭굉으로 발전할 때까지의 거리를 폭굉유도거리라 하며, 폭굉 유도거리는

i) 정상연소속도가 큰 혼합가스일수록

ii) 관속에 방해물이 있거나 관경이 가늘수록

iii) 압력이 높을수록

iv) 점화원의 에너지가 강할수록 짧아진다(더 위험해진다)[10].

(3) 분진폭발

분진폭발은 탄광에서 탄진폭발이 인식되면서 개념화되었다. 가연성 고체를 세분화해서 작은 입자로 했을 때 이것을 공기 중에 적당한 밀도 이상의 농도로 부유하고 있을 때, 어떤 점화원을 주면 가스폭발과 같이 입자가 공기 중의 산소와 반응해서 급속하게 고열이 발생하며, 이것이 부유입자 그룹에 연소를 전파한다. 이때 그 부유 입자그룹(분진 구름) 전체에 연소가 발생하면 폭발에 이른다. 이것이 분진폭발이다. 일반적으로 분진입자는 작기 때문에 부유하기 쉽고, 또 입자의 표면적 비율이 크기 때문에 산화반응을 일으키기 쉽기 때문에 가연성 가스와 유사한 폭발위험성이 있다. 일반적으로 분진의 입자지름이 작을수록 또 분위기 중의 수분이 적을수록 분진폭발이 일어날 기회가 증가되며, 착화에너지는 혼합가스폭발의 경우보다 크다. 분진폭발을 일으키는 중요한 물질에는 마그네슘, 티탄, 지르콘, 알루미늄, 황, 비누, 석탄산수지, 폴리에틸렌, 경질고무, 송진, 석탄, 전분, 소맥분 등의 분말이다[10].

일반적으로 폭발범위는 하한 농도가 25~45mg/l이고, 상한 농도는 80mg/l이다. 폭발입경은 고체의 경우 100μm(유효입경 150μm)이고, 액체의 경우 폭발입경은 20μm(유효입경 50μm)이다.

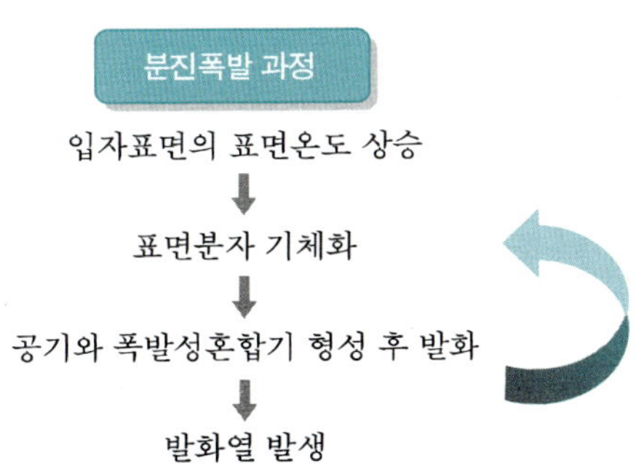

그림 2-30 분진폭발의 진행순서

(4) 소염(화염일주)

발화한 화염이 전파하지 않고 도중에 꺼져버리는 현상을 소염 혹은 화염일주라 한다. 여기에서 자주 언급되는 용어로는 소염거리와 한계직경이 있는데, 소염거리는 두 장의 평형판의 거리를 좁혀가면서 화염이 틈 사이로 전달되는가의 여부를 측정하여 화염이 전파되지 않게 될 때의 평행판 사이의 거리를 말하며, 한계직경은 파이프 속을 화염이 진행할 때 화염이 전파되지 않고 도중에서 꺼지는 한계의 파이프 직경을 말한다.

가연성 가스 또는 증기의 위험성을 나타내는 특성 값의 하나로 화염일주한계(Flame quenching distance)가 있으며, 이는 좁은 뜻으로는 화염의 일주(도주)를 발생하는 최소의 에너지를 말한다[10].

1 이산화납과 과산화수소는 $PbO_2 + H_2O_2 \rightarrow PbO + O_2 + H_2O$과 같이 반응하여 산소를 발생한다. 산화와 환원의 개념에서 PbO_2와 H_2O_2는 각각 어떤 역할을 하는가?

2 730mmHg, 100℃에서 257ml, 부피의 용기 속에 어떤 기체가 채워져 있다. 그 무게는 1.67g이다. 이 물질의 분자량은 얼마인가?

3 20℃에서 부피가 1Liter를 차지하는 기체를 압력의 변화 없이 3배로 팽창할 때 온도(K)는 얼마인가?

4 분자식이 $C_{16}H_{28}$인 탄화수소의 분자 중에는 이중결합이 몇 개 있는가?

5 전체 2.5g의 시료를 분석한 결과, 탄소가 2.0g이고 수소가 나머지 0.5g이었다. 분자식을 결정하시오. 또한, 실험식이 $C_3H_4O_3$인 물질의 분자량이 180g일 때, 분자식을 구하시오.

6 다음 화합물의 구조식을 그리시오.
(a) 3개의 탄소로 구성된 카르복실산
(b) 2개의 탄소에 -OH기를 가진 알코올

7 $C_3H_6Cl_2$의 구조 이성질체를 그리시오.

8 2-butene에 Cl_2를 첨가할 때 생성되는 물질의 구조식을 그리시오.

9 2,2-dimethylpropane의 구조식을 그리시오.

10 다음 화합물을 앞선 표를 이용하여 주어진 작용기로 나타낸 구조식을 적으시오.
(a) $C_4H_{10}O$ (an alcohol)
(b) $C_4H_{10}O$ (an ether)
(c) C_4H_8O (an ketone)

11 가연물에 대한 설명으로 옳지 않은 것은?

① 산소와의 친화력이 클수록 가연물이 되기 쉽다.

② 산소가 구성원소로 되어있는 유기물은 가연물이 될 수 있다.

③ 활성화에너지가 작을수록 가연물이 되기 쉽다.

④ 산화반응이지만 발열반응인 것은 가연물이 될 수 없다.

12 금속이 덩어리 상태일 때보다 가루상태일 때 연소 위험성이 증가하는 이유로 볼 수 없는 것은?

① 표면적의 증가 ② 겉보기 체적의 증가

③ 비열의 증가 ④ 대전성의 증가

13 자연발화를 방지하는 방법으로 거리가 먼 것은?

① 통풍을 잘 시킬 것

② 저장실의 온도를 낮출 것

③ 습도가 높은 곳에 저장할 것

④ 정촉매작용을 하는 물질과의 접촉을 피할 것

14 아세톤, 석유류, 알코올류 등의 연소형태는?

① 증발연소 ② 분해연소

③ 확산연소 ④ 자기연소

15 일반적으로 가스버너는 공기와 가스를 동시에 불어넣어 연소시킨다. 이때 공기를 막고 가스만 연소시킬 때의 연소형태는?

① 증발연소 ② 확산연소

③ 혼합연소 ④ 표면연소

16 온도, 압력, 조성의 3조건이 갖추어져 있어도 용기가 작으면 발화하지 않는다. 또한 발화하여도 화염이 전파하지 않고 도중에 꺼져버리는 현상을 무엇이라 하는가?

① 저압폭발 ② 폭굉

③ 고압폭발 ④ 소염

17 폭굉유도거리(DID)가 짧아지는 경우는?

① 정상연소속도가 작은 혼합가스일수록 짧아진다.

② 압력이 높을수록 짧아진다.

③ 관 지름이 넓을수록 짧아진다.

④ 점화원에너지가 약할수록 짧아진다.

18 위험물안전관리법령상 위험물안전관리자의 책무에 대해서 적으시오.

19 수소, 메탄, 에탄이 각각 20%, 30%, 50%로 혼합된 기체의 연소범위와 위험도를 계산하시오.

20 다음 중 CH_3COOH와 C_2H_5OH의 혼합물에 소량의 진한 황산을 가하여 가열하였을 때 주로 생성되는 물질은?

① 아세트산에틸
② 메탄산에틸
③ 글리세롤
④ 다이에틸에테르

21 다음 화합물중 SP^3혼성오비탈을 가지고 있는 것은?

① BCl_3
② NO_3^-
③ C_2H_4
④ CH_4

22 2F의 전기량으로 물을 전기분해할 때 생기는 기체의 총 분자수는? (단, 아보가드로의 수=6×10^{23}로 계산한다.)

23 황산구리 수용액에 1.93A의 전류를 통할 때 매초 음극에서 석출되는 Cu의 원자수는 얼마인가?

CHAPTER 03

제1류 위험물

1. 제1류 위험물의 일반적 성질
2. 위험성
3. 제1류 위험물의 품명 및 지정수량
4. 저장 및 취급방법
5. 소화 방법
6. 제1류 위험물의 종류

CHAPTER 03 Theory of Hazardous Materials

제1류 위험물

1 제1류 위험물의 일반적 성질

제1류 위험물은 산화성 고체라고도 한다. 대부분 무색결정 또는 백색분말의 고체 상태이고 비중이 1보다 크며 물에 잘 녹는 성질을 가지고 있다. 또한, 반응성이 커서 분해하면 산소를 발생하고, 대표적 성질은 산화성 고체로 모든 품목이 산소를 함유한 강력한 산화제이다.

제1류 위험물 자체는 불연성 물질로서 환원성 또는 가연성 물질에 대하여 강한 산화성을 가지고 모두 무기화합물이다. 즉, 다른 가연물의 연소를 돕는 지연성 물질(=조연성 물질)이다. 기체 상태의 산소분자의 체적에 비교하면 약 1/100의 체적이지만 분해하게 되면 산소의 체적이 크게 증가하며, 방출된 산소원자는 분해 직후의 산화력이 특히 강하다. 따라서 유기물의 혼합 등에 의해서 폭발의 위험성이 있고, 가열, 충격, 마찰, 타격 등 약간의 충격에 의해 분해반응이 개시되며, 그 반응은 연쇄적으로 진행되는가 하면 다른 화학물질(정촉매)과의 접촉에 의해서도 분해가 촉진된다. 아래에 염소산칼륨의 분해식을 나타내었다.

$$2KClO_3 \rightarrow 2KCl + 3O_2 \uparrow$$

제1류 위험물은 공기 중의 수분을 흡수하여 녹아버리는 조해성(deliquenscence)이 있는 것도 있으며, 수용액 상태에서도 산화성이 있다. 또한, 가열하여 용융된 농도가 진한 용액은 가연성 물질과 접촉 시 혼촉발화의 위험이 있다.

제1류 위험물 중 무기과산화물은 물과 반응하여 산소를 발생하고 많은 열을 발생시킨다. 아래에 과산화나트륨의 물과의 반응식을 예로 나타내었다.

$$2Na_2O_2 + 2H_2O \rightarrow 4NaOH + O_2 \uparrow \quad + Q$$

> ※ 산화력
> - 분자가 산소를 방출할 수 있는 능력
> - 다른 물질을 산화시킬 수 있는 능력
> - 작은 에너지에 의해 분해될 수 있는 능력

그림 3-1에 연소반응에서 제1류 위험물이 산화제로서의 역할을 도식적으로 나타내었으며, 산화성 물질과 가연물, 산화성 물질과 산과의 혼합에 따른 화합물의 성질에 대해서 그림 3-2에 나타내었다.

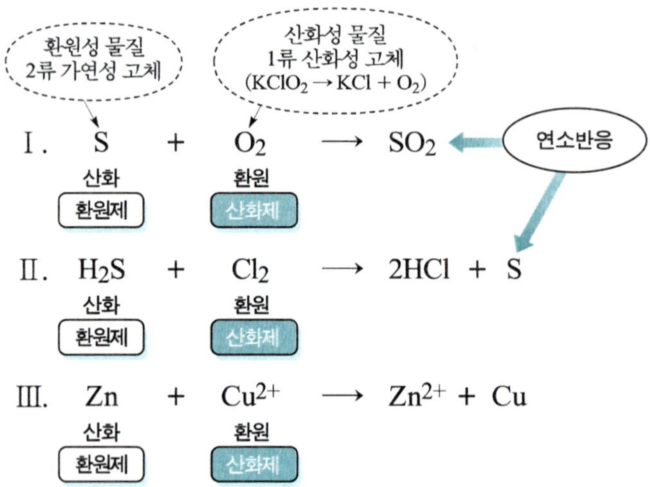

그림 3-1 연소반응에서 제1류 위험물의 산화성 고체로서의 역할

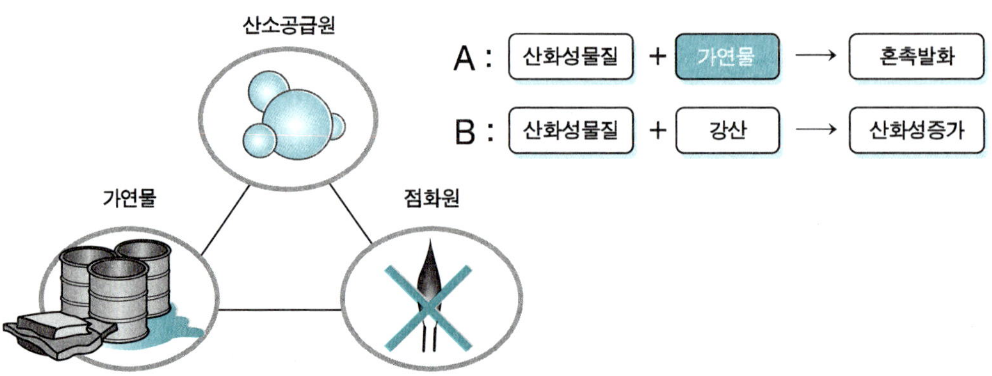

그림 3-2 산화성 물질+가연물, 산화성 물질+산과의 혼합에 따른 화합물의 성질

제1류 위험물은 산화성 고체이므로 이를 알리기 위한 표시를 해두어야 한다, 그림 3-3에 산화성 물질에 대한 표시를 나타내었다.

그림 3-3 산화성 물질에 대한 표시

2 위험성

① 산소를 방출하기 때문에 조연성(지연성)이 강하고, 가열하거나 제6류 위험물과 혼합하면 산화성이 증대되어 위험하다.

② 단독으로 분해 폭발하는 물질(예 : NH_4NO_3, NH_4ClO_3)도 있지만, 가열, 충격, 촉매, 이물질 등과의 접촉으로 분해가 시작되어 가연물과 접촉, 혼합에 의해 심하게 연소하거나 경우에 따라서는 폭발한다.

③ 독성이 있는 제1류 위험물에는 염소산염류, 질산염류, 중크롬산염류 등이 있고 부식성이 있는 위험물에는 과산화칼륨, 과산화나트륨 등의 무기과산화물 등이 있다.

④ 무기과산화물은 물과 반응하여 발열하고 산소를 방출하므로 제3류 위험물과 비슷한 금수성 물질이며, 삼산화크롬은 물과 반응하여 강산이 되어 심하게 발열한다. 염산과의 혼합, 접촉에 의해 발열하고 황린과 접촉하면 폭발할 수 있다.

⑤ 알코올, 벤젠 및 에터(에테르) 등과 접촉하면 순간적으로 발열 또는 발화하는 위험물은 삼산화크롬(CrO_3)이다.

3 제1류 위험물의 품명 및 지정수량

제1류 위험물의 종류는 아염소산 염류, 염소산 염류, 과염소산 염류, 무기과산화물류, 브로민산염류(브롬산염류), 아이오딘산염류(요오드산염류), 질산염류, 과망가니즈산염류(과망간산염류), 다이크로뮴산염류(중크롬산염류) 등 모두 산소를 함유한 강산화제로 '산화성고체'이다. 표 3-1에 제1류 위험물의 품명 및 지정수량 등에 대해 나타내었다.

표 3-1 제1류 위험물

<table>
<tr><th colspan="4">제1류 위험물</th><th rowspan="2">지정수량</th></tr>
<tr><th>성질</th><th>위험등급</th><th colspan="2">품명</th></tr>
<tr><td rowspan="18">산화성고체</td><td rowspan="4">I</td><td colspan="2">1. 아염소산염류</td><td>50 kg</td></tr>
<tr><td colspan="2">2. 염소산염류</td><td>50 kg</td></tr>
<tr><td colspan="2">3. 과염소산염류</td><td>50 kg</td></tr>
<tr><td colspan="2">4. 무기과산화물</td><td>50 kg</td></tr>
<tr><td rowspan="3">II</td><td colspan="2">5. 브로민산염류 (브롬산염류)</td><td>300 kg</td></tr>
<tr><td colspan="2">6. 질산염류</td><td>300 kg</td></tr>
<tr><td colspan="2">7. 아이오딘산염류 (요오드산염류)</td><td>300 kg</td></tr>
<tr><td rowspan="2">III</td><td colspan="2">8. 과망가니즈산염류 (과망간산염류)</td><td>1,000 kg</td></tr>
<tr><td colspan="2">9. 다이크로뮴산염류 (중크롬산염류)</td><td>1,000 kg</td></tr>
<tr><td rowspan="9"></td><td rowspan="8">10. 그 밖에 행정안전부령이 정하는 것</td><td>차아염소산염류</td><td rowspan="9">50, 300 또는 1,000 kg</td></tr>
<tr><td>과아이오딘산(과요오드산)</td></tr>
<tr><td>과아이오딘산염류(과요오드산염류)</td></tr>
<tr><td>아질산염류</td></tr>
<tr><td>크롬·납 및 아이오딘(요오드)의 산화물</td></tr>
<tr><td>퍼옥소붕산염류</td></tr>
<tr><td>퍼옥소이황산염류</td></tr>
<tr><td>염소화아이소사이아누르산
(염소화이소시아눌산)</td></tr>
<tr><td colspan="2">11. 제1호부터 제10호까지의 어느 하나에 해당하는 위험물을 하나 이상을 함유한 것</td></tr>
</table>

4 저장 및 취급방법

① 가연물, 직사광선 및 화기를 피하고 통풍이 잘되는 차가운 곳에 저장하고 용기는 밀폐하여 저장한다.
② 충격, 마찰, 타격 등 점화에너지를 차단한다.
③ 용기의 가열, 파손, 전도를 방지한다.
④ 무기과산화물류인 경우에 특히 공기나 물과의 접촉을 피한다.
⑤ 환원제, 산화되기 쉬운 물질, 2류, 3류, 4류, 5류 위험물과의 접촉 및 혼합을 금지한다.
⑥ 강산류와 절대 접촉을 금한다.
⑦ 조해성 물질은 습기를 차단하고 용기를 밀폐시킨다.
⑧ 알코올, 벤젠 및 에테르 등과 접촉하면 순간적으로 발열 또는 발화하는 위험물은 삼산화크롬(CrO_3)이다.

5 소화 방법

① 무기과산화물류, 삼산화크롬을 제외하고는 다량의 물을 사용하는 것이 유효하다. 무기과산화물류(주수소화는 절대 금지)는 물과 반응하여 산소와 열을 발생하므로 건조분말 소화약제나 건조사를 사용한 질식소화가 유효하다.
② 가연물과 혼합연소 시 폭발위험이 있으므로 주의해야 한다.
③ 위험물 자체의 화재가 아니고 다른 가연물의 화재이다.
④ 소화 작업 시 산성물질이므로 공기 호흡기, 보안경 및 방수복 등 보호 장구를 착용한다.

6 제1류 위험물의 종류

1) 아염소산염류

(1) 일반적인 성질

아염소산($HClO_2$)에서 수소이온이 금속 또는 다른 원자단으로 치환된 형태의 염을 말하며, 고체물질이고, 은(Ag)·납(Pb)·수은(Hg)염을 제외하고는 물에 잘 녹는다. 일반식은 $MClO_2$이다. 아염소산과 수산화알칼리의 반응으로 염소산염과 아염소산염을 얻고, 아염소산과 과산화알칼리의 반응에 의해서 아염소산염을 얻는다. 가열, 충격, 마찰 등에 의해 폭발하며, 중금속염은 예민한 폭발성이 있어 기폭제로 사용된다.

(2) 종류 및 성상

① 아염소산나트륨($NaClO_2$)

아염소산염 중에서 시중의 표백제 80% 정도는 아염소산나트륨이다. 약 125% 정도의 유효염소량을 가지며, 고체염류 및 수용액의 두 가지 형태로 시중에 판매되고 있다. 고체는 산화성 물질이라고 표시되며, 수용액은 부식성 물질로 표시된다. 아염소산의 특징을 정리하면 아래와 같다[7].

가) 자신은 불연성이고 무색의 결정성 분말, 조해성, 물에 잘 녹는다.

나) 고체 아염소산나트륨은 불안정하여 비교적 낮은 온도인 117~220℃에서 분해하여, 먼저 염소산나트륨과 염화나트륨을 생성하고, 높은 온도에서 산소를 방출한다.

$$3NaClO_2 \rightarrow 2NaClO_3 + NaCl$$

$$4NaClO_3 \rightarrow 3NaClO_4 + NaCl$$

$$NaClO_4 \rightarrow NaCl + 2O_2$$

다) 강산화제로서 산화력이 매우 크고 단독으로 폭발을 일으킨다.

라) 금속분, 유황 등 환원성 물질과 접촉하면 즉시 폭발한다.

$$4Al + 3NaClO_2 \rightarrow 2Al_2O_3 + 3NaCl$$

$$2Mg + NaClO_2 \rightarrow 2MgO + NaCl$$

$$3S + 2NaClO_2 \rightarrow Cl_2 + 2SO_2 + Na_2S$$

마) 티오황산나트륨, 디에틸에터(에테르) 등과 혼촉발화의 위험이 있다.

바) 이산화염소에 수산화나트륨과 환원제를 가하고 다시 수산화칼슘을 작용시켜 만든다.

사) 반도체표면처리제, 섬유 및 펄프표백제, 수처리용 등으로 사용된다.

표 3-2 아염소산나트륨의 주요 물성

화학식	$NaClO_2$	성상 및 색상	무취, 백색의 고체
분자량	90.44	밀도[g/cc]	2.468
분해온도	180~200℃	증기밀도	3.1
인화점	180℃	폭발범위	~7 vol.%

② 아염소산칼륨($KClO_2$)

수산화칼륨과 이산화염소를 수용액 중에서 반응시켜 감압 증발시켜 부차 생성된 염소산칼륨 결정을 걸러서 분류하고 거른 액에 에탄올을 가하여 추출한다.(12) 간략한 특징은 다음과 같다.

가) 160℃에서 분해되어 염소산칼륨과 염화칼륨으로 된다.

나) 산화제, 의약품, 살균제 등으로 사용된다.

표 3-3 아염소산칼륨의 주요 물성

화학식	$KClO_2$	성상 및 색상	무취, 백색의 고체
분자량	106.55	밀도[g/cc]	2.40
분해온도	160℃	증기밀도	-
인화점	-	폭발범위	-

2) 염소산염류

(1) 일반적인 성질

염소산($HClO_3$)의 수소이온이 금속 또는 다른 원자단으로 치환된 형태의 염을 말하며 대부분 물에 녹으며 상온에서 안정하나 열에 의해 분해하게 되면 산소를 발생한다. 햇빛에 장시간 방치하였을 때는 분해하여 아염소산염이 생성된다. 염소산염을 가열, 충격 및 산을 첨가시키면 폭발위험성이 나타나며, 유황, 목탄, 마그네슘분, 알루미늄분, 유기물질 등의 산화되기 쉬운 물질과 혼합되어 있을 때는 특히 위험하여 급격한 연소 또는 폭발을 일으킨다.

(2) 종류 및 성상

① 염소산칼륨($KClO_3$, 염소산칼리, 클로로산칼리)

화학식 : $KClO_3$, 녹는점 : 368.4℃, 비중 : 2.326(39℃)이다. 가열하면 400℃에서 분해하여 과염소산칼륨과 염화칼륨이 된다.

$$4KClO_3 \rightarrow 3KClO_4 + KCl$$

더 가열하면 산소를 방출하고 전부 염화칼륨이 된다. 이 반응은 금속산화물을 가하면 촉진되어 70℃에서 산소를 발생하기 시작하므로, 실험실 등에서 산소를 얻기 위해 이용된다. 단, 유기물·황·탄소 등이 혼입되면 폭발하므로 주의해야 한다. 흡습성은 없다. 물에 녹고, 알코올에도 소량 녹는다. 중성 및 알칼리성 용액에서는 산화작용이 없으나, 산성용액에서는 강산화제가 된다. 표백제·염료·의약품 등의 제조에도 사용된다. 장기간 보존한 것은 아염소산칼륨을 함유하여, 건조 상태에서는 유기물·인·황 등 가연성 물질과 접촉하기만 해도 폭발한다. 마찰·충격 등에 예민하여, 폭발사고를 잘 일으키며, 진한 황산이나 진한 질산과 접촉해도 잘 폭발한다. 혼합폭약으로 쓰이기도 하며, 극약이다. 빛이 차단되는 밀폐된 용기에 보관한다[12]. 아래에 간략히 정리하여 다시 나타내었다.

가) 무색, 무취단사정계 판상결정 또는 불연성분말

나) 이산화망간 등이 존재하면 분해가 촉진되어 산소를 방출한다.

다) 분해온도 : 400℃, 비중 : 2.326, 융점 : 368.4℃, 용해도 : 7.3(20℃)

라) 온수, 글리세린에 잘 녹고, 냉수, 알코올에는 잘 녹지 않는다.

마) 촉매 없이 400℃ 부근에서 분해한다.

$$2KClO_3 \rightarrow KCl + KClO_4 + O_2$$

$$2KClO_3 \rightarrow 2KCl + 3O_2 \text{(}MnO_2\text{를 촉매로 사용)}$$

바) 산과 반응하여 ClO_2를 발생하고 폭발위험이 있다.

사) 차가운 맛이 있으며 인체에 유독하다.

아) 환기가 잘 되고 찬 곳에 밀봉하여 보관한다.

자) 목탄과 유황과 반응하면 발화, 폭발의 위험성이 있다.

$$3C + 2KClO_3 \rightarrow 2KCl + 3CO_2$$

$$3S + 2KClO_3 \rightarrow 2KCl + 3SO_2$$

차) 가열, 충격, 마찰에 주의하고 강산이나 금속류와의 혼합 시 그 혼합물은 폭발을 일으킨다.

$$2Al + KClO_3 \rightarrow Al_2O_3 + KCl$$

카) 혈액에 작용하여 독작용을 한다.

타) 소화 방법은 주수소화가 좋다.

표 3-4 염소산칼륨의 주요 물성

화학식	$KClO_3$	성상 및 색상	무취, 무색 또는 백색의 고체
분자량	122.55	밀도[g/cc]	2.32
분해온도	400℃	증기밀도	4.2
인화점	400℃	폭발범위	-

② 염소산나트륨($NaClO_3$, 클로로산나트륨, 염소산소오다)

물에 쉽게 용해되는 무색결정으로 분자량 106.4, 녹는점 248℃, 비중 2.490(15℃)이다. 300℃ 이상 가열하면 산소를 발생하고 분해한다. 약간 흡습성이 있으며, 물과 알코올에는 녹고 산성용액에서는 강한 산화작용을 나타낸다. 염화나트륨용액을 전기분해하거나, 수산화칼슘용액(석회유)에 염소가스를 불어넣어 생기는 염소산칼슘과 황산나트륨의 복분해에 의해서 생긴다[13].

가) 물, 에테르, 알코올에는 녹고, 산성수용액에서는 강한 산화작용을 보인다.

나) 무색, 무취의 입방정계 주상결정이다.

다) 염화나트륨 용액을 전기분해하거나, 수산화칼슘 용액에 염소가스를 불어넣어 생기는 염소산칼슘과 황산나트륨의 복분해에 의해서 생긴다.

라) 과염소산염 제조에 사용되고, 산화제, 성냥, 연화(煙花), 폭약재료, 염색, 가죽의 무두질, 살충제, 표백제 및 제초제 등으로 사용된다.

마) 비중 : 2.490(15℃), 융점 : 248℃, 용해도 : 101(20℃), 분해온도 : 300℃

$$2NaClO_3 \rightarrow 2NaCl + 3O_2$$

바) 알코올, 에터(에테르), 물에 잘 녹고 조해성과 흡습성이 있다.

사) 산과 반응하여 이산화염소(ClO_2)를 발생하고 폭발위험이 있다.

$$3NaClO_3 \rightarrow NaClO_4 + Na_2O + 2ClO_2$$

아) 다량 섭취시 생명의 위협이 있다.

자) 가열, 충격, 마찰을 피하고, 환기가 잘 되는 냉암소에 밀전 보관한다.

차) 분해를 촉진하는 약품류와의 접촉을 피한다.

카) 소화방법은 주수소화가 좋다.

표 3-5 염소산나트륨의 주요 물성

화학식	$NaClO_3$	성상 및 색상	무취, 무색 또는 백색의 고체
분자량	106.46	밀도[g/cc]	2.5
분해온도	300℃	증기밀도	3.7
인화점	–	폭발범위	–

③ 염소산암모늄(NH_4ClO_3)

물보다 무거운 무색 등축 결정계의 바늘모양 결정으로 부식성, 조해성의 중요한 특징이 있고 수용액은 산성이다. 또한, 불안정하여 상온에서도 자연 폭발할 때가 있으며, 특히 100℃ 이상에서는 폭발하여 분해된다[12].

④ 기타

염소산은 염소산은($AgClO_3$), 염소산납($Pb(ClO_3)_2 \cdot H_2O$), 염소산아연($Zn(ClO_2)_2$), 염소산바륨($Ba(ClO_3)_2$) 등이 있다.

3) 과염소산염류

(1) 일반적인 성질

과염소산($HClO_4$)의 수소이온이 금속 또는 다른 원자단으로 치환된 형태의 염을 말하며 대부분 물에 녹으며 유기용매에도 녹는 것이 많고, 무색, 무취의 결정선 분말이다. 타 물질의 연소를 촉진시키고, 수용액은 화학적으로 안정하며 불용성의 염 이외에는 조해성이 있다. 인, 황, 목탄분말, 기타 가연물과 혼합되어 있는 경우에는 급격하게 연소하고, 경우에 따라서는 폭발한다.

(2) 종류 및 성상

① 과염소산칼륨($KClO_4$, 과염소산칼리, 퍼클로로산칼리)

물에 녹기 어려운 무색의 결정으로 분자량 138.6, 비중 2.52이다. 에틸알코올에 약간 녹는다. 400℃ 이상으로 가열하면 산소와 염화칼륨으로 분해되며, 또 유기물·가연성 물질의 존재 또는 충격에 의해서도 분해되지만 염소산칼륨보다는 안정하다. 과염소산 또는 과염소산나트륨의 수용액에 칼륨염을 가하면 침전물로서 생긴다. 산화제, 폭약, 불꽃 등에 사용된다[13].

가) 무색, 무취 사방정계 결정 또는 백색분말이다.

나) 분해온도 : 400℃, 융점 : 610℃, 용해도 : 1.8(20℃), 비중 : 2.52

다) 물, 알코올, 에터(에테르)에 잘 녹지 않는다.

라) 400℃에서 분해하기 시작하여 610℃에서 완전분해된다.

$$KClO_4 \rightarrow KCl + 2O_2$$

마) 목탄 또는 황과 혼합하면 자연발화를 일으킨다.

$$2C + KClO_4 \rightarrow KCl + 2CO_2$$

$$2S + KClO_4 \rightarrow KCl + 2SO_2$$

마) 황산과 반응하면 폭발성 가스가 생성된다.

바) 가연물과의 혼합 시 가열, 마찰, 외부적 충격에 의해 폭발한다.

사) 소화 방법은 주수소화가 좋다.

표 3-6 과염소산칼륨의 주요 물성

화학식	$KClO_4$	성상 및 색상	무취, 무색 또는 백색의 고체
분자량	138.55	밀도[g/cc]	2.52
분해온도	400℃	증기밀도	4.8
인화점	–	폭발범위	–

② 과염소산나트륨($NaClO_4$, 과염소산소오다)

물에 쉽게 녹는 무색 결정으로 분자량 122.4, 녹는점 482℃(분해), 비중 2.5이다. 과염소산의 수용액을 탄산나트륨으로 중화시켜 증류하면 생긴다. 유기물이나 가연물과 섞어 충격을 가하거나 진한 황산과 접촉시키면 폭발한다. 화약에 사용된다[13].

가) 무색, 무취 사방정계 결정

나) 분해온도 : 400℃, 융점 : 482℃, 용해도 : 170(20℃), 비중 : 2.5

다) 물, 에틸알코올, 아세톤에 잘 녹고, 에터(에테르)에는 녹지 않는다.

라) 기타 성질은 과염소산칼륨에 준한다.

마) 소화 방법은 주수소화가 좋다.

표 3-7 과염소산나트륨의 주요 물성

화학식	$NaClO_4$	성상 및 색상	무취, 백색의 고체
분자량	122.4	밀도[g/cc]	2.5
분해온도	482℃	증기밀도	–
인화점	–	폭발범위	–

③ 과염소산암모늄(NH_4ClO_4, 과염소암몬)

무색 결정이며, 비중 1.95이다. 진공에서 가열하면 150℃에서 분해하기 시작하여 약 400℃에서 발화한다. 0℃에서 100g의 물에 10.9g, 100℃에서 46.9g, 알코올 100g에 25℃에서 2g이 녹는다. 또 아세톤에는 녹지만 에터(에테르)에는 녹지 않는다. 과염소산나트륨과 황산암모늄 또는 염화암모늄의 복분해에 의해 생기며, 또 과염소산 수용액에 암모니아를 통과시킨 다음 증발・결정시키고, 다시 물에서 재결정시켜도 얻어진다. 과염소산염 폭약의 주성분이며, 규소철・톱밥・바셀린을 가하여 폭발력・안정성을 증가시켜서 주로 토목공사용으로 사용된다. 이 밖에도 폴리에스테르 등을 결합제로 고체화시켜 로켓 고체연료의 산화제로도 사용된다[13].

가) 무색, 무취의 결정
나) 분해온도 : 130℃, 비중 : 1.95
다) 물, 알코올, 아세톤에는 잘 녹고, 에터(에테르)에는 잘 녹지 않는다.
라) 폭약이나 성냥 원료로 쓰인다.
마) 산과 접촉하거나, 가연성 물질, 또는 산화성 물질과 혼합하면 폭발할 수 있다.
바) 충격에는 비교적 안정하나 130℃에서 분해되기 시작하며, 300℃에서는 급격히 분해폭발한다.
사) 소화 방법은 주수소화가 좋다.

④ 기타

과염소산마그네슘($Mg(ClO_4)_2$), 과염소산바륨($Ba(ClO_4)_2$), 과염소산리튬($LiClO_4 \cdot 8H_2O$), 과염소산루비듐($RbClO_4$) 등이 있다.

4) 무기과산화물

무기과산화물은 크게 알칼리금속의 무기과산화물과 알칼리금속 이외의 무기과산화물로 나눌 수 있다.

(1) 일반적인 성질

과산화수소(H_2O_2)의 수소이온이 금속 또는 다른 원자단으로 치환된 화합물을 말하며 분자 속에 -O-O- 를 갖는 물질이다. 알칼리 및 알칼리토금속의 무기과산화물은 공업적으로 매우 중요하다. 무기과산화물은 그 금속이 과잉의 산소 안에서 탈 때에 생성된다. 무기과산화물은 찬물에서 과산화수소를 생성하고 고온의 물에서는 산소를 생성한다[7]. 아래에 알칼리금속의 과산화물과 알칼리토금속의 과산화물의 물과의 반응식을 나타내었다.

알칼리금속 과산화물 : $2X_2O_2 + 2H_2O \rightarrow 4XOH + O_2$ +Q(발열)

알칼리토금속 과산화물 : $2XO_2 + 2H_2O \rightarrow 2X(OH)_2 + O_2$ +Q(발열)

따라서, 무기과산화물의 용기는 수분을 흡수하는 것으로부터 보호되어야 하며, 다량의 과산화물염에 물이 뿌려지면 폭발적으로 반응하므로 주수소화를 금한다.

(2) 알칼리금속 과산화물의 종류 및 성상

단독으로 타지 않고, 리튬(Li), 나트륨(Na), 칼륨(K), 루비듐(Rb), 세슘(CS) 등의 과산화물은 금수성 물질로 분말 소화약제의 탄산수소 염류, 건조사, 암분, 소오다 등으로 피복 소화한다(주수소화는 적합하지 않음). 알카리금속과 반응하면 알코올리드와 수소(H_2)가 발생된다.

① 과산화나트륨(Na_2O_2, 과산화소다)

강력한 산화제로, 이산화탄소와 반응하여 탄산나트륨과 산소를, 일산화탄소와 반응하여 탄산나트륨(Na_2CO_3)을 생성한다. 유기물이나 산화성 물질에 닿으면 폭발하므로 위험하다. 금속나트륨을 300℃로 가열하여 이산화탄소를 제거한 공기를 통과시키면 생성된다. 동식물의 섬유나 가죽・뼈・상아・나무・왁스・산호・진주・대나무 제품, 밀짚 등의 표백, 과산화물의 제조 원료, 분석시약 등으로 사용되며, 또한 이산화탄소를 다량으로 함유한 공기나 병실(病室)의 공기를 정화하는데도 사용된다[12].

가) 순수한 것은 백색이지만, 보통 황색의 분말 또는 과립상이고 흡습성, 조해성이 있다.

나) 분해온도 : 460℃, 융점 : 460℃, 비중 : 2.805

다) 유기물, 가연물, 황 등의 혼입을 막고, 가열, 충격을 피한다.

라) 공기 중에서 CO_2를 흡수하여 탄산염을 만들고 산소를 방출한다.

$$2Na_2O_2 + 2CO_2 \rightarrow 2Na_2CO_3 + O_2$$

마) 물과 격렬히 반응하며 열을 발생하고 산소 및 과산화수소를 방출시킨다.

$$2Na_2O_2 + 2H_2O \rightarrow 4NaOH + O_2$$ (뜨거운 물)

$$Na_2O_2 + 2H_2O \rightarrow 4NaOH + H_2O_2$$ (찬물)

바) 산과 반응하여 과산화수소를 발생시킨다.

$$Na_2O_2 + 2CH_3COOH \rightarrow H_2O_2 + 2CH_3COONa$$

사) 금, 니켈을 제외한 금속을 침식하여 산화물을 만든다.

아) 자신은 불연성물질이지만, 가열하면 분해하여 산소를 방출한다.

$$2Na_2O_2 \rightarrow 2Na_2O + O_2$$

자) 알코올에는 잘 녹지 않는다.

차) 주수소화하면 위험하므로 건조사나 암분 또는 탄산수소염류 등으로 피복 소화한다.

표 3-8 과산화나트륨의 주요 물성

화학식	Na_2O_2	성상 및 색상	무취, 백색 또는 담황색의 고체
분자량	77.98	밀도[g/cc]	2.81
분해온도	460℃	증기밀도	–
인화점	–	폭발범위	–

② 과산화칼륨(K_2O_2, 과산화칼리)

오렌지색의 분말로 가열에 의해 분해되고 산화칼륨과 산소가 된다. 흡습성으로 물과 반응하여 수산화칼륨과 산소로 분해된다[12].

가) 오렌지색 또는 무색의 분말로 흡습성이 있으며, 에탄올에 녹는 것으로서 물과 급격히 반응하여 발열하고 산소를 방출시키는 물질이다.

나) 융점 : 490℃, 비중 : 2.9

다) 기타 화학반응은 과산화나트륨과 동일하다.

라) 과산화칼륨과 물과 반응하여 산소를 방출시킨다.

$$2K_2O_2 + 2H_2O \rightarrow 4KOH + O_2$$

마) 가열하면 위험하고 가연물의 혼입, 마찰, 충격, 물과의 접촉을 피한다.

바) 갈색의 착색 유리병에 수분이 들어가지 않도록 저장한다.

사) 소화 방법은 건조사나 암분 또는 탄산수소염류 등으로 피복 소화가 좋고 주수소화하면 위험하다.

표 3-9 과산화칼륨의 주요 물성

화학식	K_2O_2	성상 및 색상	무취, 노란색의 고체
분자량	110.2	밀도[g/cc]	1>
분해온도	490℃	증기밀도	–
인화점	–	폭발범위	–

③ 기타

과산화리튬(Li_2O_2), 과산화루비듐(Rb_2O_2), 과산화세슘(Cs_2O_2) 등이 있다.

(3) 알칼리금속 이외의 무기과산화물

베릴륨(Be), 마그네슘(Mg), 칼슘(Ca), 스트론튬(Sr), 바륨(Ba) 등의 알칼리토금속의 과산화물이 대부분 차지한다. 물과 접촉해도 큰 위험성이 없는 물질이 대부분이다.

① 과산화마그네슘(MgO_2)

백색 분말로 물에 녹지 않는다. 산에 녹고 과산화수소를 생성한다. 공기 중에서 서서히 산소를 잃고 강열하면 산소를 발생하여 분해된다. 주로 산화제, 표백제 및 살균제로서 사용된다.

가) 백색 분말이며 물에 녹지 않는다.

나) 시판품의 MgO_2 함량이 15~25% 정도이다.

다) 산류에 녹아서 과산화수소로 된다.

$$MgO_2 + 2HCl \rightarrow MgCl_2 + H_2O_2$$

라) 습기에 의하여 활성산소를 방출하기 때문에 특히 방습에 주의한다.

마) 가열하면 분해된다.

$$2MgO_2 \rightarrow 2MgO + O_2$$

바) 분해촉진제와 접촉을 피하고, 유기물, 환원제와 섞이면 마찰 혹은 가열에 의해 폭발의 위험이 있다.

사) 산화제와 혼합하여 가열하면 폭발위험성이 있기 때문에 산류와 격리하고, 마찰, 충격, 가열을 피하고 용기는 밀봉, 밀전한다.

아) 소화 방법은 건조사에 의한 피복 소화 및 주수소화도 가능하다.

표 3-10 과산화마그네슘의 주요 물성

화학식	MgO_2	성상 및 색상	무취, 백색의 고체
분자량	56.3	밀도[g/cc]	3.0
분해온도	100℃	증기밀도	–
인화점	–	폭발범위	–

② 과산화칼슘(CaO_2)

일반적으로 백색 분말로 물에 잘 녹지 않는다. 에탄올, 에터(에테르)에 녹지 않는다. 산에 녹고 과산화수소를 생성한다(12).

가) 백색 또는 담황색 분말이다.

나) 분해온도: 275℃, 비중: 1.7

다) 물에는 잘 녹지 않고, 알코올, 에터(에테르)에는 녹지 않는다.

라) 염산과 반응하여 과산화수소를 생성시킨다.

$$CaO_2 + 2HCl \rightarrow CaCl_2 + H_2O_2$$

마) 수화물이 포함된 것을 가열하면 약 100℃ 부근에서 결정수를 잃고 분해온도에서 폭발적으로 산소를 방출한다.

$$2CaO_2 \rightarrow 2CaO + O_2$$

바) 소화 방법은 건조사에 의한 피복 소화 및 주수소화도 가능하다.

③ 과산화바륨(BaO_2)

산화바륨을 공기 속에서 500℃로 가열하면 얻는다. 수산화바륨 수용액에 과산화수소를 가하면 8수화물($Ba(OH)_2 \cdot 8(H_2O)$)이 침전한다. 무수물은 무색 정방결정계 분말로 알칼리토금속의 과산화물 중에서 가장 안정적이다. 고온에서 분해하여 산소를 발생하고 찬 물에 조금 녹고 뜨거운 물에는 분해한다. 산화제, 표백제, 과산화수소의 제조 원료이다(12).

가) 백색 또는 회색의 정방정계 분말이다.

나) 분해온도 : 840℃, 융점 : 450℃, 비중 : 4.96

다) 알칼리토금속의 과산화물 중에서 가장 안정하다.

라) 물에도 약간 녹고, 알코올, 에터(에테르), 아세톤에는 녹지 않는다.

마) 산과 반응하여 과산화수소를 생성시킨다.

$$BaO_2 + H_2SO_4 \rightarrow BaSO_4 + H_2O_2$$

바) 가열하면 분해하여 산소를 방출시킨다.

$$2BaO_2 \rightarrow 2BaO + O_2$$

사) 소화 방법은 건조사에 의한 피복 소화 및 CO_2 가스를 사용한다.

> **바륨의 수화물**
> - 수산화바륨으로 총칭
> - $Ba(OH)_2 \cdot x(H_2O)$의 화학식을 지닌다.
>
> 수산화바륨 8수화물은 $Ba(OH)_2 \cdot 8(H_2O)$이며, 이는 옥타수화물(octahydrate)라고 한다.
> 8 수화물은 대기중에 1수화물로 변하며, 진공상태에서 100℃에 이르면 이 1수화물은 BaO와 물을 생성한다.

5) 브로민산염류

(1) 일반적인 성질

브로민산($HBrO_3$)의 수소이온이 금속 또는 다른 원자단으로 치환된 화합물로 대부분 무색 또는 백색의 결정이고 물에 녹는 물질들이다. 가열에 의해 과브로민산염을 생성하지 않고 브로민화물과 산소, 혹은 산화물과 브로민(브롬) 및 산소로 분해된다.

(2) 종류 및 성상

① 브로민산칼륨($KBrO_3$)

흰색의 결정 또는 덩어리 모양의 물질이며, 비중 3.27, 녹는점 약 350℃이다. 약 370℃에서 산소를 발생하며 분해하고 브로민화칼륨(KBr)으로 변한다. 저온에서는 비교적 물에 잘 녹지 않으나, 고온에서는 상당히 잘 녹으며, 알코올에는 녹지 않는다. 목탄이나 황과 같이 산화되기 쉬운 것과 가열하면 폭발한다. 수산화칼륨의 따뜻한 수용액에 브로민을 가하거나, 브로민화칼륨의 따뜻한 수용액을 전기분해하면 생긴다. 밀가루용 탈색제, 브로민산염을 적정(滴定)하는 분석시약으로 사용되며 산화제이다[13].

가) 백색 결정 또는 결정성 분말이다.

나) 융점 : 350℃, 비중 : 3.27

다) 물에는 잘 녹고, 알코올에는 잘 녹지 않는다.

라) 유황, 숯, 마그네슘 등과 다른 가연물과 혼합되면 위험하다.

마) 염소산칼륨보다 안전하다.

바) 식품첨가제, 의약품, 분석용 시약 등으로 사용된다.

② 브로민산나트륨($NaBrO_3$)

수산화나트륨 수용액에 브로민(브롬)을 넣으면 브로민화나트륨과 함께 생긴다. 용액을 농축하여 분별 결정에 의해 결정화시켜, 뜨거운 물에서 재결정한다. 녹는점 381℃이며, 고온에서는 산소를 방출하고 분해한다. 에탄올에 녹지 않는다[12].

가) 무색 결정, 융점 : 381℃, 비중 : 3.3

나) 물에 잘 녹지만, 에탄올에는 녹지 않는다.

다) 섬유유연제, 의약품, 염색, 염료 등으로 사용된다.

③ 브로민산아연($Zn(BrO_3)_2 \cdot 6H_2O$)

가) 무색 결정, 물에 잘 녹는다.

나) 융점 : 100℃, 비중 : 2.56

다) 가연물과 혼합하면 위험하다.

④ 브로민산바륨($Ba(BrO_3)_2 \cdot H_2O$)

가) 무색 결정, 물에 약간 녹는다.

나) 융점 : 260℃, 비중 : 3.99

다) 가연물과 혼합하면 위험하다.

⑤ 브로민산마그네슘($Mg(BrO_3)_2 \cdot 6H_2O$)

가) 무색, 백색 결정, 물에 잘 녹는다.

나) 가열하면 분해하여 산소를 발생시키고, 200℃에서는 무수물이 된다.

$$2Mg(BrO_3)_2 \rightarrow 2MgO + 2Br_2 + 5O_2$$

⑥ 기타

브로민산납($Pb(BrO_3)_2 \cdot H_2O$), 브로민산암모늄(NH_4BrO_3) 등이 있다.

6) 질산염류

(1) 일반적인 성질

질산(HNO_3)의 수소이온이 금속 또는 다른 원자단으로 치환된 화합물(금속에 대한 부식성은 없다). 대부분 무색, 백색의 결정 및 분말로 물에 잘 녹으며 조해성이 강하다. 화약, 폭약의 원료로 사용된다.

(2) 종류 및 성상

① 질산나트륨($NaNO_3$, 칠레초석)

나트륨이온과 질산이온의 이온결합으로 형성된 흰색의 결정이다. 칠레 연안에서 발견된 초석을 정제하여 얻었으나 근래에는 공업적으로 질산에 탄산나트륨이나 수산화나트륨을 반응시켜 얻는다.

질산소다(Nitrate of soda)라고도 한다. 분자량 85.0, 녹는점 308℃, 끓는점 380℃, 밀도 2.26g/cm^3이다. 나트륨 이온이 포함되어 있어 노란색 불꽃반응을 나타내며 물에 잘 녹는다. 용해도는 온도가 상승하면 급격히 증가하므로 용해도 곡선을 이용한 재결정법에 많이 이용되고 있다. 또한, 공기 중의 수분을 흡수하는 성질이 있으며, 380℃정도로 가열하면 아질산나트륨($NaNO_2$), 800℃ 이상으로 가열하면 산화물로 분해되며 강력한 산화제로 쓰이기도 한다. 천연 질산나트륨은 주로 비료로 쓰이며, 합성 질산나트륨은 유리의 소포제, 열처리제, 화약의 제조, 녹는점 강하제, 식품의 발색제, 의약품의 합성 등으로 쓰인다. 아질산나트륨, 질산칼륨(KNO_3)과 함께 소시지, 햄 등의 육류 가공품의 발색제로 사용된다. 과량 복용하면 구토, 발한, 호흡곤란, 무기력 등을 유발하며 특히 아질산나트륨은 단백질과 위에서 함께 반응하여 나이트로사민이라는 발암물질을 형성하므로 식품첨가제로서 엄격히 제한된다[12].

가) 무색, 무취의 투명한 결정 또는 백색 분말

나) 분해온도 : 380℃, 융점 : 308℃, 용해도 : 73, 비중 : 2.26

다) 조해성이 크고 흡습성이 강하므로 습도에 주의한다.

라) 물과 글리세린에 잘 녹고 무수 알코올에는 난용성이다.

마) 가열하면 약 380℃에서 열분해하여 산소를 방출한다.

$$2NaNO_3 \rightarrow 2NaNO_2 + O_2$$

바) 가연물, 유기물, 차아황산나트륨과 함께 가열하면 위험하다.

사) 황산에 의해 분해하여 질산을 유리시킨다.

② 질산칼륨(KNO_3, 초석)

염화칼륨의 뜨거운 수용액에 질산나트륨(칠레 초석)을 첨가하여 복분해에 의해 생긴 염화나트륨의 결정을 분리하고 용액을 냉각하면 질산칼륨이 석출된다. 또는 탄산칼륨 또는 수산화칼륨을 질산에 용해하여 제조한다. 흑색화약, 성냥, 불꽃 등의 화공품의 제조, 유리, 유약의 원료, 유리의 청정제 및 열 처리제, 한제 및 육류의 색깔 고정제, 산화제, 분석시약 등에 사용한다[12].

가) 무색 또는 백색 결정분말이며, 흑색 화약의 원료로 사용된다.
나) 분해온도 : 400℃, 융점 : 336℃, 용해도 : 26(15℃), 비중 : 2.1
다) 차가운 자극성 짠맛과 산화성이 있다.
라) 물에는 잘 녹으나 알코올에는 잘 녹지 않는다.
마) 단독으로는 분해하지 않지만 가열하면 용융 분해하여 산소와 아질산칼륨을 생성한다.

$$2KNO_3 \rightarrow 2KNO_2 + O_2$$

바) 숯가루, 황가루를 혼합하면 흑색 화약이 된다.
사) 소화 방법은 주수소화가 적당하다.

③ 질산암모늄(NH_4NO_3, 초반)

질산을 암모니아수로 중화하여 증발, 결정시켜 만든다. 액체암모니아에 쉽게 녹는다. 흡습성이 강하여 물에 녹을 때 다량의 열을 흡수한다. 약 210℃에서 분해되어 물과 산화이질소(N_2O)를 생성한다. 그러나 밀폐된 용기 안에서 강열하거나 다른 폭발물에 의해 유발되면 급격한 분해반응을 일으키며 폭발한다. 공기 중에서 상온으로 보존할 때에는 비교적 안정하다[12].

가) 무색, 무취의 백색 결정고체
나) 분해온도 : 220℃, 융점 : 165℃, 용해도 : 118.3(0℃), 비중 : 1.73
다) 조해성이 있고 물, 알코올, 알칼리에 잘 녹는다.
라) 물을 흡수하면 흡열반응을 한다.
마) 급격히 가열하면 산소를 발생하고, 충격을 주면 단독으로 폭발한다.

$$2NH_4NO_3 \rightarrow 4H_2O + 2N_2 + O_2$$

바) 강력한 산화제이기 때문에 혼합화약(Ammonium Nitrate Fuel Oil, ANFO)의 재료로 쓰인다.
사) 소화 방법은 주수소화가 적당하다.

④ 질산은($AgNO_3$)

순은을 질산에 녹인 용액을 증발시키면 무수염이 석출된다. 순품은 공기 중에서 광선에 대해 안정하지만, 유기물이 혼재하면 분해되어 짙은 색이 된다. 무수 에탄올에는 매우 녹기 어렵다. 벤젠에도 잘 녹지 않는다. 에터(에테르), 메탄올에 약간 녹는다. 암모니아수에 쉽게 녹는다. 수용액은 중성이며, 빛에 안정하지만, 타르타르산, 자당, 알데하이드 등에 의해 쉽게 환원되어 유리벽에 은거울을 만든다. 단백응고작용이 있고 피부와 조직을 부식한다[12].

가) 사진감광제, 사진제판, 보온병 제조 등에서 사용된다.
나) 요오드에틸시안은과 혼합되면 폭발성 물질이 생성되어 폭발의 위험성이 있다.

⑤ 질산바륨($Ba(NO_3)_2$)

수산화바륨 또는 탄산바륨을 질산에 용해시켜 만든다. 비교적 용해도가 작기 때문에 염화바륨의 포화수용액에 질산나트륨의 진한 용액을 가해도 얻을 수 있다. 에탄올, 아세톤에 잘 녹지 않는다. 불꽃, 녹색의 연기 신호, 과산화바륨의 제조, 의약, 분석시약으로 쓰인다[13].

가) 무색의 입방 결정, 화학식량 261.3, 녹는점 592℃, 비중 3.244(23℃)
나) 물 100에 대한 용해도는 5.0g(0℃)이다.
다) 흡습성은 없고 염화바륨보다 물에 잘 녹지 않는다.
라) 수산화바륨, 탄산바륨을 질산에 녹이거나 염화바륨과 질산나트륨을 복분해하여 제조한다.
마) 녹는점인 592℃ 이상에서 분해하여 산화물이 된다.
바) 화연신호, 불꽃, 화약 외에 광학유리의 제조에도 사용한다.

⑥ 기타

질산코발트($Co(NO_3)_2$), 질산니켈($Ni(NO_3)_2$), 질산구리($Cu(NO_3)_2$), 질산카드뮴($Cd(NO_3)_2$), 질산납($Pb(NO_3)_2$), 질산마그네슘($Mg(NO_3)_2$) 등이 있다.

7) 아이오딘산염류

(1) 일반적인 성질

아이오딘산(HIO_3)의 수소이온이 금속 또는 다른 원자단으로 치환된 형태의 화합물로 대부

분 결정성 고체이다. 일반적으로 무색의 결정성 분말로 염소산염, 브로민산염보다 용해도는 작고, 안정하지만 탄소나 유기물과 섞어 가열하면 폭발한다[5].

(2) 종류 및 성상

① 아이오딘산칼륨(KIO_3)

아이오딘화칼륨(KI)의 알칼리성 용액을 전해 산화하면 얻어진다. 아이오딘(요오드)를 염소산칼륨에서 소량의 염산을 가해 산화하면 아이오딘산칼륨과 그 산성염의 혼합용액이 얻어진다. 이 뜨거운 수용액을 수산화칼륨 또는 탄산수소칼륨에서 중화하고, 용액을 냉각하면 결정이 석출된다. 뜨거운 물에서 재결정하여 정제한다. 무색의 단사결정계이며, 녹는점 560℃이다. 분해가 따른다. 염소산염, 브로민산염보다 안정한데 탄소나 유기물과 같은 가연성인 것과 섞어 가열하거나 충격을 가하면 폭발한다. 아이오딘화칼륨 수용액에 녹고 에탄올, 암모니아에 녹지 않는다.

가) 융점 : 560℃, 비중 : 3.89, 광택이 나는 무색의 결정성 분말이다.
나) 혼합하여 가열하면 폭발한다.
다) 염소산칼륨보다는 위험성이 작다.
라) 물, 진한 황산에는 녹고, 알코올에는 녹지 않는다.
마) 융점 이상으로 가열하면 산소를 방출하며 가연물과 혼합하면 폭발위험이 있다.

② 아이오딘산칼슘($Ca(IO_3)_2 \cdot H_2O$)

질산칼륨 또는 염화칼슘의 수용액에 아이오딘산칼륨 수용액을 가하면 실온에서 6수화염이 침전한다. 무수염은 함수염을 가열 탈수해서 얻어진다. 질산에 녹고 에탄올에 녹지 않는다. 아이오딘화물 또는 아미노산 수용액에 녹는다. 아이오딘화물에서 안정하기 때문에 식료품에 대한 아이오딘 첨가제로서 사용된다[12].

가) 백색, 조해성 결정, 물에 잘 녹는다.
나) 융점 : 42℃, 무수물의 융점 : 575℃

③ 기타

아이오딘산아연, 아이오딘산나트륨, 아이오딘산은, 아이오딘산바륨, 아이오딘산마그네슘 등.

8) 과망가니즈산염류

(1) 일반적인 성질

과망가니즈산($HMnO_4$)의 수소이온이 금속 또는 다른 원자단으로 치환된 형태의 화합물을 말한다. 검은 보라색의 결정이고, 용액은 농도에 따라 담홍색 혹은 짙은 보라색이다[5].

(2) 종류 및 성상

① 과망가니즈산칼륨($KMnO_4$)

수용성인 녹색의 광택이 있는 적자색 결정으로 비중은 2.703이다. 공기 중에서는 안정하다. 200℃로 가열하면 산소를 발생하며 망가니즈산칼륨과 이산화망가니즈가 되고, 다시 삼산화망간이 된다. 또 진한 용액에 강한 알칼리용액을 작용시켜도 산소를 발생하며 용액은 망가니즈산칼륨(K_2MnO_4)이 되어 녹색으로 변한다. 염산과 반응하여 염소를 발생하고, 진한 황산에 의하여 폭발을 일으키므로 위험하다. 망가니즈산칼륨을 염소 또는 이산화탄소로 산화시키거나 격막을 써서 전기 분해하여 양극에 생긴 용액을 농축하여 냉각시키면 결정으로 얻어진다. 산화제로 쓰이는데, 용액의 산성·중성·알칼리성에 따라 산화하는 모양이 달라진다. 산성인 경우가 산화력이 강하여 응용 범위도 넓다. 과망가니즈산염의 적정, 유기합성, 살균소독, 표백제 등의 원료로 사용된다[13].

가) 상온에서는 안정하며, 흑자색 또는 적자색 사방정계 결정이다.

나) 분해온도 : 240℃, 비중 : 2.7

다) 알코올, 에터(에테르), 글리세린 등 유기물과 접촉을 금한다.

라) 물에 녹아 진한 보라색이 되고 강한 산화력과 살균력이 있다.

마) 아세톤, 메틸알코올, 아세트산에 잘 녹는다.

바) 가열하면 240℃에서 분해하여 산소를 방출시킨다.

$$2KMnO_4 \rightarrow K_2MnO_4 + MnO_2 + O_2 \uparrow$$

사) 강한 살균력을 갖고 있으며, 수용액을 만들어 무좀 등의 치료제로 사용된다.

아) 묽은 황산과 반응하여 산소를 방출시킨다.

$$4KMnO_4 + 6H_2SO_4 \rightarrow 2K_2SO_4 + 4MnSO_4 + 6H_2O + 5O_2 \uparrow$$

자) 황산과 폭발적으로 반응하여 여러 가지 분해생성물을 만든다.

$$2KMnO_4 + H_2SO_4 \rightarrow K_2SO_4 + 2HMnO_4$$

$$2HMnO_4 \rightarrow Mn_2O_7 + H_2O$$

$$2Mn_2O_7 \rightarrow 4MnO_2 + 3O_2 \uparrow$$

차) 직사광선을 피하고 저장용기는 금속 또는 유리용기를 사용한다.

카) 목탄, 황 등의 환원성 물질과 접촉 시 충격에 의해 폭발의 위험성이 있다.

타) 산, 가연물, 유기물과 격리하여 저장한다.

파) 다량의 주수소화 또는 건조사에 의한 피복소화한다.

② 과망가니즈산나트륨($NaMnO_4 \cdot H_2O$)

가) 적자색 결정

나) 조해성이 강하고 물에 매우 잘 녹는다.

③ 과망가니즈산칼슘($Ca(MnO_4)_2 \cdot 4H_2O$)

가) 자색 결정

나) 비중 : 2.4, 물에 잘 녹는다.

④ 기타

과망가니즈산암모늄(NH_4MnO_4) 등이 있다.

9) 다이크로뮴산염류

(1) 일반적인 성질

다이크로뮴산($H_2Cr_2O_7$)의 수소이온이 금속 또는 다른 원자단으로 치환된 화합물로 대부분 황적색의 결정이며 대부분 물에 잘 녹는다.

(2) 종류 및 성상

① 과망가니즈산칼륨($K_2Cr_2O_7$)

가) 등적색의 판상결정

나) 분해온도 500℃, 융점 398℃, 비중 2.69, 용해도 8.89(15℃)

다) 흡습성, 수용성, 알코올에는 불용이다.

라) 산과 반응하여 산소를 방출시킨다.

$$2K_2Cr_2O_7 + 8H_2SO_4 \rightarrow 2K_2SO_4 + 2Cr_2(SO_4)_3 + 8H_2O + 3O_2$$

마) 부식성이 강하고 단독으로는 안정하다.

바) 가연물과 유기물이 혼입되면 마찰, 충격에 의해 발화, 폭발한다.

② 과망가니즈산나트륨($Na_2Cr_2O_7 \cdot 2H_2O$)

가) 오렌지색의 단사정계 결정. 분해온도 400℃, 융점 356℃, 비중 2.52

나) 수용성, 알코올에는 녹지 않는다.

다) 단독으로는 안정하나 가연물, 유기물과 혼입되면 마찰, 충격에 의해 발화, 폭발한다.

③ 과망가니즈산암모늄($(NH_4)_2Cr_2O_7$)

가) 오렌지색 단사정계 결정

나) 분해온도 225℃, 비중 2.15

다) 물, 알코올에 잘 녹는다.

라) 가열하면 약 225℃에서 분해하여 질소를 발생한다.

$$(NH_4)_2Cr_2O_7 \rightarrow Cr_2O_3 + 4H_2O + N_2\uparrow$$

④ 기타

과망가니즈산칼슘, 과망가니즈산아연, 과망가니즈산제1철 등이 있다.

10) 행정자치부령이 정하는 것

① 과아이오딘산염류 : 지정수량 300kg

② 과아이오딘산(HIO_4) : 지정수량 300kg

③ 크롬, 납, 아이오딘의 산화물 : 지정수량 300kg

– 삼산화크롬(CrO_3) : 무수크롬산으로 물과 반응 시 발열, 피부접촉 시 화상을 일으킬 수 있다.

④ 아질산염류 : 지정수량 300kg

– 아질산이온(NO^{2-})의 화합물

⑤ 차아염소산염류 : 지정수량 50kg

– 차아염소산이온(ClO^-)의 화합물

⑥ 염소화아이소사이아누르산(염소화이소시아눌산) : 지정수량 300kg

⑦ 퍼옥소이황산염류 : 지정수량 300kg

– 과산화이황산이온($S_2O_8{}^{2-}$)의 화합물

⑧ 퍼옥소붕산염류 : 지정수량 300kg

※ 산화성고체의 정의 (위험물안전관리법 기준)

고체[액체(1atm 및 20℃에서 액상인 것 또는 20℃ 초 40℃ 이하에서 액상인 것을 말한다) 또는 기체(1atm 및 20℃에서 기상인 것을 말한다) 외의 것]로서 산화력의 잠재적인 위험성 또는 충격에 대한 민감성을 판단하기 위하여 소방청장이 정하여 고시하는 시험에서 정하는 성질과 상태를 나타내는 것을 말한다. 이 경우 "액상"이라 함은 수직으로 된 시험관(안지름 30mm, 높이 120mm의 원통형 유리관을 말한다)에 시료를 55mm까지 채운 다음 당해 시험관을 수평으로 하였을 때 시료액면의 선단이 30mm를 이동하는 데 걸리는 시간이 90초 이내에 있는 것을 말한다.

1 산과 반응하여 이산화염소를 발생시키는 산화성 고체 위험물은?
① 염소산나트륨 ② 다이크로뮴산나트륨
③ 브로민산나트륨 ④ 아이오딘산나트륨

2 다음 제1류 위험물 중 습기에 특히 주의해야 하는 것은?
① 과염소산염류 ② 아염소산염류
③ 과망가니즈산염류 ④ 질산염류

3 염소산칼륨과 아염소산염류의 지정수량이 알맞게 짝지어진 것은?
① 20kg - 50kg ② 50kg - 20kg
③ 50kg - 50kg ④ 50kg - 300kg

4 다음 제1류 위험물 중 가열 시 분해온도가 가장 낮은 것은?
① $KClO_3$ ② NH_4ClO_4
③ KNO_3 ④ Na_2O_2

5 알칼리금속의 과산화물의 성질로 올바른 것은?
① 물과 반응하여 수소를 생성한다. ② 단독으로 타지 않는다.
③ 비중이 1보다 작다. ④ 코르크로 밀봉한다.

6 과산화바륨의 분해반응식으로 옳은 것은?
① $2BaO_2 \rightarrow 2BaO + O_2$ ② $2BaO_2 \rightarrow 2Ba + 2O_2$
③ $2BaO_2 \rightarrow 2Ba_2O_3 + O$ ④ $2BaO_2 \rightarrow Ba_2O + O_3$

7 브로민산칼륨(브롬산칼륨)의 일반적인 성질로 잘못된 것은?
① 백색 결정체이다.
② 염소산칼륨보다 덜 위험하다.
③ 황, 숯 등과 혼합가열하면 폭발한다.
④ 제2류 위험물 중금속분말과 혼합하더라도 급속히 연소하지 않는다.

8 다음 중 지정수량이 다른 것은?

① KNO_3 ② MgO_2

③ $KClO_4$ ④ $KClO_3$

9 다음 중 질산나트륨의 설명으로 잘못된 것은?

① 물에 잘 녹지 않는다. ② 칠레 초석으로도 불린다.

③ 조해성이 있다. ④ 가열하면 분해되어 산소를 발생시킨다.

10 다음 중 과망가니즈산칼륨의 설명으로 잘못된 것은?

① 수용액은 강한 환원력과 살균력이 있다. ② 알코올 등 유기물과 접촉을 피해야 한다.

③ 일광을 차단하여 저장한다. ④ 흑자색의 주상결정이다.

11 어떤 물질에 과망가니즈산칼륨을 묻혀 알코올램프의 심지에 접하면 점화한다. 이 물질은 다음 중 무엇인가?

① 알코올 ② 과산화나트륨

③ 금속나트륨 ④ 진한 황산

12 과염소산나트륨의 성질에 대한 것으로 가장 거리가 먼 것은?

① 무색, 무취의 결정이다. ② 비중은 약 2.50이다.

③ 물에 잘 녹는다. ④ 알코올이나 아세톤에 녹지 않는다.

13 질산염류의 일반적인 성질에 대한 설명으로 옳은 것은?

① 무색액체이다.

② 대부분 물에 잘 녹는다.

③ 가연물과 혼합해도 위험하지 않다.

④ 과염소산염류보다 충격, 가열에 불안정하다.

14 제1류 위험물의 일반성상 중 틀린 것은?

① 모두 산소를 함유하고 있다. ② 모두 불연성 물질이다.

③ 모두 고체이다. ④ 모두 물보다 가볍다.

15 다음 중 1류 위험물이 아닌 것은?

① 무기과산화물 ② 과산화수소

③ 과망가니즈산염류 ④ 과염소산염류

16 과산화나트륨(Na_2O_2)의 물과 반응 시 나타나는 현상은?

① 수소와 산소 그리고 열을 발생한다.
② 수소와 열을 발생한다.
③ 산소와 열을 발생한다.
④ 수소와 산소를 발생한다.

17 다음 1류 위험물 중 금수성 위험물은?

① 질산칼륨
② 삼산화크롬
③ 아이오딘산나트륨
④ 염소산칼륨

18 제1류 위험물의 위험성을 적절하게 설명하지 못한 것은?

① 무기과산화물은 가연성 물질이다.
② 가열에 의해 산소를 분해한다.
③ 충격에 민감하다.
④ 강산화제이다.

19 제1류 위험물이 급격히 산화성이 증대되는 요인은?

① 물과 혼합시킨다.
② 제6류 위험물과 혼합한다.
③ 가연물과 혼합시킨다.
④ 공기와의 접촉을 증가시킨다.

20 무기과산화물에 대한 설명 중 틀린 것은?

① 가열, 충격, 마찰에 의해 산소를 분해한다.
② 물과 반응하여 격렬하게 발열한다.
③ 가연성 물질이다.
④ 산화제이다.

21 제1류 위험물이 가연물과 혼합되었을 때 잘못된 현상은?

① 연소속도가 증가한다.
② 화염의 온도가 상승한다.
③ 발화점이 낮아진다.
④ 최소 점화에너지가 높아진다.

22 무기과산화물과(무) 유기과산화물(유)의 소화 방법은?

① (무) CO_2에 의한 질식소화 (유) CO_2에 의한 냉각소화
② (무) 분말에 의한 질식소화 (유) 포에 의한 질식소화
③ (무) 포에 의한 질식소화 (유) 분말에 의한 질식소화
④ (무) 분말에 의한 질식소화 (유) 물에 의한 냉각소화

23 제1류 대표적인 성질은?

① 환원성 또는 충격민감성
② 산화성 또는 충격민감성
③ 자기반응성 또는 금수성
④ 인화성 또는 강산화성

24 과산화나트륨(Na_2O_2)의 성질이 아닌 것은?

① 환원성
② 조연성
③ 산화성
④ 금수성

25 다음 질산암모늄의 성질을 설명한 것이다. 옳은 것은?

① 흡수성이 없다.
② 강력한 산화제이기 때문에 혼합화약의 재료로 쓰인다.
③ 조해성이 없다.
④ 상온에서 폭발성 액체이다.

26 제1류 위험물의 공통 성질이 아닌 것은?

① 상온에서 고체상태로 존재한다.
② 비중이 1보다 작으며 지연성인 것이 많다.
③ 일반적으로 자체는 불연성이며 강산화제이다.
④ 분해 시 산소를 방출하여 다른 가연물의 연소를 돕는다.

27 제1류 위험물 중 알칼리금속의 과산화물과 물이 접촉하였을 때 주로 발생하는 것은?

① 수소가스
② 산소가스
③ 탄산가스
④ 수성가스

28 적린과 염소산칼륨의 위험물이 혼합하면 안 되는 주된 이유는?

① 용해되기 때문
② 반응하여 수소가 발생하기 때문
③ 저장용기를 부식, 용해시키기 위해
④ 가열, 충격, 마찰에 의해 폭발하기 때문

29 염소산나트륨의 성상에 관한 설명으로 올바른 것은?

① 황색의 결정이다.
② 비중은 1이다.
③ 환원력이 매우 강한 물질이다.
④ 물, 에테르, 글리세린에 잘 녹으며 조해성이 강하다.

30 염소산칼륨의 성질에 대한 설명 중 옳은 것은?

① 가열, 충격, 마찰에 의해서 가연성 가스가 발생한다.
② 자신은 불연성 물질이다.
③ 수용액은 약한 산성이다.
④ 물, 알코올에 잘 녹는다.

31 염소산나트륨에 대한 설명이다. 옳은 것은?

① 물에는 녹지 않는다.
② 악취를 내며 황색의 고체이다.
③ 조해성은 있으나 흡수성이 없다.
④ 가열하면 분해하여 산소를 발생한다.

32 질산칼륨에 대한 설명이다. 틀린 것은?

① 물에 거의 녹지 않는다.
② 흑색화약 원료로 쓰인다.
③ 열분해하여 산소를 방출한다.
④ 무색 또는 백색의 분말 또는 결정이다.

33 제1류 위험물의 취급방법이 잘못된 것은?

① 습윤시켜서 저장한다.
② 용기는 밀폐하여 보관한다.
③ 가연물과의 접촉을 피한다.
④ 환기가 잘 되는 곳에 저장한다.

34 다음 중 물과 급격히 발열하고 산소를 발생시키는 것은?

① 과망가니즈산칼륨
② 과산화수소
③ 과염소산나트륨
④ 과산화칼륨

CHAPTER 04

제2류 위험물

1. 제2류 위험물의 일반적 성질
2. 위험성
3. 제2류 위험물의 품명 및 지정수량
4. 저장 및 취급방법
5. 소화 방법
6. 제2류 위험물의 종류

CHAPTER 04 Theory of Hazardous Materials

제2류 위험물

1 제2류 위험물의 일반적 성질

제2류 위험물은 가연성고체로서 낮은 온도에서 착화하기 쉬운 속연성 물질(이연성 물질), 가연성 물질이다. 비중은 1보다 크고 물에 녹지 않으며 산소를 함유하지 않기 때문에 강한 환원성 물질이고, 대부분 무기화합물이다. 또한, 산화되기 쉽고 산소와 쉽게 결합을 이루며 연소속도가 빠르고 연소열도 크며, 연소 시 유독가스가 발생하는 것도 있다. 무기과산화물류와 혼합한 것은 수분에 의해서 발화한다. 금속분(철분, 마그네슘분, 금속분류 등)은 산소와의 결합력이 크고, 이온화 경향이 큰 금속일수록 산화되기 쉽다(물이나 산과의 접촉을 피한다).

위험물안전관리법상 유황은 60wt.% 이상인 것을 말하며, 철분은 철의 분말로서 53μm 표준체를 통과하는 것이 50wt.% 미만인 것은 제외한다. 또한, 금속분은 알칼리금속, 알칼리토금속, 철 및 마그네슘을 제외한 금속분말을 말하며, 구리분, 니켈분 및 150μm 표준체를 통과하는 것이 50wt.% 미만인 것은 제외한다[2].

제2류 위험물에 대한 화학적 이해를 돕기 위한 그림을 그림 4-1에 나타내었다.

가연성 물질
- 산화반응의 활성이 큰 물질 + 표면적이 큰 물질
- 활성화 에너지가 작은 물질(인화점, 발화점이 낮은 물질)
- 열전도율이 낮은 물질

- 산화반응의 활성이 큰 물질 : 산소와 화합하기 쉬운 환원성 물질
  4P (**적린**) + $5O_2 \rightarrow 2P_2O_5$ (**오산화인**)
- 표면적이 큰 물질 : 산소와 접촉면이 큰 물질

한 변이 1cm인 정육면체 = 표면적 6cm^2 **한 변이** 1μm**인 정육면체 = 표면적** 6m^2

그림 4-1 제2류 위험물의 화학적 이해

제2류 위험물은 가연성 고체임을 나타내는 표시를 하여야 한다. 그림 4-2에 이를 나타내었다.

그림 4-2 가연성 고체에 대한 표시

참/고/

※ **표준체** (standard sieve, standard screen)[(12), (13)]

고체 등의 입도(粒度) 재료를 구분하는 체. 보통 황동, 인청동, 스테인리스강제로 만든 망체와 판체가 있지만, 대부분의 것이 망(그물)체이다. 망체는 철사를 정사각형으로 짜고, 그 망의 눈은 체눈의 개구 및 철사의 지름에 따라 몇 개의 종류로 규격되어 있다. 틀은 원통형으로 같은 지름(20cm)의 체를 짜 맞추어 사용할 수 있게 되어 있다. 타일러(Tyler) 표준체는 메시(mesh, 그물눈의 크기)에 따라 망의 눈을 정하는 미국 Tyler Co.제품으로 메시체로서 예전부터 사용되고 있는데, 최근에는 ASTM식 표준체로 변하고 있다.

〈ASTM 표준체〉

2 위험성

① 대부분 다른 가연물에 비해 착화온도가 낮고 발화가 용이하며 연소속도가 빠르고 연소시 다량의 빛과 열을 발생한다.

② 금속분은 물 또는 습기와 접촉하면 자연발화한다.

③ 산화제와 혼합한 물질은 가열·충격·마찰에 의해 발화 폭발위험이 있으며, 금속분에 물을 가하면 수소가스가 발생하여 폭발위험이 있다.

④ 금속분이 미세한 가루 또는 박 모양일 경우 산화 표면적의 증가로 공기와 혼합 및 열전도가 적어 열의 축적이 쉽기 때문에 연소를 일으키기 쉽다.

⑤ 금속이 분말상태일 때 분진폭발의 위험성이 증가하는 경우로는

i) 표면적이 증가할수록, 체적이 증가할수록
ii) 보온성이 증가할수록
iii) 유동성이 증가할수록
iv) 대전성이 증가할수록
v) 비열이 감소할수록 위험성이 증대된다.

분진폭발은

i) 열에너지가 가하게 되어 표면의 온도가 상승하게 되고
ii) 온도 상승으로 인해 입자 표면의 분자가 열분해되어 기체가 되어 입자 주위로 방출된다.
iii) 방출된 기체는 공기와 혼합하여 폭발성 혼합기를 만들어 발화하여 화염이 생기고,
iv) 화염에 의해 생성된 열은 다시 분말의 열분해를 촉진시켜 차례로 가연성 기체가 방출되고 공기와 혼합하고 발화된다.

분진폭발에 대해서 그림 4-3에 나타내었다.

⑥ 분진폭발이 대형화하는 경우는 산소 농도가 증가될 때, 폐쇄공간이 고온·고압상태로 유지될 때, 분진 자체가 폭발성 물질인 경우 등이다.

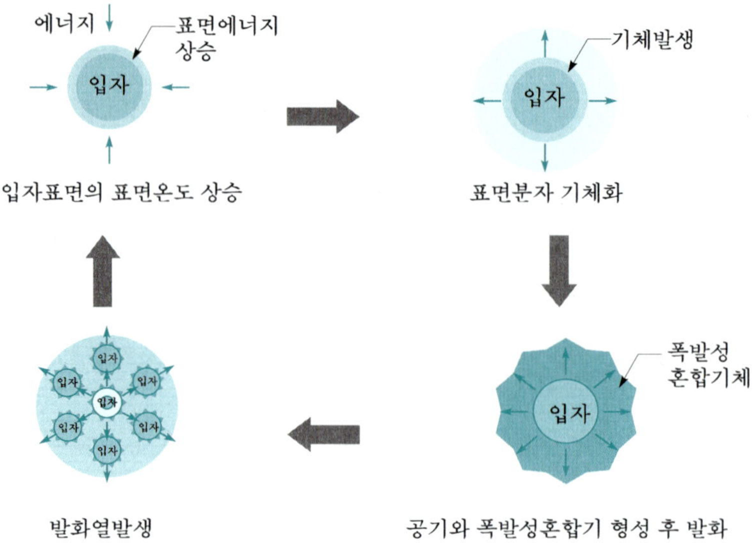

그림 4-3 분진폭발의 도식적 이해

3 제2류 위험물의 품명 및 지정수량

표 4-1 제2류 위험물

성질	위험 등급	품명	지정수량
가연성 고체	II	1. 황화인 (황화린)	100 kg
		2. 적린	100 kg
		3. 황 (유황)	100 kg
	III	4. 철분	500 kg
		5. 금속분	500 kg
		6. 마그네슘	500 kg
		7. 그 밖에 행정안전부령이 정하는 것	100 또는 500 kg
		8. 제1호부터 제7호까지의 어느 하나에 해당하는 위험물을 하나 이상을 함유한 것	
		9. 인화성고체	1,000 kg

4 저장 및 취급방법

① 가열하거나 화기를 피하며 불티, 불꽃, 고온체와의 접촉을 피한다.

② 산화제 제1류 및 제6류 위험물과의 혼합과 혼촉을 피한다.

③ 철분, 마그네슘, 금속분류는 물, 습기, 산과의 접촉을 피하여 저장한다.

④ 저장 용기는 밀봉하고 용기의 파손과 누출에 주의한다.

⑤ 통풍이 잘 되는 냉암소에 보관, 저장한다.

5 소화 방법

① 적린, 유황은 물에 의한 냉각소화가 적당하다.

② 금속분, 철분, 마그네슘의 연소 시 주수하면 급격한 수증기 또는 물과 반응하여 생성된 수소에 의한 폭발위험과 연소 중인 금속의 비산으로 화재면적을 확대시킬 수 있으므로 건조분말에 의한 질식소화를 한다.

③ 연소 시 발생하는 다량의 열과 연기 및 유독성 가스의 흡입 방지를 위해 방호의와 공기 호흡기 등 보호 장구를 착용한다.

6 제2류 위험물의 종류

1) 황화인

(1) 일반적인 성질

황화인에는 여러 가지 화학식을 갖고, 3가지의 중요한 형태가 있다. 황화인이 분해하면 유독하고 가연성의 황화수소(H_2S)가스가 발생된다.

① 삼황화인(P_4S_3)

가) 착화점이 약 100℃인 황색의 결정이다.

나) 이황화탄소(CS_2), 질산(HNO_3), 알칼리에는 녹지만 물, 염산황산에는 녹지 않는다.

다) 성냥, 유기합성 등에 사용된다.

② 오황화인(P_2S_5)

가) P_2S_5는 담황색 결정으로 조해성과 흡습성이 있고, 알칼리에 분해하여 황화수소(H_2S)와 인산(H_3PO_4)이 된다.

나) 습한 공기 중에 분해하여 황화수소(H_2S)를 발생하며, 알코올, 이황화탄소(CS_2)에 녹는다.

다) 선광제, 윤활유 첨가제, 의약품 등에 사용된다.

③ 칠황화인(P_4S_7)

가) 담황색 결정으로 조해성이 있고, 이황화탄소(CS_2)에 약간 녹고, 찬물에는 서서히, 더운 물에는 급격히 녹아 분해하여 황화수소(H_2S)를 발생한다.

나) 유기합성 등에 사용된다.

표 4-2 황화인의 3가지 형태에 따른 특징

	삼황화인	오황화인	칠황화인
화학식	P_4S_3	P_2S_5	P_4S_7
비 중	2.03	2.09	2.19
비 점	407℃	514℃	523℃
융 점	172℃	290℃	310℃
착화점	약 100℃	–	–
색 상	황색 결정	담황색 결정	담황색 결정
물의 용해성	불용성	조해성	조해성
CS_2에 대한 용해성	소량	77g/100g	0.03g/100g

(2) 위험성

① 황린, 과산화물, 과망가니즈산염(과망간산염), 금속분 및 유기물과 접촉하면 자연발화한다.

② 삼황화인은 공기 중 약 100℃에서 발화하고 마찰에 의해서도 쉽게 연소한다.

③ 미립자를 흡수했을 때는 기관지 및 눈의 점막을 자극한다.

④ 공기 중에서 연소하여 발생되는 연소생성물은 모두 유독하다.

$$P_4S_3 + 8O_2 \rightarrow 2P_2O_5 \uparrow + 3SO_2 \uparrow$$

⑤ 물과 접촉하여 가수분해하거나 습한 공기 중 분해하여 황화수소(H_2S)가 발생한다.

(3) 저장 및 취급방법

① 가열, 충격과 마찰을 금지, 직사광선 차단, 화기와의 접촉을 엄금해야 한다.

② 소량이면 유리병에 넣고 대량이면 양철통에 넣어 보관하며, 용기는 밀폐하여 통풍이 잘 되는 비교적 안전한 냉암소에 저장한다.

③ 빗물의 침투를 막고 습기와의 접촉을 피한다.

④ 산화제, 금속분, 과산화물, 과망가니즈산염(과망간산염), 알칼리, 알코올류와의 접촉을 피한다.

⑤ 삼황화인은 자연발화성이기 때문에 가열, 습기 및 산화제와의 접촉을 피한다.

(4) 소화방법

① 물에 의한 냉각소화는 적당하지 않으며(H_2S 발생), 건조분말, CO_2, 건조사 등으로 질식소화한다.

② 연소 시 발생하는 유독성 연소생성물(P_2O_5, SO_2)의 흡입방지를 위해 공기 호흡기 등 보호 장구를 착용해야 한다.

표 4-3 삼황화인의 주요 물성

화학식	P_4S_3	성상 및 색상	황색~초록색의 고체
분자량	220.09	밀도[g/cc]	2.03
분해온도	–	증기밀도	4.75
인화점	100℃	폭발범위	–

2) 적린(P)

(1) 일반적인 성질

어두운 곳에서 인광을 내는 백색 또는 담황색의 고체이다. 황린의 동소체로 암적색 무취의 분말이나 자연발화성이 없어 공기 중에 안전하다. 공기를 차단하고 황린을 약 260℃로 가열하면 적린이 생성되며, 황린에 비해 화학적 활성은 적다.

착화온도 260℃, 비중 2.2 , 융점 590℃, 승화점 400℃이며, 브로민화인에 녹고, CS2, 물, 에터(에테르), 암모니아에 녹지 않는다. 상온에서 할로젠원소와 반응하지 않고, 조해성이 있으며 화학적으로 안정하다. 주로 성냥, 불꽃놀이, 의약, 농약, 유기합성 등에 사용된다.

(2) 위험성

① 연소 시 P_2O_5(오산화인)의 흰 연기가 생긴다.

$$4P + 5O_2 \rightarrow 2P_2O_5$$

② CS_2, S, NH_3와 접촉하면 발화한다.

③ Na_2O_2, $KClO_2$, $NaClO_2$와 같은 산화제와 혼합 시 마찰, 충격에 쉽게 발화한다.

④ 황린에 비해 대단히 안정하다.

⑤ 독성도 없고, 자연발화성도 없다.

⑥ 공기 중에 부유하고 있는 분진은 분진 폭발을 일으킨다.

(3) 저장 및 취급방법

① 제1류 위험물, 산화제와 혼합되지 않도록 하고 폭발성, 가연성 물질과 격리하며, 직사광선을 피하여 냉암소에 보관하고, 물속에 저장하기도 한다.

② 화기접근을 금지하고, 산화제 특히 염소산 염류의 혼합은 절대 금지한다.

③ 인화성, 발화성, 폭발성 물질 등과는 멀리하여 저장한다.

(4) 소화 방법

① 다량의 경우 물에 의한 냉각소화하며, 소량의 경우 모래나 CO_2로 질식 소화한다.

② 연소 시 발생하는 오산화인의 흡입방지를 위해 보호 장구를 착용해야 한다.

표 4-4 적린의 주요 물성

화학식	P	성상 및 색상	마늘냄새, 암적색의 고체
분자량	123.9(원자량 30.97)	밀도[g/cc]	2.2
분해온도	–	증기밀도	4.42~4.77
인화점	30℃	폭발범위	–

3) 황

(1) 일반적인 성질

황색의 고체 또는 분말이고 단사황, 사방황, 고무상황의 동소체이다. 조해성이 없고 물이나 산에는 녹지 않으나 알코올에는 약간 녹는다. 고무상황은 붉은 갈색이며, 무정형으로 녹는점이 일정치 않고 이황화탄소(CS_2)에 녹지 않지만, 단사황과 사방황은 CS_2에 잘 녹는다.

공기 중에서 연소하면 푸른빛을 내며 아황산가스(SO_2)를 발생하며, 화학반응식은 아래와 같다.

$$S + O_2 \rightarrow SO_2$$

자연에서 산출되는 황을 가열하여 녹인 다음 냉각시키면 노란갈색의 바늘 모양의 결정의 단사황을 얻을 수 있으며, 저온에서는 안정하나 높은 온도에서는 여러 원소와 황화물을 만든다. 주로 전기절연체로 쓰이며, 탄성고무, 성냥, 화약 등에 쓰인다. 표 4-5에 황의 3가지 형태에 따른 특징을 간략히 나타내었다.

표 4-5 황의 3가지 형태에 따른 특징

	단사황	사방황	고무상황
색 상	노란색	노란색	흑갈색
결정형	바늘 모양	팔면체	무정형
비등점	445	–	–
융 점	119	113	–
착화점	–	–	360
물에 대한 용해도	녹지 않음	녹지 않음	녹지 않음
CS_2에 대한 용해도	잘 녹음	잘 녹음	녹지 않음
온도에 대한 안정성	95.9℃ 이상에서 안정	95.9℃ 이하에서 안정	–

(2) 위험성

① 상온에서는 자연발화하지 않지만 매우 연소하기 쉬운 가연성 고체이다.

② 연소 시 유독한 SO_2을 발생하여 소화가 곤란하며 산화제와 목탄가루 등과 혼합되어 있는 것은 약간의 가열, 충격 등에 의해 착화 폭발을 일으킨다.

③ 미분상태로 황가루가 공기 중에 떠있을 때는 산소와의 결합으로 분진폭발을 일으키며, 아염소산나트륨($NaClO_2$)과 혼합하면 발화 위험이 높다.

(3) 저장 및 취급방법

① 산화제와 격리 저장하고, 화기 및 가열, 충격, 마찰에 주의한다.

② 용기는 차고 건조하며 환기가 잘 되는 곳에 저장한다.

③ 운반할 때 운반용기에 수납하지 않아도 되는 위험물이다.

④ 분말은 분진폭발의 위험성이 있으므로 특히 주의해야 한다.

⑤ 정전기 축적을 방지한다.

⑥ 분말은 유리 또는 금속제 용기에 넣어 보관하고, 고체덩어리는 폴리에틸렌(PE) 포대 등에 보관한다.

(4) 소화 방법

① 소규모 화재는 모래로 질식소화하며, 대규모 화재는 다량의 물로 주수한다.

② 연소 중 발생하는 유독성 가스(SO_2)의 흡입 방지를 위해 방독마스크 등의 보호 장구를 착용한다.

표 4-6 황의 주요 물성

화학식	S	성상 및 색상	무취, 노란색의 고체
분자량	32.07	밀도[g/cc]	–
분해온도	–	증기밀도	–
인화점	160℃	폭발범위	4~44 vol.%

4) 철분(Fe)

(1) 일반적인 성질

은백색의 광택이 나는 금속분말로 비중은 1.76, 융점은 1,535℃이며 비등점은 2,730℃이다. 위험물안전관리법에서 규정하는 철분은 53μm의 표준체를 통과하는 것이 50wt.% 이상인 것을 말한다.

공기 중에서 서서히 산화하여 산화철(Fe_2O_3)이 되어 백색의 광택이 황갈색으로 변화하고, 기름이 묻은 분말일 경우에는 자연 발화의 위험이 있다.

(2) 위험성

① 장시간 방치하면 자연발화의 위험성이 있다.

② 미세한 분말은 분진폭발을 일으킨다.

③ 더운물 또는 묽은 산과 반응하여 수소를 발생하고 경우에 따라 폭발한다.

④ 산화성 물질과 혼합한 것은 매우 위험하다.

(3) 저장 및 취급방법

① 화기엄금, 가열, 충격, 마찰을 피한다.

② 산화제, 산, 물, 습기와 접촉하지 않도록 저장한다.

③ 분말이 비산되지 않도록 완전 밀봉하여 저장한다.

④ 분말취급 시는 환기가 잘 되게 해야 한다.

(4) 소화 방법

건조사, 소금분말, 건조분말, 소석회로 질식소화하고 주수소화는 위험하다.

표 4-7 철분의 주요 물성

화학식	Fe	성상 및 색상	무취, 백색 또는 회색의 고체
분자량	55.85	밀도[g/cc]	7.86
분해온도	–	증기밀도	4.42~4.77
인화점	–	폭발범위	–

5) 마그네슘(Mg)

(1) 일반적인 성질

알칼리토금속에 속하는 은백색의 경금속으로 비중 1.74, 융점 651℃, 비점 1,102℃, 발화점 400℃이다. 공기 중에 서서히 산화되어 광택을 잃는다. 산, 염류에 의해 침식당하고, 공기 중 부식성은 적으나 알칼리에 안정하다. 수소와는 반응하지 않고, 할로젠원소와 반응하여 금속할로젠화물을 만든다. 할로젠원소 중 하나인 브로민과의 화학반응식을 아래에 나타내었다.

$$Mg + Br_2 \rightarrow MgBr_2$$

알루미늄보다 열전도율 및 전기전도도가 낮으며 주로 환원제, 사진촬영, 섬광분, 주물제조 등에 쓰인다.

(2) 위험성

① 점화하면 백색광을 발산하며 연소하므로 소화가 곤란하고 가열하면 연소하기 쉽고 양이 많으면 순간적으로 맹렬하게 폭발한다.

$$2Mg + O_2 \rightarrow 2MgO$$

② 공기 중의 습기나 수분에 의하여 자연발화할 수 있다.

③ 공기 중에 부유하면 화기에 의해 분진폭발의 위험이 있다.

④ 할로젠원소 및 산화제와 혼합하고 있는 것은 약간의 가열, 충격에 의해 착화하기 쉽다.

⑤ 저농도의 산소 중에는 연소하며 CO_2와 같은 질식성 가스 중에서도 연소한다.

⑥ 뜨거운 물이나 과열 수증기와 접촉하면 격렬하게 수소를 발생하므로 주수소화하면 위험성이 증대된다.

$$Mg + 2H_2O \rightarrow Mg(OH)_2 + H_2 \uparrow$$

⑦ 산과 반응하여 수소가스를 발생한다.

$$Mg + 2HCl \rightarrow MgCl_2 + H_2 \uparrow$$

(3) 저장 및 취급방법

① 화기엄금, 가열, 충격, 마찰을 피한다.

② 산화제, 산, 물, 습기와 접촉하지 않도록 저장한다.

③ 분말이 비산되지 않도록 완전 밀봉하여 저장한다.

④ 분말취급 시는 환기가 잘 되게 해야 한다.

(4) 소화 방법

① 분말의 비산을 막기 위해 모래나 멍석으로 피복 후 주수소화한다.

② 물, 건조분말, CO_2, 질소(N_2), 포, 할로젠화물 소화약제는 적응성이 없으므로 사용을 금지한다.

표 4-8 마그네슘의 주요 물성

화학식	Mg	성상 및 색상	무취, 회색의 고체
분자량	24.3	밀도[g/cc]	1.74
분해온도	–	증기밀도	0.84
인화점	500℃	폭발범위	–

6) 금속분

위험물안전관리법상에서 금속분이라 함은 알칼리금속, 알칼리토금속 및 철분, 마그네슘분 이외의 금속분을 말하며, 구리분, 니켈분과 150μm의 체를 통과하는 것이 50wt.% 미만인 것은 위험물에서 제외된다.

(1) 알루미늄 분(Al)

① 은백색의 경금속. 융점 : 658.8℃, 비점 : 2060℃, 비중 : 2.7

② 연성과 전성이 좋으며 열전도율, 전기전도도가 크며, +3가의 화합물을 만든다.

③ 물(수증기), 산, 알칼리와 반응하여 수소를 발생시킨다.

$$2Al + 6H_2O \rightarrow 2Al(OH)_3 + 3H_2$$

$$2Al + 6HCl \rightarrow 2AlCl_3 + 3H_2$$

$$2Al + 2NaOH + 2H_2O \rightarrow 2NaAlO_2 + 3H_2$$

④ 산화제와 혼합 시 가열, 충격, 마찰에 의해 착화하므로 격리시켜 저장한다.

⑤ 금속과 비금속의 중간적 성질을 가지는 양쪽성 원소이다(양쪽성 원소: Al, Zn, Sn, Pb).

> **※ 양쪽성 원소**
> 금속과 비금속의 성질을 모두 가지고 있는 원소.
> 서로 다른 화학 반응에서 산과 염기 모두로 작용하는 물질 또는 양성자를 줄 수도 있고 받을 수도 있다.

⑥ 질소나 할로젠과 반응하여 질화물과 할로젠화물을 형성하고, 할로젠원소와 접촉하면 발화의 위험이 있다.

⑦ 습기와 수분에 의해 자연발화하기도 한다.

⑧ 연소하면 많은 열을 발생시키고, 공기 중에서 표면에 치밀한 산화피막을 형성하여 내부를 보호한다.

$$4Al + 3O_2 \rightarrow 2Al_2O_3 + Q(\text{발열})$$

⑨ 유리병에 넣어 건조한 곳에 저장하고, 분진 폭발할 염려가 있기 때문에 화기에 주의해야 한다.

⑩ Fe, Co, Ni과 같이 부동태를 형성한다.

⑪ 소화 방법은 분말의 비산을 막기 위해 모래, 멍석으로 피복 후 주수소화한다.

> **※ 부동태 (화학적부동태)**[(9),(12)]
> 활성인 금속 또는 그 합금의 전기화학적 거동이 현저하게 불활성 거동에 접근할 때 부동태 상태에 있다고 한다. 이에 속하는 부동태 금속은 대부분 전이금속으로서 Fe, Cr, Mo, Ni, Zr, Ti 등이 해당된다.

표 4-9 알루미늄의 주요 물성

화학식	Al	성상 및 색상	무취, 은백색~회색의 고체
분자량	26.98	밀도[g/cc]	2.7
분해온도	–	증기밀도	>1
인화점	–	폭발범위	1.7~12.0 vol.%

(2) 아연분(Zn)

① 은백색 분말

② 융점 : 419℃, 비점 : 907℃, 비중 : 7.14

③ 산 또는 알칼리와 반응하여 수소를 발생시킨다.

④ 양쪽성 원소에 속한다(Al, Zn, Sn, Pb).

⑤ 공기 중에서도 염기성 탄산아연의 엷은 피막이 생겨 내부를 보호한다.

⑥ 직사광선을 피하고, 유리병에 넣어 건조한 냉암소에 저장한다.

⑦ 소화 방법은 분말의 비산을 막기 위해 모래나 멍석으로 피복 후 주수소화한다.

(3) 안티몬(Sb)

① 은백색 분말

② 융점 : 630℃, 비중 : 6.69

③ 산화하기 쉽고, 가열, 자극에 의해 폭발적으로 반응한다.

7) 인화성 고체

(1) 일반적인 성질

상온에서 고체인 것으로 고형 알코올과 그밖에 1atm에서 인화점이 40℃ 미만인 것을 말한다.

(2) 종류

① 고무풀

가) 생고무에 인화성 용제, 휘발류를 가공하여 풀과 같은 상태로 만든 것이다.

나) 인화점 대략 -20℃ 미만

다) 상온에서 인화성 증기를 발생한다.

② 락카퍼티

가) 백색의 진탕상태로 존재하며, 락카, 에나멜의 기초도료이다.

나) 인화점 21℃ 미만이다.

다) 휘발성 물질로 대기 중에 인화성 증기를 발생시킨다.

라) 공기 중에서는 단시간에 고화된다.

③ 고형알코올

가) 합성수지에 메탄올을 혼합 침투시켜 한천상(寒天狀)으로 만든 것이며 등산용 고체 알코올을 말한다.

나) 인화점이 30℃이고 30℃ 미만에서 가연성의 증기를 발생하기 쉽고 매우 인화하기 쉽다.

다) 화기를 엄금하며, 점화원을 피하고 찬 곳 저장한다.

라) 증기발생을 억제하고, 증기발생 시 즉시 배출시켜야 한다.

마) 강산화제와 접촉하면 위험하다.

④ 제삼부틸알코올($(CH_3)_3COH$)

가) 융점 : 25.6℃, 비점 : 82.4℃, 비중 : 0.78, 인화점 : 11.1℃, 발화점 : 478℃이다.

나) 무색의 고체이며 물, 알코올, 에터(에테르) 등 유기용제와 잘 섞인다.

다) 정부틸알코올($n-CH_3(CH_2)_3OH$)에 비해 알코올로서의 특성이 약하고, 탈수제에 의해 쉽게 탈수되어 이소부틸렌($i-C_4H_8$)이 되며 가연성 기체로 변하여 더욱 위험해진다.

라) 상온에서 가연성의 증기발생이 용이하고 증기는 공기보다 무거워서 낮은 곳에 체류하며 밀폐공간에서는 인화·폭발의 위험이 크다.

마) 연소 열량이 커서 소화가 곤란하다.

⑤ 메타알데하이드($C_8H_{16}O_4$)

가) 융점 : 246℃, 비점 : 112~116℃, 인화점 : 36℃, 증기비중 : 6.3이다.

나) 무색의 침상 또는 판상의 결정으로 111.7~115.6℃에서 승화하고 공기 중에 방치하면 파라알데하이드로 변한다.

다) 중합도(n)가 증가할수록 인화점은 증가한다.

라) 증기는 공기보다 무겁다.

마) 80℃에서 일부 분해하여 인화성이 강한 액체인 아세트알데하이드로 변하여 더욱

위험해진다.

바) 물에 녹지 않으며 에터(에테르), 에탄올, 벤젠에는 녹기 어렵다.

사) 캠핑할 때 사용하는 고형연료로 사용되거나, 달팽이 등의 복족류를 없애는 살충제로 사용된다.

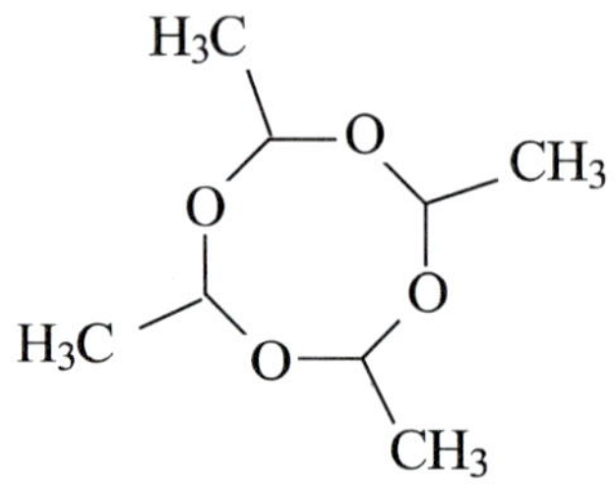

그림 4-4 메타알데하이드 구조식

표 4-10 메타알데하이드의 주요 물성

화학식	$(C_2H_4O)_n$	성상 및 색상	자극적인 냄새, 무색의 고체
분자량	176.24	밀도[g/cc]	1.27
분해온도	–	증기밀도	6.3
인화점	36℃	폭발범위	–

참/고/

※ 제2류 위험물의 발생가스

① 칼륨(K), 칼슘(Ca), 나트륨(Na)은 찬물과 반응하여 수소가스 발생

② 마그네슘(Mg), 알루미늄(Al), 아연(Zn), 철(Fe)은 뜨거운 물과 반응해서 수소가스 발생

③ 니켈(Ni), 주석(Sn), 납(Pb)은 묽은 산과 반응해서 수소가스 발생

1 황분말과 혼합했을 때 폭발의 위험이 있는 것은 다음 중 어느 것인가?

① 소화제 ② 산화제
③ 가연물 ④ 환원제

2 황화인의 저장 시 가까이 하면 좋지 않는 것은?

① 물 ② 염산
③ 황산 ④ 금속분

3 제2류 위험물 중 황화인에 대한 설명 중 옳지 않은 것은?

① 황화인은 P_4S_3, P_2S_5, P_4S_7 3종류가 있으며, 미립자는 기관지 등을 자극한다.
② 삼황화인은 과산화물, 과망가니즈산염, 황린, 금속분과 혼합되면 자연발화될 수 있다.
③ 모든 황화인은 공기 중에서 연소하여 황화수소가스를 발생한다.
④ 소량은 유리병에 저장하고, 대량은 양철통에 넣은 후 나무상자에 보관한다.

4 적린의 위험성에 관한 설명 중 옳은 것은?

① 물과 반응해서 높은 열을 낸다.
② 공기 중에 방치하면 연소한다.
③ 염소와 반응해서 발화한다.
④ 염소산염류와 접촉해서 발화 및 폭발의 위험성이 있다.

5 마그네슘에 불을 붙여 다음의 기체에 넣었을 때 계속 탈 수 있는 기체는?

① 헬륨가스 ② 이산화탄소
③ 네온가스 ④ 수소기체

6 제2류 위험물 중 인화성 고체의 지정수량은 얼마인가?

① 200kg ② 500kg
③ 800kg ④ 1,000kg

7 제2류 위험물 중 등산용 버너 대용인 고체연료로 사용하는 것은?

① 메타알데하이드 ② 제3부틸알코올

③ 생고무 ④ 고형 알코올

8 위험물안전관리법상에서 정의한 철분의 정의는 무엇인가?

① “철분”이라 함은 철의 분말로서 53마이크로미터의 표준체를 통과하는 것이 50중량퍼센트 미만인 것은 제외한다.

② “철분”이라 함은 철의분말로서 50마이크로미터의 표준체를 통과하는 것이 53중량퍼센트 미만인 것은 제외한다.

③ “철분”이라 함은 철의분말로서 53마이크로미터의 표준체를 통과하는 것이 53부피퍼센트 미만인 것은 제외한다.

④ “철분”이라 함은 철의분말로서 50마이크로미터의 표준체를 통과하는 것이 53부피퍼센트 미만인 것은 제외한다.

9 인화성 고체는 1atm에서 인화점이 몇 ℃ 미만인 고체를 말하는가?

10 제2류 위험물의 대표적 성질은?

① 산화성 고체 ② 금수성 물질

③ 가연성 고체 ④ 자기반응성 물질

11 금속분에 관한 설명 중 틀린 것은?

① 금속분 화재 시 물을 가하면 수소가스를 발생한다.

② 묽은 산과 반응 시 수소가스를 발생하는 것이 많다.

③ 밀폐 공간 중에 분진이 부유하면 점화원에 의해 분진 폭발한다.

④ 가루상태일 때보다 덩어리상태일 때가 발화하기 쉽다.

12 제2류 위험물의 위험성 중 틀린 것은?

① 연소 시 다량의 유독성 연소생성물을 낸다.

② 연소속도가 느리지만 다량의 빛과 열을 발생한다.

③ 금속분 화재 시 주수하면 오히려 위험해진다.

④ 비교적 다른 가연물에 비해 착화온도가 낮다.

13 물에 의한 냉각소화가 가능한 것은?

① 황(유황) 화재 ② 금속분 화재

③ 철분 화재 ④ 마그네슘 화재

14 다음 중 적린과 혼합하면 불안정한 폭발성 혼합물을 만드는 것은?

① 에탄올 ② 유기과산화물

③ 황린 ④ 염소산칼륨

15 황에 관한 성상 중 맞는 것은?

① CS_2에 잘 녹는다. ② 전기를 잘 통한다.

③ 물보다 가볍고 물에 녹지 않는다. ④ 황색 또는 미황색의 결정 또는 분말이다.

16 다음 중 소화 방법이 다른 하나는?

① 마그네슘 ② 철분

③ 칼륨 ④ 적린

17 가연성 고체물질의 일반적 성질에 해당되지 않는 것은?

① 연소속도가 빠른 고체이다.

② 산화제와의 접촉은 위험하다.

③ 저온에서 착화되기 쉬운 가연성 물질

④ 물과 접촉 시 산소와 불활성 가스가 발생한다.

18 2류 위험물로서 규제대상에 속하는 것은?

① 100μm의 표준체를 통과하는 것이 50wt%인 철분

② 2mm체를 통과하는 마그네슘

③ 니켈분

④ 150μm의 체를 통과하는 것이 40wt%인 아연분

19 황린과 적린의 비교 중 틀린 것은?

① 황린은 물속에 저장하나 적린은 그렇지 않다.

② 황린은 어두운 곳에서 인광을 내지만 적린은 그렇지 않다.

③ 모두 물에 의한 냉각소화가 가능하다.

④ 적린은 공기 중 자연발화하지만 황린은 그렇지 않다.

20 다음 중 가열하면 연소하기 쉽고 양이 많은 경우 맹렬하게 폭발하며, 연소 시 흰색 섬광을 발하는 것은?

① 마그네슘 ② 적린

③ 황 ④ 철분

21 다음 화재중 물에 의한 냉각소화가 가능한 것끼리 짝지어진 것은?

① 마그네슘, 철분 ② 적린, 황

③ 특수인화물, 제1석유류 ④ 진한 질산, 칼륨

22 마그네슘과 황산과 반응할 때 발생하는 기체는 무엇인가?

① 수소 ② 산소

③ 이산화탄소 ④ 수증기

23 다음 중 아연분과 접촉 시 수소가스를 발생하지 못하는 것은?

① 산 ② 뜨거운 물

③ 알칼리 ④ 알코올

24 1기압상태에서 인화점이 40℃ 미만인 고체는 몇 류 위험물로 분류되는가?

① 제2류 위험물 ② 제3류 위험물

③ 제4류 위험물 ④ 제5류 위험물

25 제2류 위험물 품명 중 금속분에 해당되는 것은?

① 철분 ② 마그네슘분

③ 알루미늄분 ④ 니켈분

26 다음 화재 중 소화 방법이 다른 것 하나는?

① 마그네슘 화재 ② 인화성 고체 화재

③ 철분 화재 ④ 금속분 화재

CHAPTER 05

제3류 위험물

1. 제3류 위험물의 일반적 성질
2. 위험성
3. 제3류 위험물의 품명 및 지정수량
4. 저장 및 취급방법
5. 소화 방법
6. 제3류 위험물의 종류

CHAPTER 05 Theory of Hazardous Materials

제3류 위험물

1 제3류 위험물의 일반적 성질

제3류 위험물은 대부분 무기물의 고체이지만, 알킬알루미늄과 같은 액체위험물도 있다. 대표적 성질은 자연발화성 물질(spontaneous combustible substance) 및 물과 반응하여 가연성 가스를 발생하는 물질(금수성 물질, water prohibiting substance)로서의 복합적 위험성을 가지고 있다. 황린을 제외하고 모두 물에 대해 위험한 반응을 일으키는 물질이다. 칼륨(K), 나트륨(Na), 알킬알루미늄, 알킬리튬은 물보다 가볍고 나머지는 물보다 무겁다. 알킬알루미늄, 알킬리튬과 유기금속화합물류는 유기화합물에 속한다. 또한, 제3류 위험물에 대해서 자연발화성 및 금수성 물질임을 표시하여야 한다. 그림 5-1에 이를 나타내었다.

그림 5-1 자연발화성 및 금수성 물질에 대한 표시

참/고/

알칼리금속	– 최외각 궤도에 1개의 전자를 가지며 반응성이 매우 큰 I족 원소 – Li, Na, K, Rb, Cs, Fr
알칼리토금속	– 최외각 궤도에 2개의 전자를 가지며 반응성이 매우 큰 II족 원소 – Be, Mg, Ca, Sr, Ba, Ra

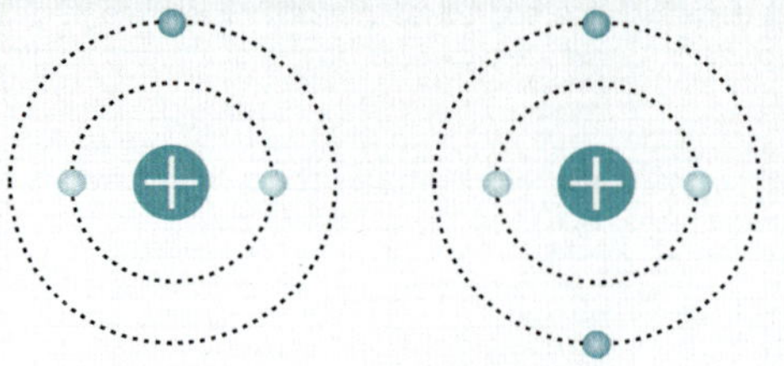

Li(알칼리금속) Be(알칼리토금속)

2 위험성

① 황린을 제외하고 모든 품목은 물과 반응하여 가연성 가스를 발생시킨다.

② 일부 물질들은 물과 접촉에 의해 발화하고, 공기 중에 노출되면 자연발화된다.

3 제3류 위험물의 품명 및 지정수량

표 5–1 제3류 위험물

성질	위험 등급	품명	지정수량
자연발화성 물질 및 금수성 물질	I	1. 칼륨	10 kg
		2. 나트륨	10 kg
		3. 알킬알루미늄	10 kg
		4. 알킬리튬	10 kg
		5. 황린	20 kg
	II	6. 알칼리금속(칼륨 및 나트륨 제외) 및 알칼리 토금속	50 kg
		7. 유기금속화합물(알킬알루미늄 및 알킬리튬 제외).	50 kg

성질	위험 등급	품명	지정수량
	Ⅲ	8. 금속의 수소화물	300 kg
		9. 금속의 인화물	300 kg
		10. 칼슘 또는 알루미늄의 탄화물	300 kg
		11. 그 밖에 행정안전부령이 정하는 것	10, 20, 50 또는 300 kg
		12. 제1호 내지 제11호의 1에 해당하는 어느 하나 이상을 함유한 것	

4 저장 및 취급방법

① 소분해서 저장하고, 저장용기는 파손 및 부식을 막으며 완전 밀폐하여 공기와의 접촉을 방지하고 물과 수분의 침투 및 접촉을 금지한다.

② 산화성 물질과 강산류와의 혼합을 방지한다.

③ K, Na 및 알칼리금속은 석유 등의 산소가 함유되지 않은 석유류 등과 같은 보호액 속에 저장하고 보호액 표면에 노출되지 않도록 주의해야 한다.

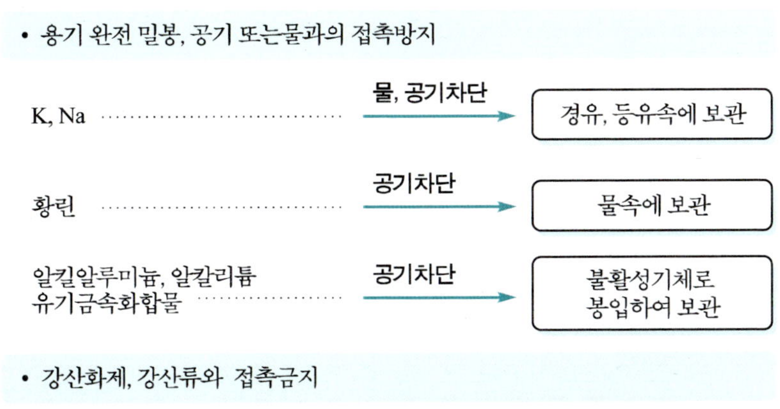

그림 5-2 제3류 위험물의 저장 및 취급방법

5 소화 방법

① 주수를 엄금하며 어떤 경우든 물에 의한 냉각소화는 불가능하다(황린의 경우는 초기 화재 시 물로 소화 가능).

② 가장 효과적인 소화약제는 마른 모래. 팽창질석과 팽창진주암, 분말소화약제 중 탄산수소염류 소화약제가 가장 효과적이다.

③ 칼륨(K), 나트륨(Na)은 격렬히 연소하기 때문에 적절한 소화약제가 없다.

④ 황린 등은 유독가스가 발생하므로 방독마스크를 착용해야 한다.

6 제3류 위험물의 종류

1) 칼륨(K)

(1) 일반적인 성질

은백색의 무른 경금속으로 비중 0.86, 융점 63.7, 비점 774℃이다. 금속칼륨의 불꽃 반응 시 색상은 연보라색을 띠며, 공기 중의 수분과 반응하여 수소가스를 발생하며 자연발화를 일으키기 쉬우므로 석유 속에 저장한다(석유 속에 저장하는 이유: 수분과 접촉을 차단하고 공기 산화를 방지하기 위함). 또한, 보호액(석유 등)에 장시간 저장 시 표면에 산화칼륨(K_2O), 수산화칼륨(KOH), 탄산칼륨(K_2CO_3)과 같은 물질로 피복된다.

이온화경향은 리튬, 나트륨 다음으로 크며, 흡습성, 조해성, 부식성이 있다. 주로 유기합성, 광전관, 원자로 등의 냉각제 등으로 사용된다.

※ 금속의 이온화 경향과 성질

Li K Ba Ca Na Mg Al Zn Fe Ni Sn Pb (H) Cu Hg Ag Pt Au

← 이온화 경향 →

크다	작다
① 양이온이 되기 쉽다.	① 음이온이 되기 쉽다.
② 전자를 잃기 쉽다.	② 전자를 얻기 어렵다.
③ 산화되기 쉽다.	③ 환원되기 쉽다.
④ 반응성이 크다.	④ 반응성이 작다.

(2) 위험성

① 가열하면 연소하여 산화칼륨을 생성시킨다.

$$4K + O_2 \rightarrow 2K_2O$$

② 공기 중에서 수분과 반응하여 수소를 발생한다.

$$2K + 2H_2O \rightarrow 2KOH + H_2 \qquad +92.8kcal$$

③ 화학적 활성이 크며 알코올과 반응하여 칼륨알코올레이트와 수소를 발생시킨다.

$$2K + 2C_2H_5OH \rightarrow 2C_2H_5OK + H_2$$

④ 이산화탄소(CO_2)와 사염화탄소(CCl_4)와 접촉하면 폭발적으로 반응한다.

$$4K + 3CO_2 \rightarrow 2K_2CO_3 + C$$

$$4K + CCl_4 \rightarrow 4KCl + C$$

⑤ 연소할 때 증기는 수산화칼륨을 함유하므로 피부에 닿거나 호흡하면 안 된다.

⑥ 피부와 접촉하면 화상을 입는다.

> 참/고/
>
> **※ 알코올레이트**[12]
>
> 알코올류의 수산기의 수소를 금속으로 치환한 화합물을 말한다. 메틸알코올, 에틸알코올 등에서 얻어지는 CH_3OM, C_2H_5OM 등(M은 Na, K, Ca, Al 등의 금속)을 각각 메톡시드(methoxide, methylate), 에톡시드(ethoxide, ethylate) 등이라고 한다.

(3) 저장 및 취급방법

① 반드시 등유, 경유, 유동파라핀 등의 보호액 속에 저장한다.

② 습기나 물과 접촉하지 않도록 한다.

③ 화기를 엄금하며 가급적 소량씩 나누어 저장, 취급하고 용기의 파손 및 보호액 누설에 주의해야 한다.

(4) 소화 방법

주수소화는 절대 금지이며, 건조사, 건조된 소금, 탄산칼슘분말의 혼합물로 피복하여 질식 소화한다.

표 5-2 칼륨의 주요 물성

화학식	K	성상 및 색상	무취, 은백색의 고체
분자량	39.098	밀도[g/cc]	0.86
분해온도	–	증기밀도	1.4
인화점	–	폭발범위	1.7~12.0 vol.%

2) 나트륨(Na)

(1) 일반적인 성질

은백색의 무른 경금속으로 비중 0.97, 융점 97.7℃, 비점 880℃이다. 불꽃반응을 하면 노란 불꽃을 나타내며, 비중, 녹는점, 끓는점 모두 금속나트륨이 금속칼륨보다 크다.

수은에 격렬히 녹아 나트륨아말감을 만들며 액체암모니아에 녹아 나트륨아미드($NaNH_2$)와 수소를 발생한다(이 나트륨아미드는 물과 반응하여 암모니아(NH_3)를 발생한다). 또한, 공기 중의 수분과 반응하면 수산화나트륨과 수소를 발생하며, 알코올과 반응하여 나트륨에톡시드(나트륨알코올레이트, C_2H_5ONa))와 수소를 발생한다. 자연발화를 일으키기 쉬우므로 보호액(등유, 경유, 유동파라핀, 벤젠) 속에 저장한다. 아래 반응식은 각각에 나트륨과 물, 나트륨과 에탄올과의 반응식이다.

$$2Na + 2H_2O \rightarrow 2NaOH + H_2$$

$$2Na + 2C_2H_5OH \rightarrow 2C_2H_5ONa + H_2$$

화학적 활성이 크며 모든 비금속원소와 잘 반응한다. 제3류 위험물중 물과 반응할 때 반응열이 가장 큰 금속물질로 주로 차량용 베어링, 고온온도계, 유기합성 환원제 등으로 사용된다.

> ※ 아말감(almalgam)[15]
> 수은과 다른 금속의 합금을 말한다. 수은은 철(Fe)과 백금(Pt)을 제외한 거의 모든 금속과 아말감을 형성할 수 있다. 은과 수은의/ 아말감은 과거에 치과용 재료로 사용되었었다.

(2) 위험성

① 가연성 고체로 공기 중 장시간 방치하면 자연발화를 일으킨다.

② 수분 또는 습기가 있는 공기와 접촉하면 수소를 발생한다.

③ 기타 금속칼륨에 준한다.

(3) 저장 및 취급방법

① 습기나 물에 접촉하지 않도록 할 것

② 보호액(등유, 경유, 유동파라핀유, 벤젠) 속에 저장할 것

③ 보호액 속에 저장 시 용기파손이나 보호액 표면에 노출되지 않도록 할 것

④ 나트륨 보관 시 표면이 회백색으로 될 수 있으며, 이때 나트륨 표면에 생성된 물질은 산화나트륨(Na_2O)이다.

⑤ 소분하여 저장하고, 습기가 닿지 않도록 소분한 병을 밀전 또는 밀봉할 것

⑥ 소화 방법은 팽창질석, 마른 모래 사용할 것

표 5-3 나트륨의 주요 물성

화학식	Na	성상 및 색상	무취, 은백색~회색의 고체
분자량	22.99	밀도[g/cc]	0.97
분해온도	–	증기밀도	–
인화점	4℃	폭발범위	1.7~12.0 vol.%

3) 알킬알루미늄

(1) 일반적인 성질

알킬알루미늄은 알킬기(C_nH_{2n+1-})와 알루미늄의 화합물 또는 알킬기, 알루미늄과 할로젠 원소의 화합물을 말한다. C_1~C_4까지는 공기와 접촉하면 자연발화를 일으키고, 금수성 물질이다. 아래 반응식은 트라이(트리)에틸알루미늄(Triethylaluminium, TEA)과 산소와의 반응을 나타낸 것이다.

$$2(C_2H_5)_3Al + 21O_2 \rightarrow Al_2O_3 + 12CO_2 + 15H_2O$$

자극성인 냄새와 독성이 있으며, 물과 접촉하면 폭발적으로 반응하여 알칸계열(C_nH_{2n+2})의 가연성 기체를 발생시킨다. 트라이(트리)에틸알루미늄(Triethylaluminium, TEA)과 물이 반응하면 에탄이 생성되는 반응식을 아래에 나타내었다.

$$(C_2H_5)_3Al + 3H_2O \rightarrow Al(OH)_3 + 3C_2H_6$$

산소와 물에 폭발적으로 반응하기 때문에 알킬알루미늄을 저장하기 위해서는 불활성 기체를 봉입하는 장치를 갖추어야 한다. 알킬알루미늄은 주로 미사일 연료, 알루미늄 도금원료, 유기합성용 시약 등에 쓰이며, 화재 시에는 팽창진주암이 가장 효과적이다.

(2) 종류

① 트라이(트리)에틸알루미늄($(C_2H_5)_3Al$, Triethylaluminium, TEA)

가) 무색투명한 액체로 비중 0.83, 융점 −52.5℃, 인화점 −53℃이다.

나) 물속에 넣으면 격렬하게 반응하며 분해되며, 공기와의 접촉 시 발화한다.

다) 부식성이 강하다.

라) 유기합성용 시약, 제트연료 첨가제, 알루미늄 도금원료 등으로 사용된다.

표 5-4 트리에틸알루미늄의 주요 물성

화학식	$(C_2H_5)_3Al$	성상 및 색상	자극성 냄새, 무색 혹은 투명한 액체
분자량	114.17	밀도 [g/cc]	0.83
분해온도	–	증기밀도	–
인화점	−53℃	폭발범위	–

② 기타

트라이아이소부틸알루미늄($(C_4H_9)_3Al$), 다이에틸알루미늄클로라이드($(C_2H_5)_2AlCl$), 트라이메틸알루미늄($(CH_3)_3Al$), 다이에틸알루미늄하이드라이드($(C_2H_5)_2AlH$), 트라이프로필알루미늄($(C_3H_7)_3Al$)

4) 알킬리튬(Li–R)

(1) 일반적인 성질

무색투명한 가연성 액체이며, 수분과 반응하여 발열하고 가연성 가스를 발생시키는 자연발화성 물질이다. 알킬기와 금속리튬의 화합물로 구성되어 폭발의 위험물이 크기 때문에 유기금속화합물에서 따로 분리하여 단일 품명의 위험물로 규정하고 있다. 공기 중에서 발열하며 백색의 연기가 발생하며, 탄소수가 적을수록 반응의 위험성이 크다. 아래에 메틸리튬과 에틸리튬의 물과의 반응을 각각 나타내었다.

$$CH_3Li + H_2O \rightarrow LiOH + CH_4$$

$$C_2H_5Li + H_2O \rightarrow LiOH + C_2H_6$$

(2) 종류

① 메틸리튬(CH_3Li)

가) 무색투명한 액체로 공기 중에서 바로 연소한다.

나) 에터(에테르)에는 녹지만 벤젠에는 녹지 않는다.

다) 물과 접촉하면 발열한다.

표 5-5 메틸리튬의 주요 물성

화학식	CH_3Li	성상 및 색상	무취, 무색투명한 액체
분자량	21.97	밀도 [g/cc]	0.732
분해온도	–	증기밀도	–
인화점	−11℃	폭발범위	1.0~9.2 vol.%

② 기타

부틸리튬(C_4H_9Li), 에틸리튬(C_2H_5Li) 등

5) 황린 (백린, P_4)

(1) 일반적인 성질

백색 또는 담황색의 독성이 있는 고체로 비중 1.82, 융점 44℃, 비점 280℃, 발화점 34℃이다. 발화점이 34℃로 낮기 때문에 상온에서 증기를 발생하고 천천히 산화 및 자연발화한다. 물과는 반응도 하지 않고, 녹지도 않기 때문에 약알칼리성의 물속에 저장한다. CS_2, 알코올, 벤젠에 잘 녹는다. 증기는 공기보다 무겁고 자극적이며 맹독성이 있으므로 고무장갑, 보호복을 반드시 착용하고 취급해야 한다. 화학적 활성이 커 많은 원소와 직접 결합하며 특히 유황(S), 산소, 할로젠과 격렬하게 결합한다. 또한, 공기 중에서 인광을 낸다.

(2) 위험성

① 발화점이 매우 낮고 산소와의 화합력이 강하고 공기 중에 방치하면 액화되면서 자연발화를 일으킨다(자연발화를 일으키는 경우 : 발화점이 매우 낮고 화학적 활성이 크기 때문이다).

② 소화 후에도 방치하면 재발화한다.

③ 공기 중에서 격렬하게 연소하며 유독성가스(오산화인, P_2O_5)도 발생한다.

$$P_4 + 5O_2 \rightarrow 2P_2O_5$$

④ 연소되어 발생한 유독한 오산화인(P_2O_5)의 증기는 흡습성이 강하고, 물과 반응하여 부식성이 있는 인산(H_3PO_4)을 생성한다.

$$2P_2O_5 + 6H_2O \rightarrow 4H_3PO_4$$

⑤ 강알칼리용액과 반응하여 pH=9 이상이 되면 가연성, 유독성의 포스핀(PH_3)가스를 발생한다.

$$P_4 + 3KOH + H_2O \rightarrow PH_3 + 3KH_2PO_2$$

⑥ 피부에 닿으면 화상을 입으며 근육 또는 뼈 속으로 흡수되는 성질이 있다.

(3) 저장 및 취급방법

① 화기엄금 해야 하고, 고온체와 직사광선을 차단해야 한다.

② pH=9 정도의 물속에 저장하며 보호액이 증발되지 않도록 한다(포스핀가스(PH_3)의 생성을 방지하기 위하여 보호액을 pH=9(약알칼리성)로 유지시킨다).

③ 맹독성 물질이므로 고무장갑, 보호복, 보호안경을 쓰고 취급한다.

④ 공기 중 노출시는 즉시 통풍, 환기시킨다.

⑤ 황린의 저장용기는 금속 또는 유리 용기를 사용하고, 밀봉하여 냉암소에 저장한다.

(4) 소화 방법

① 물, 포, CO_2, 건조분말에 의한 질식소화가 유효하다.

표 5-6 황린의 주요 물성

화학식	P_4	성상 및 색상	마늘냄새, 담황색의 고체
분자량	123.9	밀도[g/cc]	1.82
분해온도	–	증기밀도	–
인화점	30℃	폭발범위	–

※ 백린의 위험성[16]

백린은 연막, 예광탄, 조명탄 및 소이탄의 원료로 쓰인다. 백린이 함유된 소이탄은 격렬하게 타오르며, 가연성 물질에 옮겨붙을 경우 치명적인 피해를 입히고 죽음에까지 이를 수 있다. 백린은 연기가 효율적으로 생성되는 물질로, 극렬하게 타올라 즉각적으로 다량의 연기를 만든다. 그러므로 보병들의 연막탄만큼이나 백린탄은 흔하며, 전차와 같은 무장 차량 또는 박격포를 이용해 발사한다. 그 외에도 미사일에 쓰이는 백린은 파편 상태로 불타면서 미사일의 파괴력을 높인다. 현행 유엔재래식무기협약에서는 백린 연막탄 등의 사용을 금지하고 있다. 우리나라는 과거 성냥에 사용되었지만, 현재는 산업안전보건법으로 엄금되고 있으며, 화학무기의 개발·생산·비축·사용금지 및 폐기에 관한 협약(CWC)의 가입국으로 백린을 이용한 무기를 가질 수 없다.

6) 알칼리금속(K, Na 제외) 및 알칼리토금속

(1) 알칼리금속

최외각 궤도에 1개의 전자를 가지며 반응성이 매우 큰 I족 원소를 말하며, 위험물안전관리법상에서 제3류 위험물 중 알칼리금속은 칼륨(K)과 나트륨(Na)을 제외한 나머지 리튬(Li), 루비듐(Rb), 세슘(Cs), 프란슘(Fr)을 말한다. 상온에서 물과 반응하여 수소와 수산화물을 생성하므로 석유나 파라핀 등에 넣어 보관해야 한다.

불꽃반응을 나타내며, 여러 비금속 원소들과 직접 반응한다. 그림 5-3에 알칼리금속과 그 외 금속의 불꽃반응을 나타내었다.

① 리튬(Li)

가) 은백색의 고체로 원자량 : 6.94, 융점 : 180℃, 비점 : 1,350℃, 발화점 : 176℃이다.

나) 나트륨(Na)보다 단단하며, 고체인 홑원소 물질 중에서 가장 가볍다.

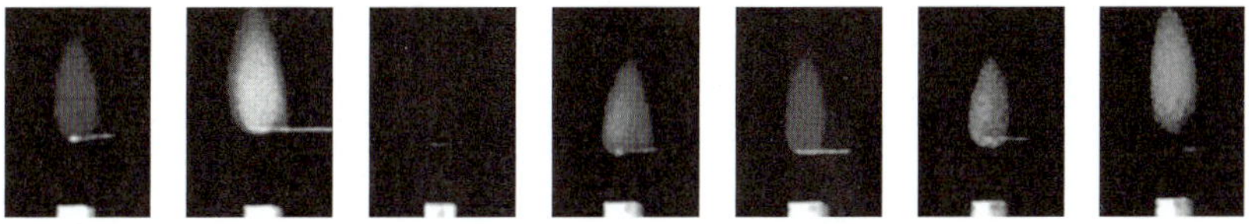

리튬 (빨간색) | 나트륨 (노란색) | 칼륨 (연보라색) | 칼슘 (주황색) | 스트론튬 (짙은 적색) | 바륨 (황록색) | 구리 (청록색)

그림 5-3 알칼리금속 등의 불꽃반응

다) 물과 접촉하면 수소를 발생시킨다.

$$2Li + 2H_2O \rightarrow 2LiOH + H_2$$

라) 공기 중에서 서서히 가열해도 발화되어 연소하며, 연소 시 이산화탄소(CO_2)속에서도 꺼지지 않고 연소된다.

마) 알칼리금속이지만 나트륨(Na), 칼륨(K)보다 격렬하지는 않다.

바) 경유가 들어있는 밀폐된 용기에 보관해야 한다.

표 5-7 리튬의 주요 물성

화학식	Li	성상 및 색상	무취, 은백색의 고체 (공기노출 시 노란색)
분자량	6.9	밀도[g/cc]	0.53
분해온도	–	증기밀도	–
인화점	–	폭발범위	–

② 류비듐(Rb)

가) 은백색의 부드러운 금속으로 원자량 : 85.5, 융점 : 38.5℃, 비점 : 688℃

나) 화학적 성질은 칼륨과 비슷하다.

다) 암모니아에 녹아 수소(H_2)가스를 발생한다.

$$2Rb + 2NH_3 \rightarrow 2RbNH_2 + H_2$$

③ 세슘(Cs)

가) 은백색의 연한 금속으로 원자량 : 132.9, 융점 : 28.5℃, 비점 : 678℃

나) 주요 광석은 폴사이트($CsAlSi_2O_6$)

다) 대기 중에서 청색 불꽃을 내며 연소하여 초과산화물이 된다.

$$Cs + O_2 \rightarrow CsO_2$$

④ 프란슘(Fr)

가) 악티늄계의 핵종이고 원자량 : 223, 융점 : 27℃, 비점 : 677℃

나) 가장 무거운 알칼리 금속이다.

※ 천연방사성 물질

자연계에 존재하는 방사성 물질로 α선, β선, γ선을 방출한다. 천연방사성 물질은 43가지로 발생 계통별로 우라늄계, 악티움계, 트리옴계의 3종류로 분류되고, 각각 우라늄, 악티움, 티리옴을 시발원소로 한다[6].

※ 알칼리금속의 특징

- 은백색 물질이고 공기 중에는 즉시 산화되고 융점, 밀도가 낮은 편으로, 금수성 물질이다
- 할로젠과는 촉매 없이 격렬히 반응하여 발열하며 가볍고 연한 물질로 전기 및 열을 대단히 잘 전도한다.

(2) 알칼리토금속

최외각 궤도에 2개의 전자를 가지며 반응성이 매우 큰 II족 원소로 위험물안전관리법상 제3류 위험물 중에서 알칼리토금속은 마그네슘(Mg)을 제외한 베릴륨(Be), 칼슘(Ca), 스트론튬(Sr), 바륨(Ba), 라듐(Ra)을 말한다. 융점과 비점은 모두 알칼리금속보다 높으며, 베릴륨(Be)과 라듐(Ra)을 제외하면 비교적 다량으로 존재한다. 알칼리토금속은 보통 수소(H_2), 질소(N_2), 산소(O_2), 염소(Cl_2) 등과 직접 화합한다.

① 베릴륨(Be)

가) 원자량: 9.01, 비중 : 1.875, 융점 : 1.285℃, 비점 : 2,970℃

나) 분말인 경우 연소하기 쉽고, 고온에서는 산화속도가 빠르다.

다) 우주항공재료, 구리 등의 합금, 안전공구 등으로 사용된다.

라) 진한 질산(HNO_3)과는 반응하지 않지만, 황산(H_2SO_4)과 염산(HCl)과는 즉시 반응한다.

② 칼슘(Ca)

가) 은백색의 고체로 원자량 : 40.08, 융점 : 839℃, 비점 : 1,480℃

나) 연성과 전성이 있고 공기 중에 가열하면 연소한다.

다) 물과 접촉하면 수소를 발생시킨다.

$$Ca + 2H_2O \rightarrow Ca(OH)_2 + H_2$$

표 5-8 칼슘의 주요 물성

화학식	Ca	성상 및 색상	무취, 은백색의 고체 (공기와 접촉 시 청회색)
분자량	40.08	밀도[g/cc]	1.54
분해온도	–	증기밀도	1.4
인화점	–	폭발범위	–

③ 스트론튬(St)

가) 연한 은백색 금속

나) 원자량 : 87.62, 비중 : 2.615, 융점 : 769℃, 비점 : 1,380℃

다) 불꽃반응은 짙은 적색이다.

④ 바륨(Ba)

가) 은백색의 부드러운 금속

나) 원자량 : 137.3, 비중 : 3.5, 융점 : 710℃, 비점 : 1,640℃

다) 차량용 베어링 합금에 많이 사용된다.

⑤ 라듐(Ra)

가) 백색의 금속으로 원자량 : 226.03, 비중 : 5~6, 융점 : 700℃, 비점 : 1,140℃

나) 알칼리토금속 중에서 가장 무겁고, 반응성이 가장 풍부하다.

> **※ 알칼리토금속의 특징**
> - 은백색의 무른 금속이며 알칼리금속보다 융점이 훨씬 높고 전기를 끌어들인다.
> - 비교적 연하고 연성이 있다.
> - 산과 반응하여 수소를 발생하고 공기 중에 장시간 방치하면 자연발화한다.

7) 유기금속화합물(알킬알루미늄, 알킬리튬 제외)

(1) 일반적인 성질

탄소-금속 사이에 치환결합을 갖는 화합물을 말한다. 금속이 황, 산소, 질소 등과 결합하는 종류의 유기화합물은 포함되지 않는다. 탄소-금속 결합은 일반적으로 불안정하고 반응성이 좋으므로 물이나 산에 의해 분해되는 것이 많다. 유기합성의 중간물질이나 촉매로 널리 알려져 있다.

(2) 종류

① 다이에틸텔르륨($Te(C_2H_5)_2$)

가) 유기화합물의 합성, 반도체산업에 사용되며, 분자량 185.6, 비점 138℃이다.

나) 흡입하면 점막을 자극한다.

다) 메탄올, 산화제, 할로젠과 격렬하게 반응한다.

② 사에틸납($Pb(C_2H_5)_4$)

가) 자동차 및 항공기 연료의 안티노킹제(anti-knocking agent)로 사용된다.

나) 단맛이 나는 무색 액체로 특유한 냄새가 나며 매우 유독하다.

다) 햇빛을 쪼이거나 가열하면 195℃ 부근에서 분해발열하며, 폭발의 위험이 있다.

> **노킹(knocking)현상**[14]
>
> 급격한 금속성 타격음(high pitch metallic rapping noise)을 말한다. 노크는 금속성 타격음 외에도 심한 경우에는 피스톤헤드의 소손, 또는 밸브나 실린더 등의 손상을 동반하며, 기관의 마멸률을 증가시킨다. 노킹현상은 열기관의 설계 및 작동상태와 밀접한 관련을 갖는 복잡한 물리적, 화학적 현상에 의존한다. 예를 들면 기관의 필요옥탄가는 고도(altitude)와 습도(humidity)가 상승함에 따라 감소하고, 기온이 상승하면 높아진다.

③ 다이에틸아연($Zn(C_2H_5)_2$)

가) 불쾌한 냄새가 나는 무색투명한 독성이 있는 액체이다.

나) 가열하면 폭발한다.

다) 반도체, 로켓연료 발화방지제 등으로 사용된다.

8) 금속의 수소화물

금속과 수소가 직접 결합하여 생성된 화합물을 말한다. 일반적으로 금속수소화물은 금속

알킬과 비슷한 성질을 가지며, 환원력과 탈수성질을 지니고 있다[5]. 금속수소화합물이 물과 반응할 때 가연성의 수소가스가 생성된다.

(1) 종류

① 수소화리튬(LiH)

가) 비중 : 0.82, 융점 : 680℃, 분해온도 : 400℃

나) 대용량의 저장용기에는 아르곤과 같은 불활성 기체를 봉입한다.

다) 물과 반응하여 수산화리튬과 수소를 생성한다.

라) 질소와 직접 결합하여 생성물로 질화리튬을 만든다.

마) 금속칼륨, 금속나트륨보다 화학반응성이 크지 않다.

② 수소화나트륨(NaH)

가) 회색 입방정계 결정이고 비중 : 0.93, 분해온도 : 800℃, 분해온도 : 425℃

나) 화재발생 시 주수소화가 부적당한 이유는 발열반응을 일으키기 때문이다.

다) 물과 격렬하게 반응한다.

$$NaH + H_2O \rightarrow NaOH + H_2$$

③ 수소화칼륨(KH)

가) 암모니아와 고온에서 반응하면 KNH_2(칼륨아미드)가 생성된다.

나) 기타 성질은 수소화나트륨에 준한다.

④ 수소화칼슘(CaH_2)

가) 무색의 사방정계 결정이고 비중 : 1.7, 융점 : 817℃, 분해온도 : 600℃

나) 물과 격렬하게 반응한다.

$$CaH_2 + 2H_2O \rightarrow Ca(OH)_2 + 2H_2$$

⑤ 수소화알루미늄리튬($LiAlH_4$)

가) 백색 또는 회백색 분말이고 융점 : 125℃, 분해온도 : 125℃

나) 에터(에테르)에 용해되고 물에 의해 수소를 발생시킨다.

⑥ 기타

수소화루비듐(RbH), 수소화세슘(CsH), 수소화바륨(BaH_2), 수소화란탄(LaH_3) 등

9) 금속의 인화물

P^{3-}같은 인의 음이온을 포함한 이원소화합물을 인화물이라 한다. 중금속류의 인화물은 금속과 인을 반응시킴으로써 만들어지며, 알칼리 및 알칼리토금속류의 인화물은 그들의 인산염과 금속알루미늄을 고온으로 반응시킴으로써 생성된다[7]. 대부분 용해하기 어렵고 귀금속 인화물 외에는 열에 대해 안정하다.

(1) 종류

① 인화알루미늄(AlP)

가) 짙은 회색 또는 황색 결정체이고 분자량 58, 녹는점은 1,000℃ 이상이다.

나) 담배 및 곡물의 저장창고의 훈증제로 사용된다.

다) 건조 상태에서는 안정하나 습기가 있으면 격렬하게 가수반응을 일으켜 포스핀(PH_3)을 생성하여 강한 독성물질로 변한다.

라) 일단 개봉하면 보관이 불가능하므로 전부 사용하여야 한다.

마) 고독성이므로 사용 및 보관에 특히 주의하여야 한다.

② 인화갈륨(GaP)

가) 분자량 : 101, 융점 : 1,465℃

③ 인화아연(Zn_3P_2)

가) 분자량 : 258, 융점 : 420℃

나) 살충제로 사용되며, 순수한 물질일 때 암회색의 결정이다.

다) 이황화탄소(CS_2)에 녹는다.

④ 인화칼슘(Ca_3P_2, 인화석회)

가) 독성이 강하고 적갈색의 괴상고체이며, 분자량 : 182, 융점 : 1,600℃, 비중 : 2.54

나) 알코올, 에터(에테르)에 녹지 않고, 약산과 반응하여 포스핀(PH_3)을 발생시킨다.

$$Ca_3P_2 + 6HCl \rightarrow 3CaCl_2 + 2PH_3$$

다) 건조한 공기 중에서 안정하나 300℃ 이상에서 산화한다.

라) 인화석회 취급 시 가장 주의해야 할 사항은 습기 및 수분이다.

마) 인화석회와 물과 반응하면 포스핀을 생성시킨다.

$$Ca_3P_2 + 6H_2O \rightarrow 3Ca(OH)_2 + 2PH_3$$

바) 소화 방법: CO_2, 건조석회, 금속화재용 분말소화약제를 사용한다.

10) 칼슘 또는 알루미늄의 탄화물(카바이드)

금속탄화물을 총칭하여 카바이드라고 하며, 탄소의 양이온을 포함한 이원소화합물이다[7]. 악취가 나고 주로 가스 용접에 사용된다.

(1) 종류

① 탄화칼슘(CaC_2)

가) 백색의 입방결정으로 비중 : 2.22, 융점 : 2370℃, 발화점 : 335℃

나) 순수한 것은 백색의 고체이나 보통은 회흑색 덩어리 상태의 괴상고체이다.

다) 물과 반응하여 수산화칼슘(소석회)과 아세틸렌가스가 생성된다.

$$CaC_2 + 2H_2O \rightarrow Ca(OH)_2 + C_2H_2$$

> 참/고/
>
> - 아세틸렌(C_2H_2)가스는 Cu, Ag, Hg 등과 같은 금속과 반응하여 폭발성 화합물인 금속아세틸라이드(M_2C_2, acetylide)를 생성한다.
>
> $$C_2H_2 + 2Ag \rightarrow Ag_2C_2 + H_2$$
>
> - 아세틸렌(C_2H_2)가스의 연소범위는 2.5~81 vol.%로 대단히 넓고 인화하기 쉬우며 폭발의 위험이 있다.
> - 아세틸라이드[9],[13]
>
> 주요 형식에 따라서
>
> i) 알칼리금속 및 구리 · 은 · 금의 화합물에서는 M_2C_2형
>
> ii) 알칼리토금속 및 아연 · 카드뮴에서는 MC_2형
>
> iii) 알루미늄 · 세륨에서는 $M_2(C_2)_3$형
>
> iv) 희토류 원소 · 토륨 · 바나듐 · 우라늄에서는 MC_2형 등의 4종이 있다.
>
> 일반적으로 i)의 경우에는 염류의 암모니아용액에 아세틸렌 또는 아세틸렌유도체를 통해서 얻으며, 그 외의 경우에는 금속과 과잉의 탄소를 강하게 가열하여 얻는다. 구리 · 은 · 금 등의 화합물은 폭발성을 가지고 있다. 나트륨 · 구리의 화합물은 유기합성화학에서 중요하다.

라) 600℃ 이상의 고온에서 질소 가스와 반응하여 석회질소($CaCN_2$, 칼슘시아나이드)가 된다.

$$CaC_2 + N_2 \rightarrow CaCN_2 + C$$

마) 건조된 공기 중에서는 위험하지 않고 습한 공기와는 상온에서도 반응한다(물기엄금, 충격주의).

바) 용기는 밀봉하고, 찌꺼기는 가연물이나 화기가 없는 개방지에 폐기한다.

표 5-9 탄화칼슘의 주요 물성

화학식	CaC_2	성상 및 색상	마늘냄새, 회색~검은색의 고체
분자량	64.1	밀도 g/cc]	2.22
분해온도	–	증기밀도	–
인화점	–	폭발범위	–

② 탄화알루미늄(Al_4C_3)

가) 황색결정 또는 분말(순수한 것은 백색)이고, 비중 : 2.36, 융점 : 2200℃, 승화점 : 1800℃

나) 위험성으로서 물과 반응하여 가연성 메탄가스를 발생하므로 인화 위험이 있다.

$$Al_4C_3 + 12H_2O \rightarrow 4Al(OH)_3 + 3CH_4$$

(2) 위험성

① 발생하는 가연성 가스(아세틸렌)는 연소범위(2.5~81%)가 대단히 넓고 분해 폭발을 일으킨다.

연소반응식 : $2C_2H_2 + 5O_2 \rightarrow 4CO_2 + 2H_2O$

폭발반응식 : $C_2H_2 \rightarrow 2C + H_2$

② 물과 반응 시 생성되는 수산화칼슘($Ca(OH)_2$)은 독성이 있기 때문에 인체에 피부점막 염증이나 시력장애를 일으킨다.

③ 발생되는 아세틸렌가스는 금속(Cu, Ag, Hg 등)과 반응하여 폭발성 화합물인 금속아세틸라이드(M_2C_2)를 생성한다.

$$C_2H_2 + 2Ag \rightarrow Ag_2C_2 + H_2$$

참/고/

- 아세틸렌(C_2H_2)가스를 발생하는 카바이드
  Li_2C_2, Na_2C_2, K_2C_2, MgC_2, CaC_2
- 메탄(CH_4)가스를 발생하는 카바이드
  BaC_2, Al_4C_3
- 메탄(CH_4)가스와 수소(H_2)가스를 발생하는 카바이드
  Mn_3C
  $Mn_3C + 6H_2O \rightarrow 3Mn(OH)_2 + CH_4 + H_2$

11) 행정자치부령이 정하는 것

① 염소화규소화합물 : 지정수량 300kg

가) 규소(Si)와 염소(Cl)화합물의 총칭이다.

나) 수소화규소(Si_nH_{2n+2}, 실란)의 염소치환법과 규소의 염소화에 의해 생성된다.

다) 유기규소화합물이나 규소산 에스테르의 원료로 사용된다.

라) 수소화삼염화규소, 실리코클로로포름이라고도 한다.

마) 규소를 건조한 염화수소기류 속에서 약 380℃로 가열하여 얻어진다.

② 트리클로로실란($HSiCl_3$)

가) 트리크롤로실레인이라고도 한다.

나) 염산 냄새(혹은 사염화규소와 비슷한 냄새)를 내는 무색 연기 액체이다.

다) 부식성물질, 과민성 물질이다.

라) 응고점은 -134℃, 끓는 점 31.8℃

마) 건조한 염화수소 중에서 규소를 가열하거나 건조 염화수소를 규소-구리 혼합물 위에 통과시켜 제조한다.

바) 규소 유도체의 합성연료로 쓰인다.

③ 모노실란($SiCl_4$)

가) 실레인, 모노사일렌, 실리칸, 실리콘하이드라이드, 실리콘테트라수화물 이라고도 불린다.

나) 물과 천천히 반응하는 무색의 기체로 비점은 -112℃이다.

다) 할로젠족과도 반응한다.

라) 가연성 가스로 공기중에서 자연발화하며, 극인화성가스로 가열시 폭발 할 수도 있다.

마) 강력한 환원제이다.

바) 가열시 실리콘과 산소로 분해된다.

사) 저온에서의 실리콘의 에피택시얼 성장, 다결정 실리콘막의 형성, 인규산 유리, 붕규산 유리 등의 표면 불활성화 및 반도체 공정의 도핑액으로 쓰인다.

1 제3류 위험물 중 지정수량이 10kg이 아닌 것은?
① 칼륨 ② 알킬리튬
③ 알킬알루미늄 ④ 황린

2 제3류 위험물의 저장 및 취급에 있어서 틀린 것은?
① 모든 제3류 위험물은 수분과 반응하여 수소를 발생한다.
② K, Na, 알칼리금속은 산소가 포함되지 않은 석유류에 저장한다.
③ 유별이 다른 위험물과 동일한 위험물저장소에 함께 저장하지 않는다.
④ 소화 방법은 건조사, 팽창진주암, 건조석회를 사용하여 질식소화한다.

3 제3류 위험물 중 칼륨 20kg과 황린 30kg, 탄화칼슘 75kg을 저장하려할 때 지정수량의 몇 배인가?
① 2.5배 ② 3배
③ 4배 ④ 5배

4 다음 중 칼륨과 물이 반응하여 생성되는 현상을 바르게 나타낸 것은?
① 산화칼륨 + 수소 + 발열반응 ② 수산화칼륨 + 수소 + 흡열반응
③ 산화칼륨 + 수소 + 흡열반응 ④ 수산화칼륨 + 수소 + 발열반응

5 다음 중 금속칼륨의 일반적인 성질로서 바른 것은?
① 중금속류이다.
② 화학적으로 이온화 경향이 큰 금속에 속한다.
③ 물속에 보관한다.
④ 화학적으로 안정한 액체금속이다.

6 다음 중 물과 접촉하였을 때 에탄가스가 발생되는 물질은?
① $(C_2H_5)_3Al$ ② CaC_2
③ $C_6H_3(NO_2)_3$ ④ $C_2H_5ONO_2$

7 알킬알루미늄이 공기 중에서 자연발화할 수 있는 탄소 수의 범위는?

① C_1~C_4 ② C_1~C_6

③ C_1~C_8 ④ C_1~C_{10}

8 카바이드와 물이 반응할 때 발생하는 기체는 무엇인가?

① 과산화수소 ② 에틸렌

③ 아세틸렌 ④ 이산화탄소

9 다음 제3류 위험물 중 물과 반응할 때 반응열이 가장 큰 것은?

① 탄화칼슘 ② 금속나트륨

③ 수소화나트륨 ④ 수소화칼륨

10 물과 접촉하였을 때 연소범위의 하한값이 2.5vol.%인 가연성 가스가 발생하는 위험물은 무엇인가?

① 과산화칼륨 ② 금속나트륨

③ 인화칼슘 ④ 탄화칼슘

11 금속 칼륨에 대한 설명 중 틀린 것은?

① 칼로 자를 수 있을 정도로 무르다.

② 물에 서서히 녹아 탄산칼륨(K_2CO_3)이 된다.

③ 공기 중에서 산화하여 피막을 형성하고 광택을 잃는다.

④ 석유류 등의 보호액 속에 저장한다.

12 황린이 연소할 때 발생하는 가스와 수산화나트륨 수용액과 반응하였을 때 발생하는 가스를 차례대로 나타낸 것은?

① 오산화인, 인화수소 ② 황화수소, 수소

③ 인화수소, 오산화인 ④ 수소, 황화수소

13 인화칼슘이 물과 반응하여 발생하는 기체는 무엇인가?

① 포스핀 ② 포스겐 ③ 이산화황 ④ 메탄

14 다음 중 초기화재 시 석유류와 같은 형태이지만 후기에는 금속화재와 같은 형태를 나타내는 것은?

① 금속수소화합물 ② 금속인화물

③ 알킬알루미늄 ④ 셀룰로이드류

15 칼륨과 물이 반응 시 생기는 모든 것은?

① 수산화칼륨, 산소, 발열 ② 수산화칼륨, 수소, 발열

③ 산소, 수소, 발열 ④ 산화칼륨, 수소, 발열

16 다음 중 금속칼륨을 석유에 넣어 보관하는 이유로 가장 타당한 것은?

① 산화력이 크기 때문

② 취급이 대단히 위험함을 표시

③ 수분과 접촉을 차단하고 산화를 방지

④ 마찰, 충격에 의한 분진발생 방지

17 다음 중 인화칼슘(Ca_3P_2)의 성상으로 옳은 것은?

① 물과 작용하여 인화수소를 발생한다.

② 백색 괴상의 고체이다.

③ 물보다 약간 가볍다.

④ 인화성 액체이다.

18 위험물 중 독성이 강하고 물과 반응 시 인화성 가스가 생성되는 적갈색의 괴상의 물질은?

① 탄산나트륨 ② 탄산칼슘

③ 인화칼슘 ④ 탄화칼슘

19 인화석회에 물을 가했을 때 발생하는 가스는?

① 수소 ② 에틸렌

③ 포스핀 ④ 산소

20 금속나트륨 화재에 적응한 소화약제는?

① 팽창질석, 마른 모래 ② 할로젠화합물

③ 분말소화약제 ④ 이산화탄소

CHAPTER 06

제4류 위험물

1. 제4류 위험물의 일반적 성질
2. 제4류 위험물의 품명 및 지정수량
3. 위험성
4. 저장 및 취급방법
5. 소화 방법
6. 제4류 위험물의 종류

CHAPTER 06 Theory of Hazardous Materials

제4류 위험물

1 제4류 위험물의 일반적 성질

상온에서 인화성 액체이며 대단히 인화되기 쉬우며, 발화온도가 낮은 물질은 위험하다. 대부분이 물보다 가볍고 물에 녹지 않으며, 발생된 증기는 공기보다 무겁다. 비점이 낮은 경우 기화하기 쉬우므로 가연성 증기가 공기와 약간만 혼합하여도 연소하기 쉽다. 활성화 에너지가 작을수록 연소위험성은 증가한다. 산소농도가 증가하거나, 온도와 압력이 상승하면 최소 점화에너지는 감소한다. 또한, 제4류 위험물에 대해서는 인화성물질임을 나타내는 표시를 하여야 하며, 이를 그림 6-1에 나타내었다.

그림 6-1 인화성 물질에 대한 표시

2 제4류 위험물의 품명 및 지정수량

표 6-1 제4류 위험물

성질	위험 등급	품명		지정수량
인화성 액체	I	1. 특수인화물		50 Liter
	II	2. 제1석유류	비수용성액체	200 Liter
			수용성액체	400 Liter
		3. 알코올류		400 Liter
	III	4. 제2석유류	비수용성액체	1,000 Liter
			수용성액체	2,000 Liter
		5. 제3석유류	비수용성액체	2,000 Liter
			수용성액체	4,000 Liter
		6. 제4석유류		6,000 Liter
		7. 동식물유류		10,000 Liter

표 6-2는 인화점에 따라 제4류 위험물의 품명을 구분하여 나타낸 것이다.

표 6-2 인화점에 따른 제4류 위험물

품 명	인화점
특수인화물	-20℃ 이하
제1석유류	21℃ 미만
제2석유류	21℃ 이상 70℃ 미만
제3석유류	70℃ 이상 200℃ 미만
제4석유류	200℃ 이상 250℃ 미만
동식물유류	250℃ 미만

※ 알코올류 : 탄소(C)가 1~3개인 1가 알코올.

참/고/

※ 알코올의 분류

가) OH수에 따라 분류

- 1가 알코올 (-OH기가 1개인 것)
  CH_3OH (메틸알코올), C_2H_5OH (에틸알코올)

- 2가 알코올 (-OH기가 2개인 것)
  CH_2OHCH_2OH (에틸렌글리콜)
- 3가 알코올 (-OH기가 3개인 것)
  $CH_2OHCHOHCH_2OH$ (글리세린)

나) OH기가 결합한 탄소의 위치에 따라 구분

- 1차 알코올 : OH기와 결합한 탄소가 다른 탄소 1개와 연결된 알코올
  예) n-프로판올 $CH_3-CH_2-CH_2-OH$
- 2차 알코올 : OH기와 결합한 탄소가 다른 탄소 2개와 연결된 알코올
  예) iso-프로판올

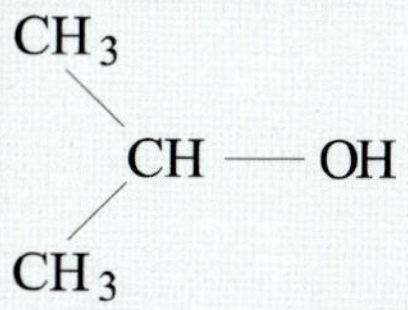

- 3차 알코올 : OH기와 결합한 탄소가 다른 탄소 3개와 연결된 알코올
  예) 트리 메틸 카비놀

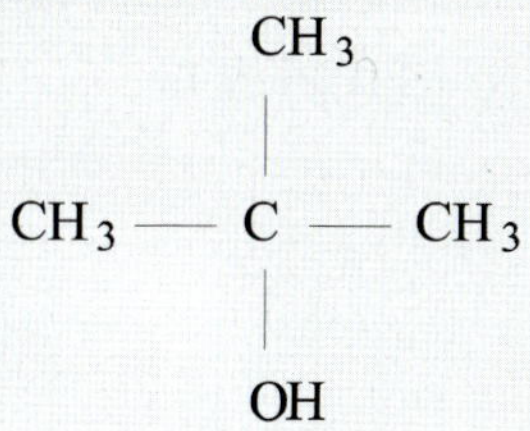

3 위험성

① 증기의 성질은 인화성 또는 가연성이다.
(인화점이 낮은 것은 증기량이 많이 생겨 인화범위도 넓어진다)

② 증기는 공기보다 무겁고, 가연성 액체의 연소범위 하한은 가연성 기체보다 낮다.

③ 연소범위의 하한값이 낮고, 정전기가 축적되기 쉽다.
(∴ 석유류는 전기의 부도체이기 때문에 정전기 발생을 제거할 수 있는 조치를 해야 한다)

④ 액체 비중은 물보다 가볍고 물에 녹지 않는 것이 많다.

⑤ 비교적 발화점이 낮다.

4 저장 및 취급방법

① 액체의 누설 및 증기의 누설을 방지한다.

② 폭발성 분위기를 형성하지 않도록 한다.

③ 화기 등으로부터 멀리 하고, 용기는 밀전하여 통풍이 잘되는 찬 곳에 저장한다.

④ 인화점 이상으로 가열하지 말고, 가연성 증기의 발생, 누설에 주의해야 한다.

⑤ 증기는 가급적 높은 곳으로 배출시키고, 정전기 발생에 주의해야 한다.

5 소화 방법

① 제4류 위험물은 비중이 물보다 작기 때문에 주수소화하면 화재면을 확대시킬 수 있으므로 봉상주수는 금지되지만, 무상주수는 가능하다.

② 소량 위험물의 연소 시는 물을 제외한 소화약제로 CO_2, 분말, 할로젠화합물로 질식 소화하는 것이 효과적이며 대량의 경우에는 포에 의한 질식소화가 좋다.

③ 수용성 위험물에는 알코올 포를 사용하거나 다량의 물로 희석시켜 가연성 증기의 발생을 억제하여 소화한다.

6 제4류 위험물의 종류

1) 특수인화물

(1) 일반적인 성질

① 지정품명: 디에틸에터(에테르), 이황화탄소

② 지정성상 : 1atm에서 액체로 되는 것으로서 발화점이 100℃ 이하인 것 또는 인화점이 -20℃ 이하로서 비점이 40℃ 이하인 것을 말한다.

(2) 종류

① 디에틸에터(에테르)($C_2H_5OC_2H_5$, 산화에틸, 에터(에테르), 에틸에터(에테르))

가) 일반적인 성질

- 분자구조는 일반식 R-O-R

- 전기의 부도체이므로 정전기가 발생하기 쉽다.
- 휘발성이 높다.
- 마취작용이 있고 무색투명한 특유의 향이 있는 액체이다.
- 비극성 용매로서 물에 잘 녹지 않고, 알코올에 잘 녹는다.
- 비점 : 34.48℃, 착화점(발화점): 180℃, 인화점 : −45℃
- 액비중 0.7, 증기비중 2.55, 연소범위 1.9~48%
- 알코올의 축화합물이다.

$$C_2H_5OH + C_2H_5OH \xrightarrow{c-H_2SO_4} C_2H_5OC_2H_5 + H_2O$$

- 과산화물이 생성되면 제5류 위험물과 같은 위험성을 갖는다.

※ **축합반응**[12]

탄소화합물의 반응에서 물 한 분자가 떨어져나가면서 두 분자가 결합하는 반응.

예를 들어, 에탄올에 진한 황산을 넣어 130℃로 가열하면 에탄올 한 분자에서는 −H가 다른 에탄올 한 분자에서는 −OH가 떨어지면서 두 개의 에탄올 분자가 결합하여 에터(에테르)가 되며, 카르복시산과 알코올에 산을 첨가한 뒤 가열하면 카르복시산에서는 −OH가, 알코올에서는 −H가 떨어져 물 분자가 만들어지면서 두 분자가 결합하여 에스테르 결합을 형성한다.

$$C_2H_5OH + C_2H_5OH \longrightarrow C_2H_5OC_2H_5 + H_2O$$

$$C_2H_5OH + CH_3COOH \longrightarrow CH_3COOC_2H_5 + H_2O$$

※ 과산화물 검출시약 : 옥화칼륨(KI) 10% 수용액을 가하면 황색으로 변한다.

※ 과산화물 제거시약 : 황산제일철, 환원철

나) 위험성

- 인화점이 낮고 휘발하기 쉽다(제4류 위험물 중 인화점이 가장 낮다).
- 발생된 증기는 마취성이 있다.
- 연소범위의 하한이 낮고 연소범위가 넓다.
- 화재예방상 일광을 피하여 보관하여야 한다.
- 장시간 공기와 접촉하면 과산화물이 생성될 수 있다.
- 가열, 충격, 마찰에 의해 폭발할 수 있다.

다) 저장 및 취급방법

- 용기는 갈색병을 사용하여 냉암소에 보관한다.

- 용기의 파손, 누출에 주의하고 통풍을 잘 시켜야 한다.
- 팽창계수가 크므로 10%의 여유공간을 둔다.

라) 소화 방법

- 이산화탄소에 의한 질식소화가 가장 효과적이다.
- 할론, 청정소화약제, 포소화약제도 효과가 있다.

② 이황화탄소(CS_2)

가) 일반적인 성질

- 순수한 것은 무색투명한 액체, 불순물이 존재하면 황색을 띤다.
- 불쾌한 냄새가 난다.
- 비수용성, 알코올, 에터(에테르), 벤젠 등의 유기용제에는 잘 녹는다.
- 황, 황린, 수지, 고무 등을 잘 녹인다.
- 비스코스레이온 원료
- 인화점 : -30℃, 발화점 : 100℃, 비점 : 46℃
- 비중 : 1.263, 연소범위 : 1.2~44%

나) 위험성

- 제4류 위험물 중 착화점 100℃로 가장 낮다.
- 증기는 유독하다.
- 나트륨과 접촉하면 발화한다.
- 연소범위의 하한이 낮고 연소범위가 넓으며 인화점이 낮다.
- 연소하면 청색 불꽃을 발생하고 이산화황의 유독가스를 발생한다.

$$CS_2 + 3O_2 \rightarrow CO_2 + 2SO_2$$

- 150℃ 이상의 물과 반응하면 이산화탄소와 황화수소를 발생한다.

$$CS_2 + 2H_2O \rightarrow CO_2 + 2H_2S$$

다) 저장 및 취급방법

- 용기나 탱크에 저장할 때는 물속에 보관해야 한다.
  (물에 불용이며, 물보다 무겁다(가연성 증기 발생 억제하기 위함이다))
- 직사광선을 피하고 용기는 밀봉하고 통풍이 잘 되는 곳에 저장한다.

라) 소화 방법

- 이산화탄소, 할론, 청정소화약제, 분말소화약제 등으로 질식소화한다.

– 물로 피복하여 소화한다.

표 6–3 이황화탄소의 주요 물성

화학식	CS_2	성상 및 색상	특유의 냄새, 무색~노란색의 유동성 액체
분자량	76.13	밀도[g/cc]	1.26
분해온도	–	증기밀도	2.63
인화점	–30℃	폭발범위	1~50 vol.%

③ 아세트알데하이드(CH_3CHO)

가) 일반적인성질

– 인화점 : –39℃, 발화점 : 175℃, 비중 : 0.8

– 연소범위 : 4.0~60%, 비점 : 21℃

– 무색의 액체로 인화성이 강하다.

– 수용성 물질이고 유기물을 잘 녹인다.

– 과망가니즈산칼륨에 의해 쉽게 산화되는 유기화합물이다.

나) 위험성

– 증기의 냄새는 자극성이 있다.

– 구리, 은, 수은, 마그네슘, 또는 이의 합금과 반응하여 폭발성의 아세틸라이드를 형성하기 때문에 용기는 구리, 은, 수은, 마그네슘 또는 이의 합금의 사용을 금지한다.

– 산과 접촉하면 중합하여 발열한다.

– 아세트알데하이드는 산소에 의해 산화되기 쉽다.

$$2CH_3CHO + O_2 \rightarrow 2CH_3COOH$$

> ※ 아세트알데하이드가 위험물안전관리법령상 위험물로 지정된 이유
> 끓는점, 인화점, 발화점이 낮아 화재의 위험성이 높기 때문

다) 저장 및 취급방법

– 아세트알데하이드는 공기와 접촉 시 과산화물을 형성하기 때문에 밀봉, 밀전하여 냉암소에 저장한다.

– 용기는 구리, 은, 수은, 마그네슘 , 또는 이의 합금의 사용을 금지한다.

- 용기 내부에는 불연성가스(N_2, Ar)를 봉입해야 한다.

표 6-4 아세트알데하이드의 주요 물성

화학식	CH_3CHO	성상 및 색상	자극적인 특유의 과일냄새, 무색의 액체
분자량	44.06	밀도[g/cc]	0.78
분해온도	-	증기밀도	1.52
인화점	-37.78℃	폭발범위	4~60 vol.%

④ 산화프로필렌

가) 일반성질

- 인화점 : -37℃, 발화점 : 465℃, 비중 : 0.86
- 연소범위 : 2.3~36%, 비점 : 34℃
- 연소범위가 넓고 증기압도 매우 높은 물질이다.
- 물에 잘 녹는 무색, 투명한 액체로서 증기는 인체에 해롭다.
- 분자식 : C_3H_6O
- 구조식

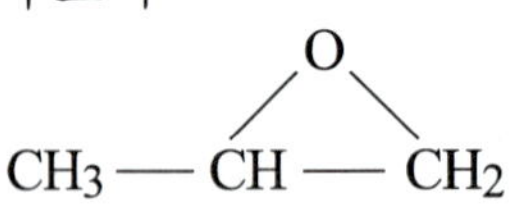

나) 위험성

- 화학적으로 활성이 크고 반응을 할 때에는 발열반응을 한다.
- 화상을 일으키고 증기를 마시면 심할 때는 폐부종을 일으킨다.

다) 저장 및 취급방법

- 용기는 아세트알데하이드와 마찬가지로 구리, 은, 수은, 마그네슘 또는 이의 합금의 사용을 금지한다.
- 산, 알칼리가 존재하면 중합반응을 하므로 용기는 불연성 가스(N_2) 또는 수증기로 봉입하여 저장한다.

⑤ 이소프렌($CH_2=C(CH_3)CH=CH_2$)

- 인화점 : -54℃, 발화점 : 220℃, 비점 : 34℃
- 비중 : 0.7, 연소범위 : 2~9%
- 주로 식물 등에서 생성되며, 중합체는 천연고무의 주성분이다.

- 구조식

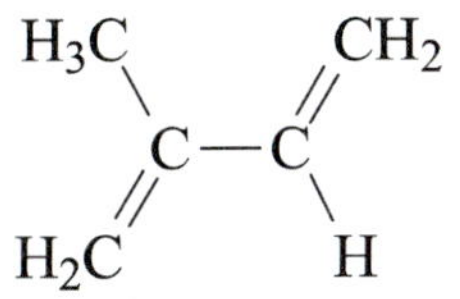

2) 제1석유류

(1) 일반적인 성질

① 지정품명 : 아세톤, 휘발유

② 지정성상 : 1기압, 20℃에서 액체로서 인화점이 21℃ 미만인 것

(2) 종류

① 아세톤($(CH_3)_2CO$, 디메틸케톤) (지정수량 400 Liter)

가) 일반적인 성질

- 인화점 : −18℃, 발화점 : 538℃, 연소범위 : 2.5~12.8%
- 무색의 휘발성 액체로 독특한 냄새가 있다.
- 수용성이며, 유기용제(알코올, 에터(에테르))와 잘 혼합된다.
- 아세틸렌을 저장할 때 용제로 사용된다.

나) 위험성

- 피부에 닿으면 탈지작용이 있다.
- 요오드포름(아이오드포름) 반응을 한다.
- 일광에 의해 분해하여 과산화물을 생성시킨다.

다) 저장 및 취급방법

- 화기에 주의하고 저장용기는 밀봉하여 냉암소에 저장한다.
- 분무상의 주수소화가 가장 좋으며, 이산화탄소 및 알코올포를 사용한다.

표 6-5 아세톤의 주요 물성

화학식	CH_3COCH_3	성상 및 색상	달콤한 과일냄새, 무색의 액체
분자량	58.08	밀도[g/cc]	0.79
분해온도	−	증기밀도	2
인화점	−17.78℃	폭발범위	2.5~12.8 vol.%

② 가솔린(주성분 : C_5~C_9)(지정수량 200Liter)

가) 일반적인 성질

- 인화점 : -43~20℃, 발화점 : 300℃, 비중 : 0.65~ 0.76
- 연소범위 : 1.4~7.6%, 유출온도 : 30℃~210℃, 증기비중 : 3~4
- 가솔린의 일반적 제조방법 : 직류법, 분해증류법, 접촉개질법
- 특유한 냄새가 나는 무색의 액체이고 상온에서도 가연성 증기가 발생
- 비수용성, 유기용제와 잘 섞이고 고무, 수지, 유지를 녹인다.
- 전기의 부도체이며 물보다 가볍다.
- 포화, 불포화 탄화수소 혼합물이다.

> **※ 가솔린의 다른 명칭**
> 리그로인, 솔벤트나프타, 널리벤젠, 석유에테(에테르), 석유벤젠

나) 위험성

- 부피팽창율 0.00135/℃이므로 10% 안전공간을 둔다.
- 옥탄가를 늘이기 위해 사에틸납($(C_2H_5)_4Pb$)을 첨가시켜 오렌지 또는 청색으로 착색한다.

> 참/고/ [14]
> **※ 옥탄가**
> 휘발유의 노킹억제성을 나타내는 지수. 이소옥탄(i-C_8H_{18})의 옥탄가를 100, 정-헵탄(n-C_7H_{16})의 옥탄가를 0으로 정한 항노크성의 척도가 주로 이용된다. 옥탄가가 높으면 높을수록 연료의 항노크성(anti-knocking)은 상승한다. 옥탄가 100 이하에서 옥탄가는 이소옥탄과 정-헵탄의 체적비로 표시된다(예 : 옥탄가 90인 표준연료는 체적비로 이소옥탄 90%와 정-헵탄 10%를 혼합한 연료).

- 가솔린의 착색
  공업용 : 무색, 자동차용 : 오렌지색, 항공기용 : 청색
- 정전기에 의해 인화되기 쉽다.

다) 저장 및 취급방법

- 용기의 누설 및 증기의 배출이 되지 않게 해야 한다.
- 화기를 피하고 통풍이 잘 되는 찬 곳에 저장한다.
- 포, 이산화탄소, 분말에 의한 질식소화가 효과적이다.

표 6-6 가솔린(휘발유)의 주요 물성

화학식	C_5H_{12}~C_9H_{20}	성상 및 색상	독특한 냄새, 노란의 유동성 액체
분자량	72.15~128.26	밀도[g/cc]	0.69~0.74
분해온도	–	증기밀도	3~4
인화점	–46℃	폭발범위	1.4~7.6 vol.%

③ 콜로디온($C_{12}H_{16}O_6(NO_3)_4-C_{13}H_{17}(NO_3)_3$) (지정수량 200Liter)

가) 일반적인 성질

- 질화도가 낮은 질화면(나이트로셀룰로오스)에 부피비로 에탄올 3과 에터(에테르) 1의 혼합용액으로 녹여 교질상태로 만든 것을 말한다.

> ※ **질화도** : 나이트로셀룰로오스의 질소 함유%

- 무색, 투명한 끈기 있는 액체이며 인화점은 –18℃이다.

나) 위험성

- 상온에서 휘발하여 인화하기 쉽다.
- 콜로디온의 성분 중 질화면이 연소할 때는 폭발적인 연소를 한다.

다) 저장 및 취급방법

- 화기, 가열, 충격을 피하고 비교적 찬 곳에 저장한다.
- 증기 및 액체의 누설에 주의한다.
- 소화 방법은 알코올 포, 이산화탄소, 분무주수 등으로 소화한다.

④ 벤젠(C_6H_6) (지정수량 200Liter)

가) 일반적인 성질

- 인화점 : –11℃, 발화점 : 498℃, 비점 : 80℃
- 비중 : 0.9, 연소범위 : 1.2~7.8%, 융점 : 5.5℃, 비수용성
- 독특한 냄새가 나는 무색의 휘발성 액체
- 정전기가 발생하기 쉽고, 증기는 독성·마취성이 있다.
- 불을 붙이면 그을음이 많은 불꽃을 내며 탄다(수소의 수에 비해 탄소의 수가 많기 때문).
- 불포화결합을 이루고 있으나 첨가반응보다는 치환반응이 많다.

나) 위험성

- 유해한도 : 100ppm
- 서한도(위생학적인 측면에서 허용농도) : 35ppm
- 2% 이상의 고농도 증기를 5~10분 정도 마시면 치명적이다.
- 비전도성 물질이므로 취급할 때 정전기의 발생위험이 있다.

> ※ **유해한도** : 일정한 농도 이상에서는 인체에 해로운 물질의 흡입한계 농도

다) 저장 및 취급방법

- 벤젠의 융점이 5.5℃이며, 인화점이 -11℃이므로 겨울철에는 고체 상태이면서 가연성 증기를 발생시키기 때문에 취급에 주의해야 한다.
- 기타 가솔린에 준한다.

표 6-7 가솔린(휘발유)의 주요 물성

화학식	C_6H_6	성상 및 색상	독특한 냄새, 무색~밝은 노란색의 액체
분자량	78.12	밀도[g/cc]	0.88
분해온도	-	증기밀도	2.77
인화점	-11.11℃	폭발범위	1.2~7.8 vol.%

⑤ 톨루엔($C_6H_5CH_3$) (지정수량 200Liter)

가) 일반적인 성질

- 인화점 : 4℃, 발화점 : 480℃, 비중 : 0.9, 연소범위 : 1.1~7.1%
- 특유한 냄새가 나는 무색의 액체이며 비수용성이다.
- 알코올, 에터(에테르), 벤젠에 잘 녹고 수지, 유지, 고무 등을 잘 녹인다.
- 산화시키면 안식향산(벤조산, C_6H_5COOH)이 된다.
- TNT의 주원료로 사용된다.
- 구조식

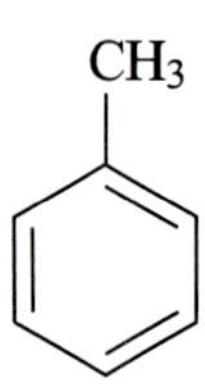

나) 위험성

- 독성은 벤젠보다 약하다.
- 증기는 마취성이 있고, 피부에 접촉 시 자극성, 탈지작용이 있다.
- 유체마찰 등으로 정전기가 생겨서 인화하기도 한다.

다) 저장 및 취급방법

- 가솔린에 준한다.

⑥ 오르토-자일렌(o-$C_6H_4(CH_3)_2$) (지정수량 200 Liter)

가) 일반적인 성질

- 인화점 : 17℃, 발화점 : 464℃, 비중 : 0.8, 연소범위 : 0.9~7.0%
- m-자일렌과 p-자일렌은 제2석유류에 해당이 된다.
  (m-자일렌, p-자일렌의 인화점 23℃이다.)

나) 자일렌의 이성질체의 구조식

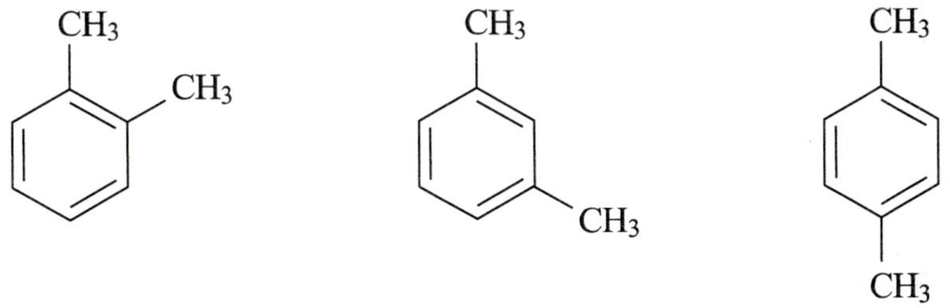

ortho-xylene (1,2-dimethylbenzene) *meta*-xylene (1,3-dimethylbenzene) *para*-xylene (1,4-dimethylbenzene)

⑦ 메틸에틸케톤(MEK) ($CH_3COC_2H_5$) (지정수량 200Liter)

가) 일반적인 성질

- 인화점 : -1℃, 발화점 : 516℃, 비중 : 0.8, 연소범위 : 1.8~10%
- 부틸알코올의 산화로 얻어진다.
- 나이트로셀룰로오스, 비닐수지, 질산셀룰로오스 등의 좋은 용제이다.

나) 저장 및 취급방법

- 직사광선을 피하고 통풍이 잘 되는 냉암소에 저장한다.

⑧ 초산메틸(메틸아세테이트, 아세트산메틸, CH_3COOCH_3) (지정수량 400 Liter)

가) 일반적인 성질

- 발화점 : 501℃, 비중 : 0.9 연소범위 : 3.1~16%
- 휘발성, 인화성이 강하다.
- 피부에 닿으면 탈지작용을 한다.

⑨ 초산에틸(에틸아세테이트, 아세트산에틸, $CH_3COOC_2H_5$) (지정수량 400 Liter)

가) 일반적인 성질

- 인화점 : -4.4℃, 발화점 : 427℃, 비중 : 0.9, 연소범위 : 2.2~11.4%
- 파인애플, 딸기, 간장 등의 휘발성 방향성분으로 무색투명한 액체로 과일 향기가 난다.
- 아이스크림, 알코올음료, 빵 등에 사용되고 감의 탈삽제(떫은맛을 없애주는 물질)로 사용하는 알코올 변성제로 이용한다.

⑩ 정초산프로필(프로필아세테이트, $CH_3COOC_3H_7$) (지정수량 200 Liter)

가) 일반적인 성질

- 인화점 : 14.4℃, 발화점 : 450℃, 비중 : 0.88, 연소범위 : 2.0~8.0%
- 무색투명한 액체로 술 향기가 나며, 증기는 마취성을 가진다.

⑪ 의산메틸(폼산메틸, $HCOOCH_3$) (지정수량 400 Liter)

가) 일반적인 성질

- 인화점 : -19℃, 발화점 : 456℃, 비중 : 0.97, 연소범위 : 5.9~20%
- 무색투명한 액체로 술 향기가 나며, 증기는 마취성을 가진다.

⑫ 의산에틸(폼산에틸, 개미산에틸에스테르, $HCOOC_2H_5$) (지정수량 400 Liter)

가) 일반적인 성질

- 인화점 : -20℃, 발화점 : 455℃, 비중 : 0.9, 연소범위 : 2.7~13.5%
- 증기는 다소 마취성이 있으나 독성은 없다.
- 휘발하기 쉽고 인화성이 액체이다.
- 나이트로셀룰로오스용 용제로 사용된다.

⑬ 의산프로필(폼산프로필, $HCOOC_3H_7$) (지정수량 200 Liter)

가) 일반적인 성질

- 인화점 : -3℃, 발화점 : 455℃, 비중 : 0.9

⑭ 의산부틸(폼산부틸, $HCOOC_4H_9$) (지정수량 200 Liter)

가) 일반적인 성질

- 인화점 : 189℃, 발화점 : 322℃, 비중 : 0.9, 연소범위 : 1.7~8.0%

⑮ 피리딘(C_5H_5N) (지정수량 400Liter)

가) 일반적인 성질

- 인화점 : 20℃, 발화점 : 492℃, 녹는점 : -42℃, 끓는점 : 115.5℃
- 비중 : 0.9779(25℃), 연소범위 : 1.8~12.4%
- 무색의 악취를 가진 액체이다.
- 약알칼리성을 나타내고 독성이 있다.
- 수용액 상태에서도 인화의 위험성이 있으므로 화기에 주의해야 한다.
- 벤젠의 경우와 같이 공명이 일어나며, 방향족성이 있다.
- 약한 염기성을 가지고 있으므로 산에는 염을 만들며 녹는다.
- 물, 에탄올, 에터(에테르)와 섞인다.
- 콜타르를 황산으로 처리하면 수용액이 되어 분리된다.
- 고무나 도료의 용제로 사용되며, 합성원료 및 분석시약으로도 사용된다.
- 구조식

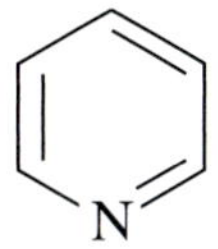

⑯ 사이클로헥산(C_6H_{12})

가) 일반적인 성질

- 인화점 : -17℃, 발화점 : 268℃, 비중 : 0.8, 연소범위 : 1.3~8.4%
- 헥사하이드로벤젠 혹은 헥사메틸렌이라고도 한다. 벤젠 비슷한 냄새가 나는 무색액체
- 벤젠 비슷한 냄새가 나는 무색 액체.

- 화학적으로는 비활성이며, 잘 반응하지 않는다.
- 석유에서 분리시키기가 쉽지 않기 때문에 벤젠의 수소화에 의해서 얻는다.
- 나일론의 원료로 중요하며, 또 생고무 · 수지 · 유지 등의 용제로도 사용된다.
- 구조식

⑰ 에틸벤젠($C_6H_5C_2H_5$)

가) 일반적인 성질

- 인화점 : 15℃, 발화점 : 432℃, 비중 : 0.86, 연소범위 : 1.2~6.8%
- 천연석유, 가솔린, 타르계 솔벤트 나프타 등 속에 다소 함유되어 있는데 이들에서 분리하는 것은 어려우며, 타르계 또는 석유계 자일렌 증류분 중에는 10% 내외 함유되어 있기 때문에 고도의 정밀 증류(이론 단수 360단 정도)에 의해 나누어진다.
- 스타이렌(스티렌)의 합성원료로 사용된다.

⑱ 아크롤레인($CH_2 = CHCHO$)

가) 일반적인 성질

- 불포화알데하이드의 하나로, 화학식 C_3H_4O인 무색액체이다.
- 아크릴알데하이드. 알릴알데하이드, 프로펜알이라고도 한다
- 인화점 : −17.7℃, 발화점 : 239℃, 비중 : 0.8, 연소범위 : 2.8~31%
- 공기 중에서 쉽게 산화되고 장시간 보존하면 중합하여 수지상(樹脂狀) 물질로 변하며, 유기합성의 원료로 사용된다.
- 보존할 때는 소량의 폴리페놀을 산화방지제로 가해둔다.

⑲ 아크릴로니트릴(아크릴로나이트릴, $CH_2 = CHCN$)

가) 일반적인 성질

- 인화점 : 0℃, 발화점 : 125℃, 비중 : 0.8, 연소범위 : 3.0~17%
- 쓴맛이 있고 유독하며, 물에 전리하여 강한 산이 된다.
- 뇌관의 첨장약으로 사용된다.

3) 알코올류

(1) 일반적인 성질

① 알코올류는 알킬기와 수산기의 결합($C_nH_{2n+1}-OH$)의 형태를 말한다.

② 위험물안전관리법상의 알코올류의 정의

가) 1분자 내 탄소 원자수가 3 이내인 알코올
(탄소수가 4 이상인 경우는 인화점에 따라 석유류로 분류)

나) 포화알코올인 것(단일 결합으로 이루어진 알코올)

다) 1가 알코올인 것(1가 알코올이란 OH기가 1개인 것)

라) 수용액의 농도가 60vol% 이상인 것(60vol% 미만이면 석유류로 분류)

마) 위험물안전관리법상의 알코올류의 구조식

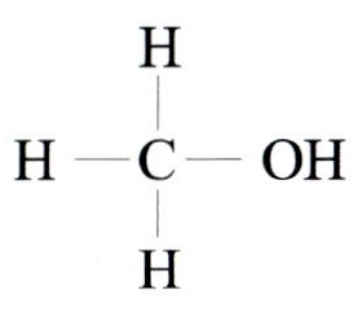

메틸알코올

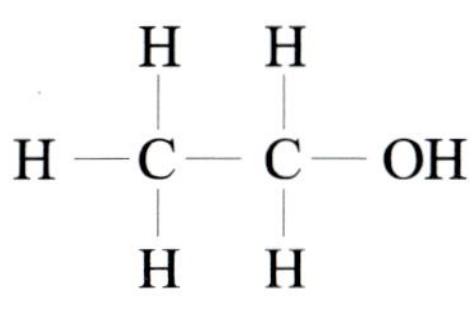

에틸알코올

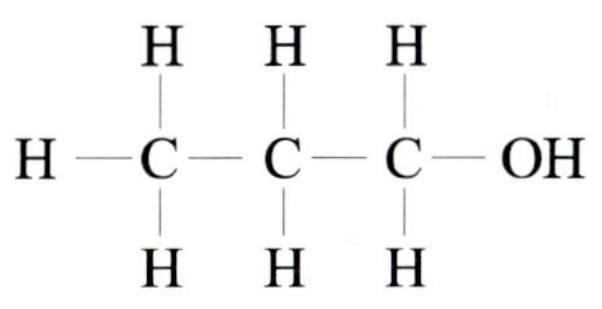

η - 프로필알코올

(2) 종류

① 메틸알코올(메탄올, 목정, CH_3OH)

가) 인화점 : 11℃, 발화점 : 464℃, 비등점 : 65℃, 비중 : 0.8, 연소범위 : 6.0~36%

나) 증기는 가열된 산화구리를 환원하여 구리를 만들고 포름알데하이드가 된다.

다) 산화・환원 반응식

$$CH_3OH \underset{\text{환원}}{\overset{\text{산화}}{\rightleftarrows}} \underset{\text{(포름 알데하이드)}}{HCHO} \underset{\text{환원}}{\overset{\text{산화}}{\rightleftarrows}} \underset{\text{(의산)}}{HCOOH}$$

라) 무색투명한 액체

마) 물, 에터(에테르)에 잘 녹고, 알코올류 중에서 수용성이 가장 높다.

바) 독성이 있다 (흡입하면 실명한다).

표 6-8 메탄올의 주요 물성

화학식	CH_3OH	성상 및 색상	특유의 알코올 냄새, 무색의 액체
분자량	32.04	밀도[g/cc]	0.79
분해온도	–	증기밀도	1.11
인화점	11.11℃	폭발범위	6~36.5 vol.%

② 에틸알코올(에탄올, C_2H_5OH)

가) 인화점 : 13℃, 발화점 : 423℃, 비중 : 0.8, 연소범위 : 3.3~19℃

나) 공업적으로 약 280℃, 300기압에서 황산을 촉매로 하여 에틸렌에 물을 첨가하여 얻는다.

다) 산화 · 환원반응식

$$C_2H_5OH \underset{\text{환원}}{\overset{\text{산화}}{\rightleftarrows}} CH_3CHO \underset{\text{환원}}{\overset{\text{산화}}{\rightleftarrows}} CH_3COOH$$

라) 140℃에서 진한 황산과의 반응식

$$2C_2H_5OH \xrightarrow{c-H_2SO_4} C_2H_5CO_2H_5 + H_2O$$

마) 160℃에서 진한 황산과의 반응식

$$C_2H_5OH \xrightarrow{c-H_2SO_4} C_2H_4 + H_2O$$

바) 독성이 없다.

사) 에틸알코올에 아이오딘(요오드)를 가하면 아이오드포름(요오드포름)의 노란색 침전물이 생긴다(아이오드포름반응, 요오드포름반응).

표 6-9 에탄올의 주요 물성

화학식	C_2H_5OH	성상 및 색상	특유의 알코올 냄새, 무색의 액체
분자량	46.07	밀도[g/cc]	0.79
분해온도	–	증기밀도	1.59
인화점	12.78℃	폭발범위	3.3~19 vol.%

③ 정프로필 알코올(정프로판올, C_3H_7OH)[13]

가) 인화점 : 15℃, 발화점 : 404℃, 비중 : 0.8, 연소범위 : 2.1~13.5℃

나) 에탄올 비슷한 냄새가 나는 액체로 물과 혼합되고 산화하면 프로피온알데하이드를 거쳐 프로피온산을 생성한다.

다) 퓨젤오일(fusel oil) 속에 3~7% 함유되어 있다.

라) 주로 용제로 사용되고 또 합성 중간물질로도 사용된다.

> **※ 퓨젤오일**[13]
> 알코올 발효의 부산물로서 얻을 수 있는 고급 알코올류를 주성분으로 한 혼합물로 숙취를 일으키는 물질로도 알려져 있다.

④ 이소프로필알코올(이소프로판올, 2-프로판올)[12]

가) 인화점 : 12℃, 발화점 : 399℃, 비중 : 0.8, 연소범위 : 2.0~12.7℃

나) 무색의 휘발성 액체인데 인화성이 크다.

다) 물, 탄화수소유, 함산소 유기용제 등에 잘 녹는다.

라) 물과 함께 끓는 혼합물(알코올 91.32vol%)을 만들며, 화학적 성질은 에틸알코올과 비슷하다.

마) 산화 또는 수소이탈에 의해 쉽게 아세톤으로 변하며, 각종 방향족 화합물과 축합하여 이소프로필 유도체를 만들 수 있다.

⑤ 변성알코올

가) 공업용으로 이용되는 알코올로 주성분은 에틸알코올

나) 변성제로서는 석유 및 메탄올을 비롯하여 많은 다른 화합물이 사용된다. 가장 일반적인 변성알코올은 에탄올 200l당 메탄올 7kg, 포르말린 30g, 로다민B 0.5g을 첨가한다.

> **※ 포르말린**[11],[15]
> 포름알데하이드 35%~40% 수용액. 무색의 자극성이 있는 액체다. 공업용 방부제로, 흔히 과학실에서 볼 수 있는 액침표본(개구리, 생쥐 해부 등)에 포르말린이 채워져 있다. 포르말린 자체로 쓰는 경우는 드물고, 주로 30배 희석하여 1% 수용액을 만들어서 쓴다.

4) 제2석유류

(1) 일반적인 성질

① 지정품명 : 등유, 경유

② 지정성상 : 1기압, 20℃에서 액체로서 인화점이 21℃ 이상 70℃ 미만인 것

③ 도료류, 그 밖의 물품 : 가연성 액체량이 40wt.% 초과하거나 인화점이 40℃ 미만인 동시에 연소점이 60℃ 미만일 것

(2) 종류

① 등유(지정수량 1,000Liter)

가) 원유 증류 시 휘발유와 경유 사이에서 유출되는 포화·불포화 탄화수소 혼합물

나) 인화점 : 40~70℃, 발화점 : 210℃, 증기비중 : 4.5

다) 연소범위 : 1~6%, 유출온도 : 150~300℃

라) 옛날부터 등을 켜는 데에 주로 사용되어 왔으며 오늘날에는 석유난로, 보일러 등 가정난방용으로 주로 사용되고 있다.

마) 가정용 난방기구(온풍기, 석유난로 등)에는 유황 함량이 매우 낮고 색상이 맑은 등유를 쓰며, 보일러에는 등유유분과 경유유분을 적절히 혼합하여 사용한다.

바) 등유는 난방 이외에도 기계세척용, 석유유제 원료, 페인트용제 등에도 쓰인다.

사) 비수용성, 여러 가지 유기용제와 잘 섞이고 유지 수지를 잘 녹인다.

아) 화기를 피하고, 통풍이 잘 되는 곳에 밀봉 밀전한다.

자) 누출에 주의하고 용기에는 항상 여유를 남긴다.

차) 정전기 불꽃으로 인한 위험성이 있다.

표 6-10 등유의 주요 물성

화학식	$C_{10}H_{22}$~$C_{16}H_{34}$	성상 및 색상	석유냄새, 무색/자주색의 액체
분자량	142.1~226.16	밀도[g/cc]	–
분해온도	–	증기밀도	5.5
인화점	65~85℃	폭발범위	0.7~5 vol.%

② 경유(지정수량 1,000Liter)

가) 증류 시 등유보다 조금 높은 온도에서 유출되는 탄화수소화합물

나) 인화점 : 50~70℃, 발화점 : 200℃, 증기비중 : 4.5

다) 연소범위 : 1.1~6.0%, 유출온도 : 150~350℃

라) 비수용성, 담황색 액체로 등유와 비슷하다.

마) 디젤엔진의 연료 및 도시가스의 열량을 높이는 데에 사용되며, gas oil 혹은 Diesel oil이라고 한다. 그 외 석유버너의 연료, 기계 세척에 사용되기도 한다.

표 6-11 경유의 주요 물성

화학식	$C_{15}H_{32}$~$C_{20}H_{42}$	성상 및 색상	석유냄새, 무색/자주색의 액체
분자량	212.15~282.2	밀도[g/cc]	–
분해온도	–	증기밀도	4~5
인화점	50~70℃	폭발범위	1~6 vol.%

③ 의산(폼산, 개미산, HCOOH) (지정수량 2,000 Liter)

가) 인화점 : 69℃, 발화점 : 601℃, 비중 : 1.22, 연소범위 : 18~57%

나) 가장 간단한 구조를 가진 카르복시산의 일종.

다) 상온에서는 무색으로 자극성 냄새가 나는 액체이며, 천연에서는 개미 외에 쐐기풀 등의 식물에도 함유되어 있다.

라) 초산보다 강산이고 수용성이며 물보다 무겁다.

마) 피부에 대한 부식성(수종)이 있고, 점화하면 푸른 불꽃을 낸다.

바) 강한 환원제이며 물, 알코올, 에터(에테르)에 어떤 비율로도 혼합된다.

사) 저장시 산성이므로 내산성용기를 사용할 것.

아) 유기시약이나 용제의 합성, 염색, 무두질 등에 이용된다.

④ 초산(아세트산, CH_3COOH) (지정수량 2,000 Liter)

가) 인화점 : 39℃, 발화점 : 463℃, 비중 : 1.0

나) 연소범위 : 4.0~19.9%, 융점 : 16.6℃

다) 수용성이고 물보다 무겁다.

라) 피부에 닿으면 발포(수종)를 일으킨다.

마) 융점이 16.6℃이므로 겨울에는 얼음과 같은 상태로 존재하기 때문에 빙초산이라고도 한다.

바) 천연 탄수화물이 발효와 산화과정을 거쳐 생성된 묽은 아세트산 수용액을 식초라고 한다.

⑤ 테레핀유(지정수량 1,000Liter)

가) 피넨($C_{10}H_{16}$)이 80~90% 함유된 소나무과 식물에 함유된 기름

나) 송정유라고도 한다.

다) 인화점 : 34℃, 발화점 : 253℃, 비중 : 0.86

라) 연소범위 : 0.8%이상, 비점 : 153~175℃

마) 비수용성, 헝겊 및 종이 등에 스며들면 자연발화를 일으킨다.

바) 물에 녹지 않으나, 알코올, 에테르(에테르)에 녹으며 유지 등을 녹인다.

사) 테레핀유가 묻은 엷은 천에 염소가스를 접촉시키면 폭발한다.

⑥ 스티렌(스타이렌, $C_6H_5CH=CH_2$) (지정수량 1,000 Liter)

가) 인화점 : 31℃, 발화점 : 190℃, 비중 : 0.91

나) 연소범위 : 1.1~70℃, 비점 : 146℃

다) 가열, 빛 또는 과산화물에 의해 중합체를 만들면 폴리스틸렌이 된다.

라) 비수용성이고 메탄올, 에탄올, 에터(에테르), CS_2에 잘 녹는다.

마) 고분자화합물로 만들어진 대표적인 것은 스티로폼이다.

바) 증기로 접촉하거나 체내에 흡입될 경우 위험성이 있다.

사) 구조식

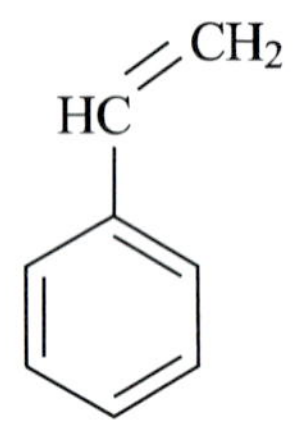

⑦ 장뇌유(백색유, 적색유, 감색유) (지정수량 1,000Liter)

가) 인화점 47℃

나) 사용처

- 백색유 : 방부제
- 적색유 : 비누, 향료
- 감색유 : 선광유

다) 비수용성.

라) 화기를 피하고, 통풍이 잘 되는 곳에 밀봉 밀전한다.

마) 누출에 주의하고 용기에는 항상 여유를 남긴다.

바) 정전기 불꽃으로 인한 위험성이 있다.

⑧ 송근유(지정수량 1,000Liter)

가) 소나무 뿌리를 건류하여 얻은 타르를 분류하여 얻는다.

나) 인화점 : 54℃ 이상, 발화점 : 355℃, 비중 : 0.87, 비점 : 155~180℃

다) 황색 또는 갈색의 독특한 냄새를 갖는 액체

라) 비수용성

마) 각종 도료, 세척용 성분으로 사용된다.

⑨ 에틸세르솔브($C_2H_5OCH_2CH_2OH$) (지정수량 2,000Liter)

가) 상쾌한 냄새가 나는 무색의 액체

나) 인화점 : 40℃, 착화점 : 238℃, 비점 : 135℃, 증기비중 : 1.3~7.1%

다) 수지, 유지, 나이트로셀룰로오스를 잘 녹인다.

⑩ 클로로벤젠(C_6H_5Cl) (지정수량 1,000Liter)

가) 인화점 : 29℃, 발화점 : 638℃, 비중 : 1.11, 연소범위 : 1.3~7.1%

나) 비수용성, 물보다 무겁다.

다) DDT(살충제)의 원료로 사용

라) 구조식

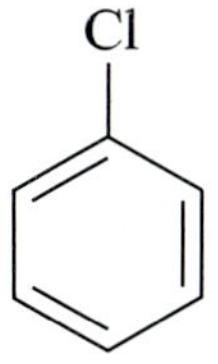

⑪ 메타자일렌(meta-Xylene) ($C_6H_4(CH_3)_2$)

가) 인화점 : 25℃, 발화점 : 527℃, 비중 : 0.8, 연소범위 : 1.1~7.0%

⑫ 파라자실렌(para-Xylene) ($C_6H_4(CH_3)_2$)

가) 인화점 : 25℃, 발화점 : 525℃, 비중 : 0.8, 연소범위 : 1.1~7.0%

나) ortho-Xylene은 제1석유류에 해당된다.

⑬ 히드라진(하이드라진, N_2H_4) (지정수량 2,000Liter)

가) 40vol.% 이상을 제4류 위험물로 분류

나) 과산화수소와 폭발반응을 일으킨다.

$$N_2H_4 + H_2O_2 \rightarrow N_2 + 4H_2O$$

다) 로켓연료로 사용되는 액체 화학물질로 암모니아와 비슷한 냄새가 난다.

라) 물과 비슷한 밀도를 가지며, 물과 비슷한 온도범위에서 액체 상태로 존재한다.

마) 인체 발암성이 높고 호흡기, 피부 등에 영향을 미칠 수 있는 유독성의 물질이다.

5) 제3석유류

(1) 일반적인 성질

① 지정품명 : 중유, 클레오소오트유

② 지정성상 : 1기압, 20℃에서 액체로서 인화점이 70℃ 이상 200℃ 미만인 것

③ 도료류, 그 밖의 물품은 가연성 액체량이 40wt.%를 초과해야 제3석유류이다.

(2) 종류

① 중유

가) KS M에 의한 분류는 다음과 같다.

- A중유 : 요업, 금속제련
- B중유 : 내연기관
- C중유 : 보일러, 제련, 대형 내연기관

> ※ KS 분류
> KS는 Korea industrial standards의 약어로, KS A~KS M, KS P~KS T, KS V~KS X로 기본부문, 기계, 전기, 금속광산, 건설부문 등으로 분류체계를 갖추고 있다. KS M은 화학부문으로 화학일반, 산업약품, 고무, 가죽, 유지, 광유, 플라스틱 등에 대한 국가표준을 다룬다.

나) 직류중유(지정수량 2,000Liter)

- 인화점 60~150℃, 착화점 254~405℃, 유출온도 300~350℃, 비중 0.85
- 점도가 낮고 분무성이 좋으며, 착화가 잘 된다.
- 디젤기관의 연료로 사용, 비수용성

다) 분해중유(지정수량 2,000Liter)

- 인화점 70~150℃, 착화점 380℃, 비중 0.98
- 점도와 비중이 직류중유보다 높고 분무성이 좋지 않다.

라) 혼합중유(지정수량 2,000Liter)

- 순수한 중유에 등유와 경유를 온도에 따라 혼합한 것
- 비중, 인화점, 착화점은 일정하지 않다.
- 화재면의 액체가 포말과 함께 혼합되면 넘쳐흐르는 현상, 즉 슬롭오버 현상을 일으킨다.

참/고/ (4),(5),(8)

※ 슬롭오버(Slop over) 현상

점성이 큰 중질유와 같은 유류에 화재가 발생하면 유류의 액표면온도가 물의 비점 이상으로 상승하게 되는데, 이때 소화용수가 연소유의 뜨거운 액표면에 유입되면 급 비등으로 부피 팽창을 일으켜 탱크 외부로 유류를 분출시키는 현상을 슬롭오버 현상이라 한다. 보일오버 현상과 마찬가지로 화재의 확대 및 진화작업에 장애의 요인이 되며, 유류화재 시 물이나 포소화약제를 방사할 경우 발생할 수 있는 현상이다.

※ BLEVE(Boiling Liquid Expanding Vapor Explosion) 현상

인화점이나 비점이 낮은 인화성액체(유류)가 가득차 있지 않는 저장탱크 주위에 화재가 발생하여 저장탱크 벽면이 장시간 화염에 노출되면 윗부분의 온도가 매우 상승하여 재질의 인장력이 저하되고, 내부의 비등현상으로 인한 압력상승으로 저장탱크 벽면이 파열되어 발생된다.

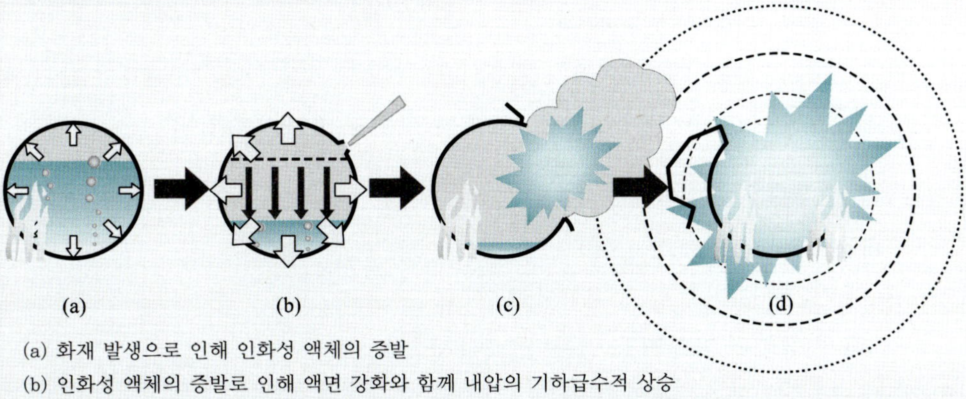

(a) 화재 발생으로 인해 인화성 액체의 증발
(b) 인화성 액체의 증발로 인해 액면 강화와 함께 내압의 기하급수적 상승
(c) & (d) 탱크 벽면의 파열과 함께 폭발

※ 보일오버(Boil over) 현상

연소열에 의하여 탱크 내부의 수분층의 이상팽창으로 수분 팽창층 윗부분의 기름이 급격히 넘쳐 나오는 현상이다.

※ 플래쉬오버(Flash over) 현상

실내화재에서 발생하며 화재로 인하여 온도가 급격히 상승하여 화재가 순간적으로 실내전체에 확산되어 연소하는 현상으로 화재의 쇠퇴기에 주로 발생한다.

※ 파이어볼(Fire ball) 현상

용기 내에 석유가스가 일시에 많은 양이 분출된 상태에서 화재가 발생하는 현상이다.

② 클레오소오트유(지정수량 2,000Liter)

가) 주성분 : 나프탈렌, 안트라센

나) 인화점 : 74℃, 발화점 : 336℃, 비중 : 1.05

다) 황색 또는 어두운 녹색(암녹색)의 기름모양의 액체

라) 비수용성, 알코올, 에터(에테르), 벤젠, 톨루엔에 잘 녹는다.

마) 물보다 무겁고 독성이 있다.

바) 타르산이 있어 용기를 부식하기 때문에 내산성 용기를 사용해야 한다.

사) 카본블랙의 제조, 목재의 방부제, 살충제 등으로 많이 사용한다.

③ 아닐린($C_6H_5NH_2$) (지정수량 2,000Liter)

가) 인화점 : 70℃, 발화점 : 615℃, 비중 : 1.02, 융점 : -6℃

나) 비수용성, 물보다 무겁고 독성이 있다.

다) HCl과 반응하여 염산염을 만든다.

라) 황색, 담황색의 기름모양의 액체

마) $CaOCl_2$(표백분, 클로로석회) 용액에서 붉은 보라색을 띤다.

바) 나이트로벤젠을 수소로 환원시켜 얻는다.

사) 알칼리금속 및 알칼리토금속과 반응하여 수소와 아닐리드를 생성한다.

아) 피부와 접촉 시 급성 또는 만성중독을 일으킨다.

자) 구조식

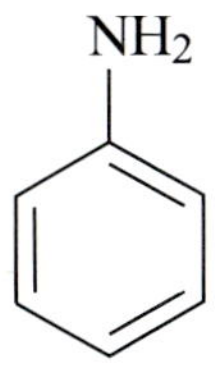

표 6-12 아닐린의 주요 물성

화학식	C_6H_7N	성상 및 색상	매운냄새, 녹황색 고체 혹은 노란색의 액체
분자량	93.13	밀도[g/cc]	1.03
분해온도	–	증기밀도	≈3.2
인화점	70℃	폭발범위	1.3~11 vol.%

④ 나이트로벤젠($C_6H_5NO_2$) (지정수량 2,000Liter)

가) 무색의 단맛이 나는 액체로 비수용성이다.

나) 인화점 : 88℃, 발화점 : 482℃, 녹는점 : 5.8℃, 끓는점 : 211℃, 비중 : 1.2

다) 비수용성

라) 환원시키면 나이트로소벤젠, N-페닐하이드록실아민을 거쳐 아닐린이 된다.

마) 벤젠을 황산과 질산의 혼합산 속에서 나이트로화시켜 얻는다.

사) 아닐린의 원료로 염료공업에서 중요하고, 유기반응의 용매로도 사용된다.

아) 약한 산화작용을 나타내므로 온화한 산화제로 이용된다.

자) 독성이 강하고 피부에 흡수되기 쉬우므로 취급할 때 주의해야 한다.

차) 구조식

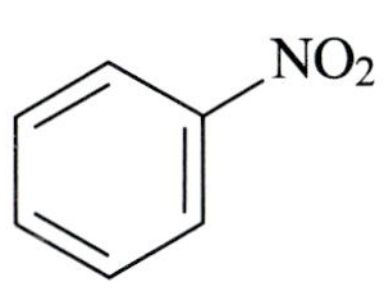

표 6-13 나이트로벤젠의 주요 물성

화학식	$C_6H_5NO_2$	성상 및 색상	매운 냄새, 녹황색 고체 혹은 노란색의 액체
분자량	123.11	밀도 [g/cc]	1.2
분해온도	–	증기밀도	4~5
인화점	88℃	폭발범위	1.8~40 vol.%

⑤ 글리세린(글리세롤) ($C_3H_5(OH)_3$) (지정수량 4,000Liter)

가) 인화점 : 199℃, 발화점 : 370℃, 비중 : 1.25 비점 : 290℃

나) 흡습성이 있고, 무색, 무취의 단맛이 나는 끈끈한 액체이다.

다) 수용성이고, 3가 알코올에 해당한다.

라) 독성이 없고, 나이트로글리세린, 화장품의 주원료로 사용된다.

마) 구조식

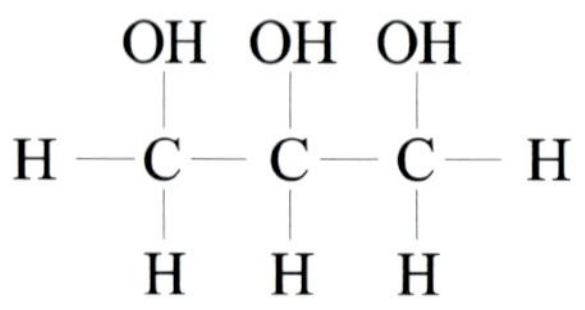

⑥ 에틸렌글리콜($C_2H_4(OH)_2$) (지정수량 4,000Liter)

가) 인화점 : 111℃, 발화점 : 398℃, 비중 : 1.1 비점 : 197℃

나) 흡습성이 있고 무색, 무취의 단맛이 나는 끈끈한 액체이다.

다) 수용성이고 2가 알코올에 해당한다.

라) 독성이 있고 자동차의 부동액의 주원료로 사용된다.

마) 구조식

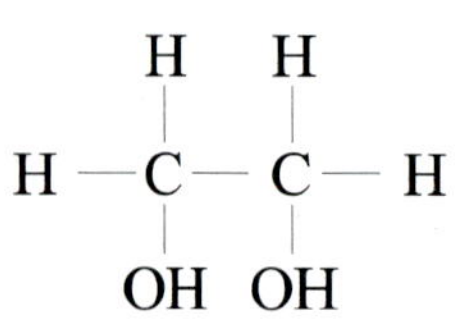

⑦ 담금질유(지정수량 2,000Liter)

가) 금속을 900℃ 이상 가열한 후 급냉시켜 금속의 탄성을 변화시키는데 사용된다.

나) 인화점이 200℃ 이상인 담금질유는 제4석유류에 포함된다.

⑧ 메타크레졸(지정수량 2,000Liter)

가) 인화점 86℃, 융점 4℃

나) 크레졸은 3가지 이성질체를 가진다.

다) 소독, 방부제용으로 사용된다.

라) 오르토크레졸, 파라크레졸은 고체상태이므로 특수가연물에 포함시킨다.

마) 구조식

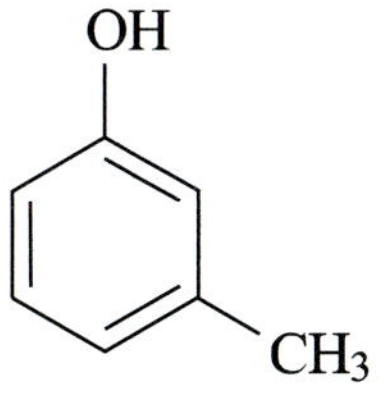

6) 제4석유류(지정수량 6,000 Liter)

(1) 일반적인 성질

① 지정품명 : 기계유, 실린더유

② 지정성상 : 1기압, 20℃에서 액체로서 인화점이 200℃ 이상 250℃ 미만인 것

③ 도료류, 그 밖의 물품 : 가연성 액체량이 40wt.% 이하인 것은 제외한다.

(2) 종류

① 윤활유(기계의 축받이나 기어 등 마찰부분에 쳐주는 기름)

가) 기계유, 실린더유, 스핀들유, 터빈유, 모빌유, 기어유, 엔진오일, 콤프레셔 오일 등으로 점도, 유동첨가제에 따라 여러 가지로 나누어진다.

나) 석유계 윤활유 : 기어유, 실린더유, 모터유, 스핀들유, 터빈유 등

표 6-14 윤활유의 주요 물성

화학식	–	성상 및 색상	탄화수소 냄새, 무색의 액체
분자량	–	밀도[g/cc]	0.84~0.94
분해온도	–	증기밀도	–
인화점	＞124℃	폭발범위	0.9~7 vol.%

② 가소제

가) 합성수지, 합성고무 등의 고분자물질에 어떤 물질을 첨가하여 가소성을 가지게 하

거나 가소성을 크게 하여 물리적 성상의 변화가 생겼을 때 첨가된 물질을 가소제라 한다.

나) 가소제의 종류 : DOP(프탈산디옥틸), DIDP(프탈산디이소데실), TCP(프탈산트리크레실), TOP, DNP, DOZ, DBS, DOS 등.

7) 동식물유류(지정수량 10,000Liter)

(1) 일반적인 성질

위험물안전관리법상 동식물유류라 함은 동물의 지육 또는 식물의 종자나 과육으로부터 추출한 것으로 1기압에서 인화점이 250℃ 미만인 것을 말한다.

(2) 위험성

① 화재 시 액온이 높아 소화가 곤란하다.

② 자연발화 위험이 있는 것도 있다.
(아이오딘값(요오드값)이 클수록 포화지방산이 많으므로 자연발화의 위험이 크다.)

※ 포화지방산 : 동물성 지방으로 단일결합구조를 이루고 있는 것

③ 동식물유는 대체로 인화점이 220~300℃ 정도이며, 연소위험성 측면에서 제1석유류와 유사하다.

(3) 저장 및 취급방법

① 액체 누설에 주의한다.

② 화기접근을 피하고, 인화점 이상으로 가열하지 않도록 주의한다.

③ 액온 상승 시 제1석유류와 같은 연소특성을 가지므로 대형화재로 발전하기 때문에 소화가 곤란하다.

④ 건성유의 경우 자연발화 위험이 있다.

(4) 소화 방법

대량의 분무주수나 이산화탄소 및 분말소화.

(5) 구분(요오드값에 따라서 건성유, 반건성유, 불건성유로 나눈다)

① 아이오딘값(요오드가(값))

가) 유지 100g에 부가(첨가)되는 아이오딘 (요오드, I_2)의 g수.

나) 아이오딘값(요오드값)이 크다라고 하는 것은 이중결합이 많고 건성유에 가깝다는 의미이며 자연발화 위험성이 큼을 의미하며, 아이오딘값(요오드값)이 작다라고 하는 것은 이중결합이 적고 불건성유에 가깝다는 의미로 자연발화 위험성이 작다.

② 건성유

가) 아이오딘값(요오드값)이 130 이상인 것.

나) 건성유는 자연발화의 위험성이 있기 때문에 섬유류 등에 스며들지 않도록 한다.

다) 공기 중 산소와 결합하기 쉬우며, 공기 중에서 단단한 피막을 형성한다.

라) 고급 지방산의 글리세린에스터(에스테르)이다.

마) 종류 : 해바라기유, 동유, 정어리유, 아마인유, 들기름, 대구유, 상어유 등

표 6-15 건성유의 품명에 따른 특성

종 류	품 명(원료)	아이오딘값(요오드값)	인화점(℃)
식물유	해바라기유(해바라기씨)	125~136	235
	동유(오동나무씨)	145~176	289
	아마인유(아마씨)	170~204	222.2
	들기름(들깨)	192~208	279
동물유	정어리기름(정어리)	154~196	224

③ 반건성유

가) 아이오딘값(요오드값)이 100 이상 130 미만인 것

나) 건성유보다 공기 중에서 만드는 피막이 얇다.

다) 종류 : 채종유, 면실유, 참기름, 옥수수기름, 콩기름, 쌀겨기름, 청어유 등

표 6-16 반건성유의 품명에 따른 특성

종 류	품 명(원료)	아이오딘값(요오드값)	인화점(℃)
식물유	쌀겨기름(쌀겨)	92~115	234
	면실유(목화씨)	99~113	252
	채종유(채소씨)	97~107	163
	옥수수기름(옥수수)	109~133	254
	참기름(참깨)	104~116	255
	콩기름(콩)	117~1441	282
동물유	청어유(청어)	123~146	224

④ 불건성유

가) 아이오딘값(요오드값)이 100 미만인 것

나) 불건성유는 공기 중에서 쉽게 굳어지지 않으며, 안정된 기름이다.

다) 종류 : 땅콩기름, 야자유, 소기름, 고래기름, 피마자유(아주까리), 올리브유

표 6-17 불건성유의 품명에 따른 특성

종 류	품 명(원료)	아이오딘값(요오드값)	인화점(℃)
식물유	피마자유(아주까리씨)	81～86	229
	올리브유(올리브 열매)	79～90	225
	팜유(팜 열매)	51～57	162
	땅콩기름(땅콩)	84～102	282
	야자유(야자)	7～10	216
동물유	어유(바다고기)	92～150	220

연습문제

1 제4류 위험물의 연소에 대하여 바르게 설명한 것은?
① 수증기와 산소혼합물의 연소이다.
② 수증기와 산소화합물의 연소이다.
③ 가연성 증기와 산소혼합물의 연소이다.
④ 가연성 증기와 산소화합물의 연소이다.

2 다음 특수인화물 중에서 지정품목만으로 짝지어진 것은?
① 아세트알데하이드-시안초산에틸
② 프로필렌-아세트알데하이드
③ 이황화탄소-디에틸에터(에테르)
④ 콜로디온-알킬알루미늄

3 산화프로필렌의 특성상 저장 및 취급 시 주의사항 중 잘못된 것은?
① 인화점이 상온 이하이므로 용기에 수납밀전하고 불연성가스로 채워둔다.
② 액체가 피부에 닿으면 화상을 입고 증기를 흡입하면 폐부종을 일으킨다.
③ 반응성이 커서 증기나 액체는 구리, 은, 마그네슘 등의 금속이나 합금과 반응하여 아세틸리드를 형성한다.
④ 연소범위가 좁고, 증기압이 낮으므로 위험성이 높다.

4 CS_2를 물에 저장하는 주된 이유는 무엇인가?
① 불순물을 용해시키기 위해
② 공기와 접촉하면 즉시 폭발하므로
③ 가연성 증기의 발생을 억제하기 위해
④ 상온에서 수소가스를 방출하므로

5 가솔린의 일반적인 제조방법이 아닌 것은?
① 직류법
② 분해증류법
③ 축중합법
④ 접촉개질법

6 가솔린의 성질 중 잘못된 것은?
① 증기는 공기보다 2~3배 정도 무겁다
② 휘발성의 무색 액체이나, 청색으로 착색된 것도 있다.
③ 화학적으로 단일물질이다.
④ 착화온도는 300℃이나 상온에서도 지속적으로 가연성 증기가 나온다.

7 TNT의 원료로 사용되는 것은 다음 중 무엇인가?

① 톨루엔 ② 사이클로헥산

③ 크실렌 ④ MEK

8 아세톤의 성질 중 잘못된 것은?

① 물에 잘 녹는다.

② 아이오드포름반응(요오드포름반응)을 일으킨다.

③ 아세틸렌을 녹이므로 아세틸렌 저장에 이용된다.

④ 일광에 쪼이면 환원 중합된다.

9 의산에틸(폼산에틸, 개미산에틸에스테르)의 성질 중 바르지 않는 것은?

① 불용성이다.

② 독성이 없는 마취성의 증기가 발생한다.

③ 휘발하기 쉬운 인화성 액체이다.

④ 나이트로 셀룰로오스용 용제로 사용된다.

10 다음의 알코올류 중 인화점이 가장 낮은 것은?

① 메탄올 ② 에탄올

③ 부틸알코올 ④ 이소프로필알코올

11 다음 중 에틸렌글리콜과 글리세린의 공통점이 아닌 것은?

① 독성이 있다. ② 단맛이 있다.

③ 수용성이다. ④ 무색의 액체이다.

12 동식물유류에 관한 설명 중 잘못된 것은?

① 아이오딘값(요오드값)이 클수록 자연발화 위험이 크다.

② 아이오딘값(요오드값)이 130 이상인 것을 건성유라 한다.

③ 아마인유는 건성유이므로 자연발화 위험이 있다.

④ 동식물유류의 연소위험성은 제2석유류와 같다.

13 다음 중 건성유에 해당되지 않는 것은?

① 들기름 ② 오동기름

③ 아주까리기름 ④ 아마인기름

14 다음의 제4류 위험물 중 연소범위가 가장 넓은 것은?

① 아세톤 ② 아세트알데하이드

③ 이황화탄소 ④ 산화프로필렌

15 제4류 위험물의 특징 중 잘못된 것은?

① 증기의 비중은 대부분 공기보다 무겁다.

② 대부분의 연소형태는 액체 자체의 분해연소이다.

③ 산소의 농도가 증가하면 연소범위가 증가한다.

④ 낮은 연소범위에서도 점화원에 의해 연소한다.

16 인화점이 높은 화합물의 화재 시 액온이 높아져 포 및 주수 등으로 소화 시 수분이 비등하여 증발하여 포의 파괴(소포)로 소화가 곤란해지는 현상을 무엇이라 하는가?

① 슬롭오버(slop over) ② 파이어볼(fire ball)

③ 녹킹(knocking) ④ 베이퍼록(vapor lock)

17 물질의 소속 품명이 맞는 것은?

① 아세트알데하이드 – 1석유류 ② 휘발유 – 특수인화물

③ 헥산올 – 알코올 ④ 산화프로필렌 – 특수인화물

18 물보다 무겁고 물에 녹지 않기 때문에 대량저장 시 수조탱크에 넣어서 저장하는 것은?

① 휘발유 ② 이황화탄소

③ 아세트알데하이드 ④ 알코올

19 다음 중 증기비중이 가장 무거운 것은?

① $C_2H_5OC_2H_5$ ② CS_2

③ CH_3COCH_3 ④ C_6H_6

20 "제4류 위험물의 증기는 공기보다 무겁다"라고 했을 때 그 위험성은 어떤 의미인가?

① 증기를 쉽게 낸다. ② 물에 의한 소화가 곤란하다.

③ 폭발성 분위기가 쉽게 형성된다. ④ 정전기 발생을 높인다.

21 다음 중 발화점이 가장 낮은 것은?

① 이황화탄소 ② 다이에틸에테르

③ 휘발유 ④ 벤젠

22 제4류 위험물의 일반성상 중 틀린 것은?

① 증기는 공기보다 무거운 것이 많다.
② 상온에서 액체 또는 고체이다.
③ 물에 녹지 않고 물보다 가벼운 것이 많다.
④ 증기는 공기와 혼합해야 연소한다.

23 아세트알데하이드가 다음 물질과 만나면 중합반응을 일으키지 못하는 것은?

① 구리
② 마그네슘
③ 수은
④ 탄소

24 산화프로필렌의 위험성 중 적절한 것은?

① 수용액 상태에서 위험성이 완전히 없어진다.
② 강산화제와 접촉 시 연소위험은 증가하지 않는다.
③ 구리, 마그네슘과 중합반응을 일으킨다.
④ 가연물에 스며들면 자연발화한다.

25 휘발유의 위험성 중 잘못 설명하고 있는 것은?

① 증기는 정전기 스파크에 의해서 인화한다.
② 휘발유의 연소범위는 아세트알데하이드보다 넓다.
③ 비전도성으로 정전기의 발생, 축적이 용이하다.
④ 강산화제, 강산류와의 혼촉발화가 위험이 있다.

26 다음 4류 위험물 중 물에 녹기 힘들고 물보다 가볍고 인화점이 −45℃ 정도인 것은?

① 아세트알데하이드
② 나이트로벤젠
③ 다이에틸에테르
④ 경유

27 위험물을 저장하는 옥내저장소 내부에 체류하는 가연성 증기를 지붕 위로 방출시키는 설비를 하여야하는 위험물은?

① 과망가니즈산
② 황화인
③ 다이에틸에테르
④ 질산

28 다음 중 폭발범위가 가장 넓은 위험물은?

① 메탄
② 톨루엔
③ 에틸알코올
④ 다이에틸에테르

29 다음 물질 중 인화점이 상온 이상인 것은?

① 중유 ② 벤젠

③ 아세톤 ④ 이황화탄소

30 다음 물에 녹지 않는 인화성 액체는 어느 것인가?

① 벤젠 ② 아세톤

③ 메틸알코올 ④ 아세트알데하이드

31 동식물유류의 성질 중에서 틀린 것은?

① 상온에서 고체인 것은 없다.

② 들기름은 건성유이다.

③ 인화점은 대체로 250℃~300℃ 정도가 많다.

④ 불건성유일수록 자연발화의 위험도가 크다.

32 다음 중 인화점이 낮은 순서대로 열거된 것은?

① 휘발유 - 자일렌 - 아세톤 - 벤젠

② 휘발유 - 아세톤 - 톨루엔 - 벤젠

③ 휘발유 - 자일렌 - 벤젠 - 아세톤

④ 휘발유 - 아세톤 - 벤젠 - 톨루엔

CHAPTER 07

제5류 위험물

1. 제5류 위험물의 일반적 성질
2. 제5류 위험물의 품명 및 지정수량
3. 위험성
4. 저장 및 취급방법
5. 소화 방법
6. 제5류 위험물의 종류

제5류 위험물

1 제5류 위험물의 일반적 성질

제5류 위험물은 자기반응성 유기질화합물로 자연발화의 위험성을 갖는다. 즉, 외부로부터 산소의 공급 없이도 자체 함유하고 있는 산소와 가열, 충격 등에 의해 연소폭발을 일으킬 수 있는 물질이다. 또한, 환원성 고체 또는 액체로서, 연소 속도가 대단히 빠르고 가열, 마찰, 충격에 의해 폭발하는 물질이 많다.

하이드라진유도체(히드라진유도체)류를 제외하고는 유기화합물이다. 유기과산화물류를 제외하고는 질소를 함유한 유기질소화합물이며, 장시간 저장하면 자연발화를 일으키는 경우도 있다. 또한, 자연발화성 물질은 실험실에서 5g이상 취급해서는 안된다.

제5류 위험물에 대한 화학적 이해를 돕기 위해 그림 7-1에 유기과산화물과 질산에스테르류의 가연성 작용기와 산화성 작용기를 나타내었다.

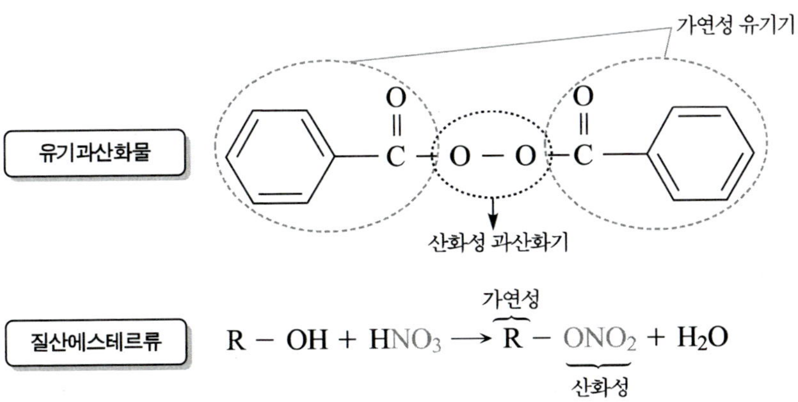

그림 7-1 제5류 위험물의 화학적 이해

제5류 위험물도 다른 위험물과 마찬가지로 표시를 해두어야 하며, 이를 그림 7-2에 나타내었다.

그림 7-2 폭발성 물질에 대한 표시

2 제5류 위험물의 품명 및 지정수량

제5류 위험물은 다른 류별과 달리 제1종(10 kg)과 제2종(100 kg)으로 지정수량을 구분한다. 위험등급은 제1종이 I등급이며, 제1종을 제외한 나머지는 II등급으로 나뉜다. 표 8-5에 제5류 위험물의 품명 및 지정수량 등에 대해 나타내었다.

표 7-1 제5류 위험물

성질	품명	지정수량
자기반응성 물질	1. 유기과산화물	제1종 : 10 kg 제2종 : 100 kg
	2. 질산에스터류 (질산에스테르류)	
	3. 나이트로화합물 (니트로화합물)	
	4. 나이트로소화합물 (니트로소화합물)	
	5. 아조화합물	
	6. 디아조화합물	
	7. 하이드라진 유도체 (히드라진 유도체)	
	8. 하이드록실아민 (히드록실아민)	
	9. 하이드록실아민염류 (히드록실아민염류)	
	10. 그 밖에 행정안전부령이 정하는 것 (금속의 아지화합물, 질산구아니딘)	
	11. 제1호 내지 제10호의 1에 해당하는 어느 하나 이상을 함유한 것	

위험등급 I : 제1종 (유기과산화물, 질산에스테르류 그 밖에 지정수량이 10㎏인 위험물)
위험등급 II : 제1종을 제외한 나머지

3 위험성

① 외부의 산소 없이도 자신이 연소하며, 연소속도가 빠르며 폭발적이다. (유기과산화물류, 질산에스테르류, 셀룰로이드류, 나이트로화합물류, 나이트로소화합물류 등이 해당된다.)

② 아조화합물류, 디아조화합물류, 하이드라진유도체(히드라진유도체)류는 고농도인 경우 충격에 민감하며, 연소시 순간적으로 폭발할 수 있다.

4 저장 및 취급방법

① 점화원 및 분해를 촉진시키는 물질로부터 멀리하고 저장 시 가열, 충격, 마찰 등을 피한다.

② 직사광선 차단, 습도에 주의하고 통풍이 양호한 찬 곳에 보관한다.

③ 강산화제, 강산류, 기타 물질이 혼입되지 않도록 한다.

④ 화재 발생 시 소화가 곤란하므로 가급적 소분하여 저장하고 용기의 파손 및 균열에 주의한다.

⑤ 안정제(용제 등)가 함유되어 있는 것은 안정제의 증발을 막고 증발되었을 때는 즉시 보충한다.

5 소화 방법

① 자기반응성 물질이므로 CO_2, 분말, 하론, 포 등에 의한 질식소화는 적당하지 않으며, 다량의 물로 냉각소화하는 것이 바람직하다.

② 밀폐공간 내에서 화재 발생 시에는 반드시 공기호흡기를 착용하고 바람의 위쪽에서 소화 작업을 하여야 하며, 유독가스 발생에 유의한다.

6 제5류 위험물의 종류

1) 유기과산화물

(1) 일반적인 성질

제5류 위험물 중 유기과산화물이라 함은 일반적으로 -O-O- 기를 가진 산화물을 말한다. 본질적으로 불안정하며 자기반응성 물질이기 때문에 무기과산화물류보다 더 위험하므로 직사일광을 피하고 찬 곳에 저장해야 하며, 화기나 열원으로부터 멀리하고, 산화제와 환원제 모두 가까이 하지 말아야 한다. 또한, 용기의 파손에 의하여 누출위험이 있으므로 정기적으로 점검해야 한다.

(2) 위험성

① 산소원자 사이의 결합이 약하기 때문에 가열, 충격, 마찰에 의해 폭발을 일으키기 쉽다.

② 누설된 유기과산화물은 배수구로 흘러 보내지 말아야 하고, 액체이면 팽창질석과 팽창진주암으로 흡수시키고, 고체이면 팽창질석과 진주암으로 혼합해서 처리해야 한다.

③ 일단 점화되면 폭발에 이르는 경우가 많아 소화 작업 시 주의하여야 한다.

(3) 종류

① 과산화벤조일(벤조일퍼옥사이드, $(C_6H_5CO)_2O_2$)

가) 무색, 무미의 결정고체, 비수용성, 알코올에 약간 녹는다.

나) 발화점 125℃, 융점 103~105℃, 비중 1.33(25℃)

다) 상온에서 안정된 물질, 강한 산화작용이 있다.

라) 가열하면 100℃에서 흰 연기를 내며 분해한다.

마) 강한 산화성 물질로 열, 빛, 충격, 마찰에 의해 폭발의 위험이 있다.

바) 수분을 흡수하거나 프탈산디메틸, 프탈산디부틸 등의 첨가에 의해 폭발성을 낮출 수 있다.

사) 이물질의 혼입을 방지하고, 직사광선차단, 마찰 및 충격 등의 물리적 에너지원을 배제한다.

아) 소맥분, 표백제, 의약, 화장품 등에 사용한다.

자) 벤조일퍼옥사이드(BPO)는 수성일 경우 함유율이 80(wt.%)이상 일 때 지정 유기과산화물이라 한다.

차) 구조식

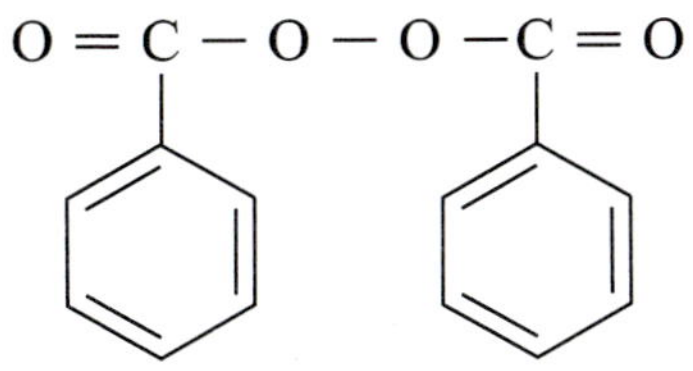

표 7-2 과산화벤조일(벤조일퍼옥사이드)의 주요 물성

화학식	$(C_6H_5CO)_2O_2$	성상 및 색상	벤조알데하이드 냄새, 무색 또는 백색의 고체
분자량	242.24	밀도[g/cc]	1.334
분해온도	–	증기밀도	8.4
인화점	80℃	폭발범위	–

② 메틸에틸케톤퍼옥사이드(MEKPO)

가) 무색의 기름모양의 액체로 여러 이성질체의 혼합물로 구성되어 있다.

나) 발화점 205℃, 융점 –20℃이하, 인화점 58℃ 이상

다) 물에 약간 용해하고 에터(에테르) 알코올, 케톤유에 녹는다.

라) 희석제인 프탈산디메틸, 프탈산디부틸 등이 50~60% 첨가되어 시판된다.

마) 헝겊, 탈지면이나 쇠녹, 규조토와의 접촉으로 30℃에서 분해된다.

바) 함유율이 60 wt.% 이상일 때 지정유기과산화물로 분류된다.

사) MEKPO를 구성하는 3가지 기본 구조[19]

– 단량체형태 (monomer, 액체)

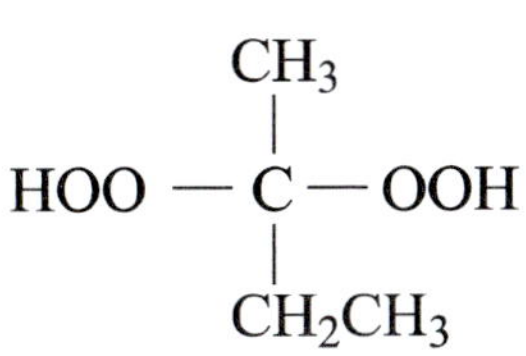

– 이량체형태 (dimer, 액체)

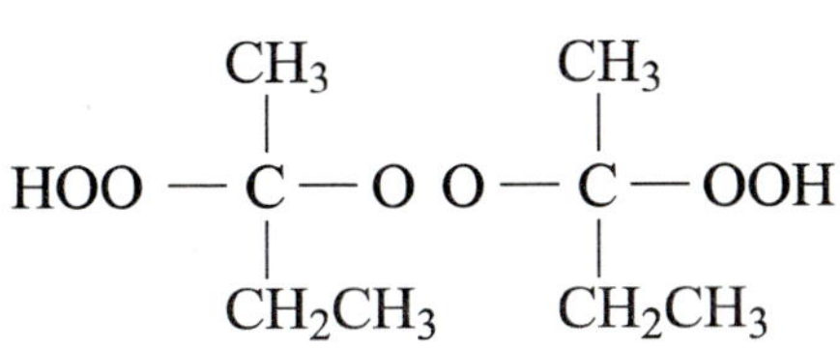

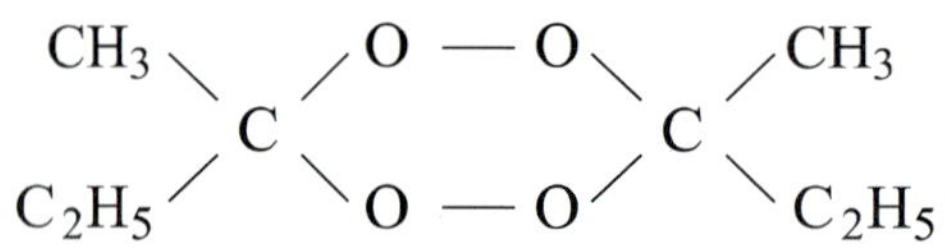

cyclic Dimer 형태

– 삼량체형태 (trimer, 고체)

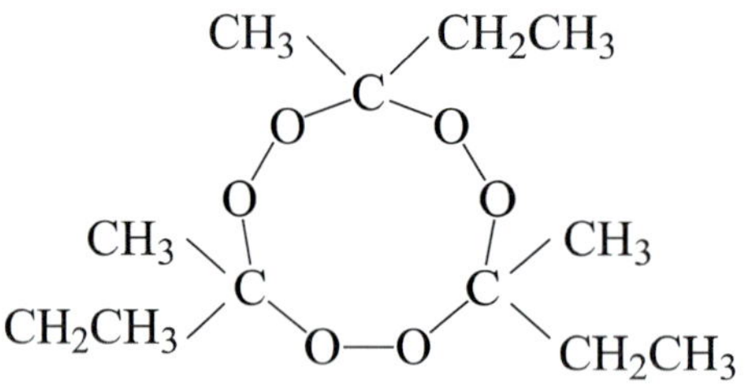

표 7–3 메틸에틸케톤퍼옥사이드의 주요 물성 (cyclic dimer 기준)

화학식	$C_8H_{16}O_4$	성상 및 색상	무색, 무채색에서 노락색까지의 유성액체
분자량	242.24	밀도[g/cc]	1.17
분해온도	–	증기밀도	–
인화점	82℃	폭발범위	–

② 아세틸퍼옥사이드($(CH_3CO)_2O_2$)

가) 무색 액체로 융점 30℃, 인화점 45℃, 발화점 121℃

나) 유기물, 금속분, 강산류와 격리하여 보관하여야 한다.

다) 마찰, 충격에 의하여 분해된다.

라) 희석제로 DMF를 사용하며, 저온에 보관하여야 한다.

바) 구조식

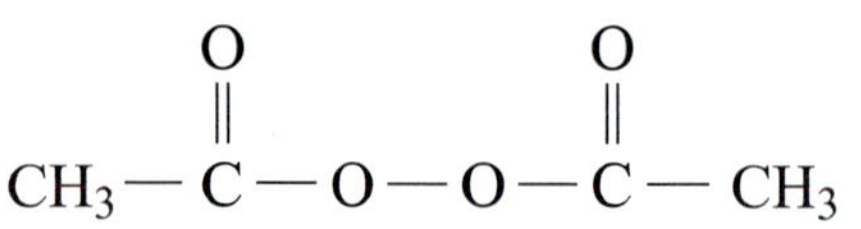

2) 질산에스테류

(1) 일반적인 성질

질산에스터류(질산에스테르류)란 질산(HNO_3)의 수소원자가 알킬기 (R–, C_nH_{2n+1})로 치환된 화합물의 총칭이다. 일반적인 종류에는 질산메틸, 질산에틸, 나이트로셀룰로오스, 나이트로글리세린, 나이트로글리콜 등이 있다. 부식성이 강하며, 가열, 충격으로 폭발이 쉽기 때문에 폭약의 원료로 많이 사용된다.

(2) 종류

① 나이트로셀룰로오스(NC, $C_6H_7O_2(ONO_2)_3$, 질화면)

가) 셀룰로오스에 진한 질산(3)과 진한 황산(1)의 비율로 혼합 작용시켜 만든다.

나) 분해온도 130℃, 자연발화온도 180℃

다) 무연화약으로 사용되며 질화도가 클수록 위험하다.

라) 햇빛, 열, 산에 의해 자연발화의 위험이 있다.

마) 나이트로셀룰로오스를 저장 운반시 물 또는 알코올에 습면하고, 안정제를 가해서 냉암소에 저장한다.

> ※ 질화도 : 나이트로셀룰로오스 중의 질소 함유%

표 7-4 나이트로셀룰로오스의 주요 물성

화학식	$C_6H_7O_2(ONO_2)_3$	성상 및 색상	점성액체, 무색투명 혹은 연황색
분자량	1044.57	밀도[g/cc]	1.23
분해온도	130℃	증기밀도	–
인화점	4.4℃	폭발범위	–

② 나이트로글리세린(NG, $C_3H_5(ONO_2)_3$)

가) 비점 160℃, 융점 28℃, 증기비중 7.84

나) 달콤한 맛이 나는 무색투명한 기름 모양의 액체.

다) 가열, 마찰, 충격에 민감하여 폭발하기 쉽다.

라) 규조토에 흡수시킨 것은 다이나마이트라 한다.

마) 화재시 폭굉을 일으키기 때문에 접근하지 않도록 한다.

바) 분해반응식

$$(4C_3H_5(ONO_2)_3 \rightarrow 12CO_2 + 10H_2O + 6N_2 + O_2$$

사) 정식 명칭은 삼질산글리세롤이며, NG로 약기한다.

아) 분자량 : 227.09, 비중 : 1.596(15℃)

자) 결정에는 안정형과 불안정형이 있는데, 안정형의 녹는 점은 13.2 ~ 13.5℃, 불안정

형의 녹는점은 1.9~2.2℃이다.

차) 공업제품은 8℃ 부근에서 동결하고, 14℃ 부근에서 융해한다.

카) 물에는 별로 녹지 않으나, 에탄올이나, 에터(에테르), 벤젠 등 유기용매에 잘 녹는다.

표 7-5 나이트로글리세린의 주요 물성

화학식	$C_3H_5(ONO_2)_3$	성상 및 색상	무취, 무색 또는 노란색의 액체 혹은 고체
분자량	227.09	밀도[g/cc]	1.59
분해온도	–	증기밀도	7.84
인화점	–	폭발범위	–

③ 질산메틸(CH_3ONO_2)

가) 무색투명한 향긋한 냄새가 나는 액체로 단맛이 있다.

나) 비점 66℃, 증기비중 2.65, 비중 1.22

다) 혼합산에서 질화(窒化)한 것은 폭발하기 쉬우므로 메틸알코올과 질산을 증류탑에서 연속적으로 반응시켜 메틸알코올과의 함께 끓는 혼합물(질산메틸 75%에서 함께 끓는점 57.5℃)로 만들고 물을 가해 농축한다.

$$CH_3OH + HNO_3 \rightarrow CH_3NO_3 + H_2O$$

라) 유기합성화학 분야에서 방향족 화합물에 대한 강력한 나이트로화 시제로 사용되며 축합반응에도 사용된다.

마) 비수용성, 인화성이 있고 알코올, 에터(에테르)에 녹는다.

바) 매우 민감한 폭발물이나 질산에스터류의 다른 폭발물에 비해 상대적으로 낮은 파괴력을 가지고 있다.

사) 독성이 있으며, 흡입시 두통의 원인이 된다.

아) 소화방법은 분무상의 물, CO_2, 분말, 알코올 폼을 사용한다.

표 7-6 질산메틸의 주요 물성

화학식	CH_3NO_3	성상 및 색상	무색의 휘발성 액체
분자량	77.04	밀도[g/cc]	1.2
분해온도	–	증기밀도	2.65
인화점	–	폭발범위	–

④ 질산에틸($C_2H_5ONO_2$)

가) 무색투명한 향긋한 냄새가 나는 액체(상온에서)로 단맛이 있다.

나) 인화점 -10℃, 융점 -94.6℃, 비점 88℃, 증기비중 3.14, 비중 1.11

다) 에탄올을 진한 질산에 작용시켜서 얻는다.

라) 인화점이 높아 쉽게 연소되지 않지만 인화성에 유의해야 한다.

마) 비수용성, 인화성이 있고 알코올, 에터(에테르)에 녹는다.

바) 화기를 멀리하고, 용기는 밀봉하여 통풍이 잘되는 냉암소에 저장한다.

사) 물보다 무겁고, 제4류위험물 제1석유류와 비슷하고 휘발성이 크므로 증기의 인화성에 유의해야 한다.

⑤ 나이트로글리콜($C_2H_4(ONO_2)_2$)[12]

가) 무색 기름 상태 액체. 녹는점 -22.3℃, 끓는점 105.5℃, 발화점 215℃.

나) 나이트로글리세린의 제법에 준하여 거의 물을 포함하지 않는 혼합산 중에 에틸렌글리콜을 분무상으로 하여 주입하고 나이트로화한다.

다) 대부분의 유기용제에 잘 녹는다.

라) 증기에 점화하면 연소하며, 급격히 가열하거나 가압하에 가열하면 폭발한다.

마) 폭발반응식

$$C_2H_4(ONO_2)_2 \rightarrow 2CO_2 + 2H_2O + N_2$$

바) 완전 산화되기 때문에 폭발열은 나이트로글리세린보다 크고, 폭발열은 1,655kcal/kg이다.

사) 나이트로글리세린에 혼합하면 응고점이 낮아지므로 10% 섞어서 난동(難凍) 다이너마이트, 25% 섞어서 부동(不凍) 다이너마이트의 제조에 사용되고 있다.

아) 취급하는 사람에게 심한 두통을 일으키게 한다.

표 7-7 나이트로글리콜의 주요 물성

화학식	$C_2H_4(ONO_2)_2$	성상 및 색상	무취의 담황색 유성액
분자량	152	밀도[g/cc]	1.49
분해온도	–	증기밀도	5.2
인화점	–	폭발범위	–

⑥ 펜트리트($C(CH_2NO_3)_4$)

가) 펜타에리토리톨을 진한 질산으로 처리하여 만든 흰색 결정

나) 185~190℃에서 발화 폭발한다. 폭발열 1,400cal/g이다.

다) 폭발 위력은 크지만 열에 대해 둔감하여 자연 분해가 잘되지 않는다.

라) 뇌관, 도폭선, 화약, 및 혈관 확장제 등에 사용된다.

3) 나이트로화합물

(1) 일반적인 성질

유기화합물의 수소원자가 나이트로기($-NO_2$)로 치환된 화합물을 나이트로화합물이라 한다. 나이트로화합물은 지방족에도 있지만, 화약류로서 중요한 것은 방향족의 나이트로화합물이다. 비중이 1보다 크며, 독성을 가진 것이 많다. 하나의 나이트로기가 결합된 것을 모노나이트로화합물(mono-), 2개의 나이트로기가 결합된 것은 디나이트로화합물(di-), 3개의 나이트로기가 결합한 것은 트리나이트로화합물(tri-)이라 한다[8]. 3개 이상의 나이트로기를 가진 방향족 나이트로화합물은 보통 노란색 혹은 붉은색을 띈다.

지방족 나이트로화합물은 일반적으로 향기가 나는 무색액체로 물에 잘 녹지 않지만, 일반 유기용매에는 잘 용해된다.

(2) 위험성

① 나이트로기가 많을수록 연소하기 쉽고 폭발력도 커진다.

② 공기 중 자연발화 위험은 없으나, 가열・충격・폭발한다.

③ 연소 시 다량의 유독가스를 발생시키므로 주의한다(CO, N_2O 등).

> ※ N_2O(아산화질소)
> - 상쾌하고 달콤한 냄새와 맛을 가진 무색의 기체
> - 흡입하면 약한 히스테리 증상이 나타나 고통에 대해 무감각하게 되고, 때때로 웃기까지 한다.
> - 단기간 실시하는 외과수술에서 마취제로 주로 사용한다.
> - 장시간 흡입하면 사망한다.

(3) 종류

① 트리나이트로톨루엔(TNT, $C_6H_2CH_3(NO_2)_3$)

가) 착화점 300℃, 융점 81℃, 비점 280℃, 비중 1.66

나) 톨루엔에 질산, 황산을 반응시켜 생성된다.

$$C_6H_5CH_3 + 3HNO_3 \xrightarrow{H_2SO_4} C_6H_2CH_3(NO_2)_3 + 3H_2O$$

다) 담황색의 결정이며 일광 하에 다갈색으로 변한다.

라) 중성물질이기 때문에 금속과 반응하지 않는다.

마) 비수용성, 아세톤, 벤젠, 알코올, 에터(에테르)에 잘 녹고, 가열이나 충격을 가하면 폭발하기 쉽다.

바) 분해반응식

$$2C_6H_2CH_3(NO_2)_3 \rightarrow 12CO + 2C + 3N_2 + 5H_2$$

사) 피크르산에 비해 충격, 마찰에 둔감하고 기폭약을 쓰지 않으면 폭발하지 않는다.

아) 사람의 머리카락(모발)을 변색시키는 작용이 있다.

자) 구조식

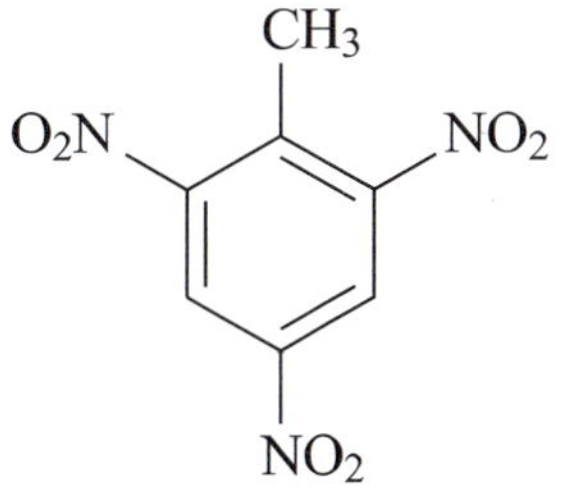

표 7-8 트리나이트로톨루엔의 주요 물성

화학식	$C_6H_2CH_3(NO_2)_3$	성상 및 색상	무취, 무색 또는 노란색의 고체
분자량	227.13	밀도[g/cc]	1.65
분해온도	–	증기밀도	7.85
인화점	2℃	폭발범위	–

② 트리나이트로페놀(피크르산, 피크린산, $C_6H_2(OH)(NO_2)_3$)

가) 황색의 침상 결정.

나) 착화점 300℃, 융점 122.5℃, 비점 255℃, 비중 1.8

다) 페놀에 진한 황산을 녹이고 이것을 질산에 작용시켜 생성된다.

라) 피크르산의 저장 및 취급에 있어서는 드럼통에 넣어서 밀봉시켜 저장한다.

마) 건조할수록 위험성이 증가된다.

바) 독성이 있고 냉수에는 녹기 힘들고 더운물, 에터(에테르), 벤젠, 알코올에 잘 녹는다.

사) 분해반응식

$$2C_6H_2(OH)(NO_2)_3 \rightarrow 2CO_2 + 6CO + 3N_2 + 2C + 3H_2$$

아) 구리, 아연, 납과 반응하여 피크린산염을 만든다.

자) 단독으로는 마찰, 충격에 둔감하여 폭발하지 않는다.

차) 금속염 물질과 혼합하는 것은 위험하다.

카) 황색염료와 산업용 도폭선의 심약으로 사용된다.

타) 구조식

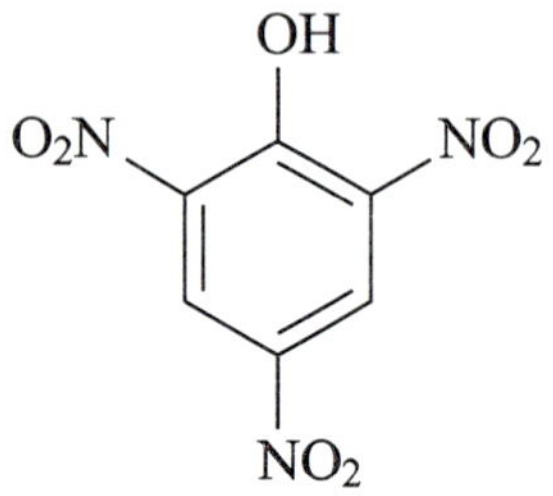

③ 다이(디)나이트로벤젠(DBN, $C_6H_4(NO_2)_2$)[12]

가) 3가지 이성질체가 있고, 공업적으로 중요한 것은 m-디나이트로벤젠이다.

나) 벤젠 또는 나이트로벤젠을 혼합하여 나이트로화하면 거의 m-디나이트로체를 함유한다.

다) m-디나이트로벤젠은 녹는점 89~90℃인 담황색 결정으로 벤젠·톨루엔·클로로포름 등에 녹는다.

라) 염료의 중간물질로 사용된다.

마) 구조식 (m-디나이트로벤젠)

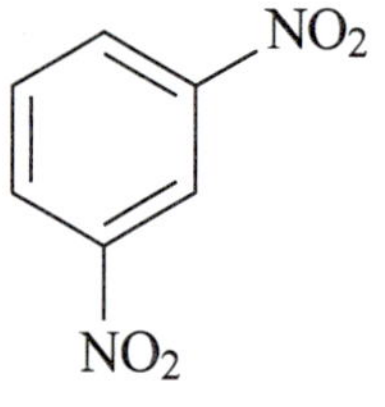

④ 디나이트로톨루엔(DNT, $C_6H_3(NO_2)_2CH_3$)[12]

가) 바늘 모양 결정. 녹는점 70~71℃.

나) 이황화탄소와 벤젠에 녹는다.

다) 갈색 황화 염료의 중간체로 사용된다.

⑤ 디나이트로페놀(DNP, $C_6H_4OH(NO_2)_2$)[12], [15]

가) 거의 무색의 판모양 결정 또는 잎조각 모양 결정으로 녹는점 113℃.

나) 6가지 이성질체가 있다.

다) 끓는 물에 5%, 18℃ 물에는 0.5%, 19℃ 에탄올에는 4% 녹는다.

라) 따뜻하게 하면 알칼리, 에터(에테르), 클로로포름 및 벤젠에 녹는다.

마) 검은색 황화 염료의 중간체.

바) 피부에 흡수되며, 대사촉진, 발열, 발한, 허탈, 사망을 초래한다.

사) 구조식 (2,4-디나이트로페놀)

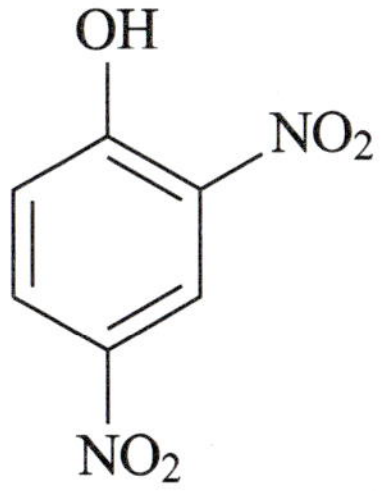

4) 나이트로소화합물

(1) 일반적인 성질

나이트로소화합물이란 나이트로소기(−NO)를 가진 화합물을 말한다. 일반적으로 R−NO로 나타낸다. 백색 또는 담황색의 결정으로 특유의 냄새가 있다. 결정상태의 나이트로소화합물을 용융하거나 증기 및 용액으로 하면 녹색내지 청색이 된다[5]. 질산, 과산화수소, 과망간산칼륨 등에 의해 산화하면 나이트로 화합물이 된다. 다른 제5류 위험물과 마찬가지로 자기연소성이며, 폭발성 물질이다.

(2) 위험성

① 대부분 불안정하며 연소속도가 매우 빠르다.

② 가열, 충격, 마찰 등에 의해 폭발할 수 있다.

(3) 종류

① 파라디나이트로소벤젠($C_6H_4(NO)_2$)

가) 폭발력은 크지 않지만, 가열 충격에 의해 폭발한다.

나) 고무가황제의 촉매 또는 퀴논디옥시움의 제조 등에 쓰인다.

② 디나이트로소레조르신($C_6H_2(OH)_2(NO)_2$)

가) 폭발력이 있는 회흑색의 결정

나) 목면의 나염에 쓰이고 수용성이다.

③ 디나이트로소펜타메틸렌테드라민(DPT, $C_6H_{10}N_4(NO)_2$)

가) 황백색의 분말로 화기 및 산과 접촉하면 폭발하기 쉽다.

나) 스펀지 고무의 발포제로 사용된다.

5) 아조화합물

(1) 일반적인 성질

질소 2개가 연결된 아조기(−N=N−)가 탄화수소의 탄소원자와 결합되어 있는 화합물을 아조화합물이라 한다. 적색, 황색 계통의 색상을 띈다. cis형과 trans형의 2종류의 기하이성질체가 있으나, 대부분 안정한 trans형으로 존재한다. 빛과 열의 작용으로 인해 이성화반응을 한다.

(2) 종류

① 아조벤젠($C_6H_5N{=}NC_6H_5$)

가) cis형과 trans형이 있다.

나) 트랜스 아조벤젠은 등적색 결정

다) 융점 68℃, 비점 293℃

라) 비수용성, 알콜, 에터(에테르)에 잘 녹는다.

마) 환원하면 히드라조벤젠이 된다.

바) 염료, 광학재료 등에 사용된다.

사) 구조식 (trans-아조벤젠)

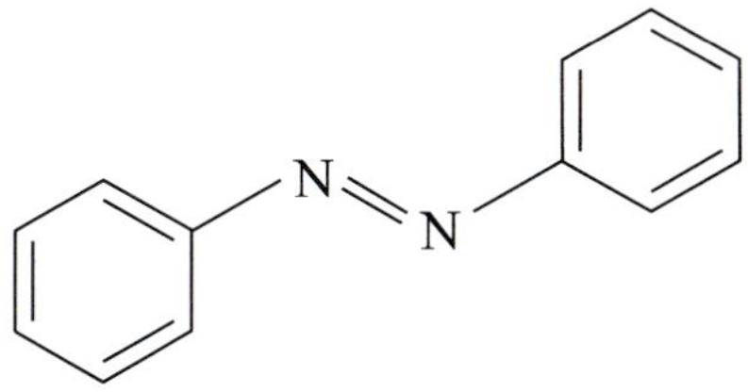

표 7-9 아조벤젠의 주요 물성

화학식	$C_6H_5N = NC_6H_5$	성상 및 색상	무취, 노란색 또는 주황색의 고체
분자량	182.22	밀도[g/cc]	–
분해온도	–	증기밀도	6.3
인화점	123℃	폭발범위	–

② 하이드록시아조벤젠 ($C_6H_5N = NC_6H_4OH$)

가) 3가지 이성질체

- *o* – 하이드록시아조벤젠 : 융점 83℃
- *m* – 하이드록시아조벤젠 : 융점 115℃
- *p* – 하이드록시아조벤젠 : 융점 152℃

나) 황색의 결정체로 염료로서 중요성을 가지고 있다.

③ 아미노아조벤젠($C_6H_5N = NC_6H_4NH_2$)

가) 황색의 결정, 융점 127℃

나) 보통은 p-아미노 아조벤젠을 일컫는다.

다) 디아조아미노벤젠의 전위(dislocation)에 의해 만들어진다.

라) 에터(에테르), 뜨거운 에탄올에 녹고 물에 잘 안 녹는다.

마) 에탄올 중의 암모니아성 질산은을 환원한다.

바) 아세테이트염료, 인듈린계 염료 및 래커용 안료 등을 만드는 데 사용된다.

④ 아족시벤젠($C_{12}H_{10}N_2O$)

가) 황색의 침상결정, 융점 36℃

나) 비수용성. 에터(에테르)에 잘 녹는다.

다) 철분을 가하여 증류하면 환원되어 아조벤젠이 된다.

라) 아연과 아세트산을 반응시키면 아닐린으로 환원된다.

6) 디아조화합물(지정수량 200kg)

(1) 일반적인 성질

질소 2개가 연결된 디아조기(−N≡N)가 탄화수소의 탄소원자와 결합되어 있는 쇄식화합물을 디아조화합물이라 한다. 빛에 의해 분해되기 쉬우며, 가열, 충격, 마찰에 의한 폭발위험이 높다. 분진이 체류하는 곳에서는 분진폭발의 위험도 있다. 디아조화합물의 저장 시에는 황산알루미늄($Al_2(SO_4)_3$) 등과 같은 안정제를 사용한다.

(2) 종류

① 디아조메탄(CH_2N_2)

가) 황색 무취의 기체로 100℃에서 폭발한다.

나) 융점 −145℃, 비등점 −24℃

다) 액화한 것 및 진한 용액은 폭발하기 쉽다.

라) 디아조메탄을 광분해하면 메틸렌을 발생시킨다.

마) 산, 페놀 등의 산성 수소와 반응하여 메틸에스테르 및 에터(에테르) 등이 된다.

표 7-10 디아조메탄의 주요 물성

화학식	CH_2N_2	성상 및 색상	쾨쾨한 냄새, 노란색의 기체
분자량	42.04	밀도[g/cc]	1.45
분해온도	−	증기밀도	1.4
인화점	−	폭발범위	−

② 디아조디나이트로페놀(DDNP, $C_6H_2N_4O_5$)

가) 황색분말로 녹는점을 가지지 않으며 폭발성이 있다.

나) 비수용성으로 대부분의 유기용제에는 녹는다.

다) 피크린산을 디아조화해서 만들어진다.

다) 공업용 뇌관의 기폭제로 주로 사용된다.

라) 구조식

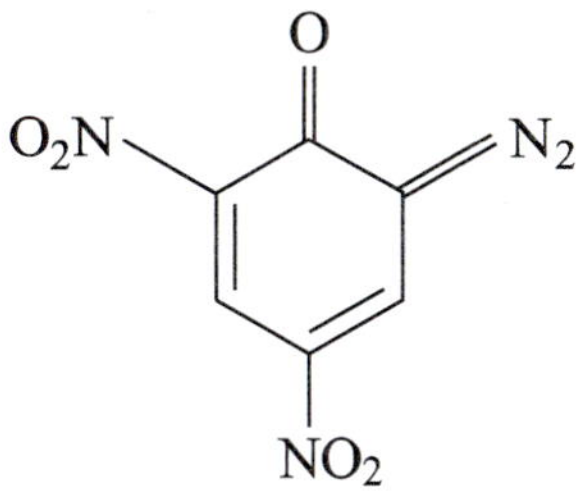

③ 질화납(아지드화납, $Pb(N_3)_2$)[(12)]

가) 순수한 것은 무색의 결정, 발화점 330℃

나) 결합제를 첨가한 공업 제품은 황백색을 띤다. 햇빛에 닿으면 표면이 갈색으로 변한다.

다) 100mL의 끓는 물 중에 0.05g은 녹지만 서서히 암모니아를 발생하면서 분해되고 비폭발성의 물질로 된다.

라) 점폭약, 군사용의 뇌관, 신관 등에 사용된다.

마) 물속에서도 폭발하며, 낮은 온도로 가열해도 분해되는 일이 없으므로 물 속에 저장하면 다소 안전하다.

표 7-11 질화납의 주요 물성

화학식	$Pb(N_3)_2$	성상 및 색상	백색 고체
분자량	291.26	밀도[g/cc]	4.71
분해온도	–	증기밀도	–
인화점	350℃	폭발범위	–

④ 디아조아세토니트릴(C_2HN_3)[(12)]

가) 등황색 액체.

나) 수용성이며 아세토니트릴과 비슷한 냄새가 난다.

다) 에터(에테르) 중에서는 비교적 안정하나, 공기 중에서는 불안정하다.

라) 점막을 자극한다.

⑤ 기타

메틸디아조아세테이트($C_3H_4N_2O_2$) 등

7) 하이드라진 유도체

(1) 일반적인 성질

하이드라진(히드라진, N_2H_4)은 유기화합물로부터 얻어진 물질이며, 탄화수소 치환체를 포함한다. 가열하면 질소와 암모니아로 분해되며, 350℃이상으로 가열하면 질소와 수소로 분해된다. 자외선에 의해서는 질소, 암모니아, 수소로 분해된다. 피부, 점막, 호흡기관 등에 심한 손상을 입힌다.

(2) 종류

① 페닐하이드라진($C_6H_4N_2H_4$)[13]

가) 무색의 액체. 보통은 염산기로 이용된다.

나) 알데하이드, 케톤과 반응하여 페닐하이드라존을 생성하므로 분석시약으로 사용된다.

다) 구조식

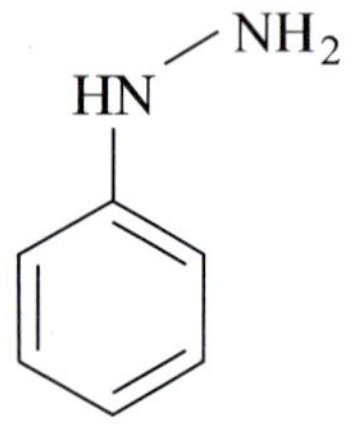

② 기타

염산하이드라진($N_2H_4 \cdot HCl$), 황산하이드라진($N_2H_4 \cdot H_2SO_4$), 등이 있다.

8) 하이드록실아민

하이드록실아민은 화학식 NH_2OH인 백색의 흡습성 무기화합물이다[20]. 알데하이드와 케톤에서 옥심을 만드는 시약으로서, 분석용 혹은 유기 합성의 시제로 사용된다. 다소 불안정한 화합물로 약 130℃에서 폭발을 일으킨다. 조해성이 매우 강하며, 에터(에테르), 클로로포름, 벤젠, 이황화탄소에 녹지 않는다. 불안정하지만 공기와의 접촉이 없으면 장기간 보존이 가능하다. 가열하면 강하게 폭발하며, 자외선에서도 폭발한다. 흡입시 기침, 인후염, 현기증 등이 발생하며 구토증상을 일으킨다.

9) 하이드록실아민염류

(1) 일반적인 성질

히드록실아민과 산 혹은 염기의 중화에 의해 생성되는 화합물을 말한다. 흡습성을 지닌 불안정한 결정성 고체이다.

(2) 종류

① 염산하이드록실아민 ($NH_2OH \cdot HCl$)

가) 백색 액체

나) 발암성 물질로 금속을 부식시킨다.

다) 환원제 및 사진현상액으로 사용된다.

② 기타

황산하이드록실아민 ($(NH_2OH)_2 \cdot H_2SO_4$), N-벤조일-N-페닐하이드록실아민 등

10) 행정자치부령이 정하는 것

① 금속아지화합물(MN_3)

가) 아지드화수소(HN_3)의 수소가 금속으로 치환된 것으로 뇌관 및 신관 등의 기폭제로 사용된다.

나) 일반적으로 불안정하며, 폭발성이 있다.

다) 할로젠 혹은 유기산의 아지드화물도 폭발하기 쉬우며, 할로젠화합물과 비슷한 화학적 성질을 가진다.

라) 종류 : 아지드화나트륨 (NaN_3)등

아지드화나트륨(NaN_3)

흰색 혹은 무색으로 맛도 없고 냄새도 없으며 매우 물에 잘 녹는 물질이다. 타격에 의해서도 폭발하지 않고 서서히 가열하면 용융되어 약 300℃에서 분해되고, 질소를 발생하면서 순수한 금속 나트륨을 생성한다. 에탄올에 잘 녹지 않고 에터(에테르)에 녹지 않는다. 아지드화납을 비롯해 많은 금속 아지드화물과 아지드화수소산에스테르의 제조 원료로 쓰인다. 순수한 질소 및 나트륨의 제조로 쓰인다. 분석 시약용으로도 쓰인다. 자체로는 폭발성을 갖지 않지만 산에 의해서 독이 생기고 폭발성의 아지드화수소산을 발생하며, 또 물의 존재에서 중금속과 작용하여 매우 예민한 염을 만드므로 취급할 때는 충분한 주의가 필요하다.

② 질산구아니딘($NH_2CNHNH_2 \cdot HNO_3$)

가) 흰색의 판상 결정으로 녹는점은 213℃이다.

나) 디시안디아미드와 질산암모늄을 혼합하여 만든다.

다) 나이트로구아니딘의 원료이다.

라) 알코올과 물에 녹으며, 급격한 가열 및 충격에 폭발할 수 있다.

마) 강산화제이며, 독성과 부식성을 가진 질소산화물이다.

바) 연소시 질산과 질소산화물 등 독성과 부식성의 기체를 생성한다.

사) 여러 발화원 등에 의해 발화 및 폭발할 수 있으며, 폭약제로 사용된다.

> **나이트로구아니딘($CH_4N_4O_2$)**
>
> 질산구아니딘을 진한 황산으로 탈수시켜 얻는 구아니딘의 나이트로화합물. 트리나이트로톨루엔(TNT)에 버금가는 폭발력을 갖고 있으나 매우 둔감하여 작약(炸藥)의 한 성분으로서 사용되는데, 분해할 때 다량의 가스가 발생하므로 추진제(推進劑)의 성분으로도 많이 이용된다.

1 제5류 위험물의 공통적인 성질이 아닌 것은?
① 자연발화의 위험성이 있다.
② 물과의 직접적인 반응으로 인한 위험성은 적다.
③ 자기연소를 일으키며 연소속도가 빠르다.
④ 산화성 액체로서 가열, 충격, 마찰로 인한 폭발 위험이 있다.

2 규조토에 어떤 위험물을 혼합하여 다이너마이트를 제조하는가?
① 나이트로글리세린 ② 나이트로글리콜
③ 나이트로셀룰로오스 ④ 펜트리트

3 다음 중 질산에스터류(질산에스테르류)에 속하지 않는 것은?
① 펜트리트 ② 나이트로글리세린
③ 트리나이트로벤젠 ④ 질산메틸

4 피크린산의 저장 및 취급에 있어서 옳은 것은?
① 드럼통에 넣어서 밀봉한다.
② 금속염을 만들어 저장한다.
③ 물에 녹여서 저장한다.
④ 알코올 속에 녹여서 저장한다.

5 다음 중 제5류 위험물이 아닌 것은?
① 피크르산 ② 질산에틸
③ 초산메틸 (메틸아세테이트) ④ 나이트로글리세린

6 트리나이트로페놀에 대한 설명 중 틀린 것은?
① 황색염료, 폭약에 쓰인다.
② 물에 전리하여 강산이 되며, 쓴맛을 가진다.
③ 순수한 것은 무색이지만, 공업용은 황색의 침상결정이다.
④ 벤젠에 진한 황산을 녹이고, 이것을 질산에 작용시켜 만든다.

7 질산에스터류(질산에스테르류)의 공통된 성질로 바른 것은?

① 산소를 함유한 무기물질이다.

② 산소 함유물이며 가연성 물질이다.

③ 물과 작용하여 가연성 가스를 발생한다.

④ 부식성이 강한 물질이다.

8 나이트로셀룰로오스를 저장 운반할 경우 어느 물질에 습면하는 것이 좋은가?

① 에터(에테르) 또는 물 ② 아세톤

③ 물 또는 알코올 ④ 파라핀

9 질산메틸의 분자량은 얼마인가?

① 77 ② 88

③ 91 ④ 94

10 유기과산화물의 저장 시 주의사항 중 잘못된 것은?

① 환기가 잘되는 냉암소에 보관한다.

② 온도가 높은 곳은 피해야 한다.

③ 산화제와 같이 저장해도 된다.

④ 환원제와 격리하여 저장한다.

11 유기과산화물에 대한 설명으로 거리가 먼 것은?

① 소화방법으로는 질식소화가 가장 효과적이다.

② 벤조일퍼옥사이드, MEKPO 등이 있다.

③ 지정수량은 10kg이다.

④ 저장시 고온체나 화기의 접근을 피한다.

12 제5류 위험물 중 상온 25℃에서 동일한 물리적 상태(고체, 액체, 기체)로 존재하는 것으로만 나열된 것은?

① 나이트로셀룰로오스, 나이트로글리세린

② 질산메틸, 나이트로글리세린

③ 크리나이트로톨루엔, 질산메틸

④ 나이트로글리콜, 트리나이트로톨루엔

CHAPTER 08

제6류 위험물

1. 제6류 위험물의 일반적 성질
2. 제6류 위험물의 품명 및 지정수량
3. 위험성
4. 저장 및 취급방법
5. 소화 방법
6. 제6류 위험물의 종류

CHAPTER 08 Theory of Hazardous Materials

제6류 위험물

1 제6류 위험물의 일반적 성질

산화성 액체이며 자신들은 모두 불연성 물질이지만, 다른 물질의 연소를 도와주는 조연성 물질이다. 과산화수소를 제외하고 강산성 물질이며 물에 녹기 쉽다. 또한, 강한 부식성이 있고 모두 산소를 포함하고 있으며 다른 물질을 산화시키며, 가연물, 유기물(탄소화합물) 등과의 혼합으로 발화한다. 비중이 1보다 크며, 물에 잘 녹지만 물과 접촉하면 쉽게 발열한다. 증기는 유독하며 피부와 접촉 시 점막을 부식시키기 때문에 피복이나 피부에 묻지 않도록 주의해야 한다. 또한, 그림 8-1과 같이 산화성 물질임을 나타내는 표시를 해야 한다.

그림 8-1 산화성 물질에 대한 표시

2 제6류 위험물의 품명 및 지정수량

표 8-1 제6류 위험물

성질	위험 등급	품명	지정수량
산화성 액체	I	1. 과염소산	300 kg
		2. 과산화수소	
		3. 질산	
		4. 그 밖에 행정안전부령이 정하는 것(할로젠간화합물)	
		5. 제1호 내지 제10호의 1에 해당하는 어느 하나 이상을 함유한 것	

3 위험성

① 자신은 불연성 물질이지만 산화성이 커 다른 물질의 연소를 돕는다(지연성).

② 제2류, 제3류, 제4류, 제5류 위험물, 강환원제, 일반 가연물과 접촉하면 혼촉발화하거나 가열 등에 의해 매우 위험한 상태로 된다.

③ 과산화수소를 제외하고 물과 접촉하면 심하게 발열하고 연소하지는 않는다.

④ 염기와 작용하여 염과 물을 만드는데, 이때 발열한다.

4 저장 및 취급방법

① 화기엄금, 직사광선 차단, 강환원제, 유기물질, 가연성위험물과 접촉을 피한다.

② 물이나 염기성물질, 제1류 위험물과의 접촉을 피한다.

③ 용기의 내산성으로 하며 밀전, 파손방지, 전도방지, 변형방지에 주의하고 물, 습기에 주의해야 한다.

5 소화 방법

① 불연성이지만 연소를 돕는 물질이므로 화재 시에는 가연물과 격리하도록 한다.
② 소화 작업을 진행한 후 많은 물로 씻어 내리고, 마른 모래로 위험물의 비산을 방지한다.
③ 화재진압 시 공기호흡기, 방호의, 고무장갑, 고무장화 등을 반드시 착용한다.
④ 이산화탄소와 할로젠화물 소화기는 산화성 액체 위험물에 사용하지 않는다.
⑤ 소량 누출시에는 다량의 물로 희석할 수 있지만 물과 반응하여 발열하므로 원칙적으로는 주수소화를 금지시킨다.

6 제6류 위험물의 종류

1) 과염소산 ($HClO_4$)

(1) 일반적인 성질

무색·무취의 유동하기 쉬운 액체로 흡습성이 강하며 휘발성이 있고, 가열하면 폭발하고 산성이 강한편이다. 비중 1.76, 융점 -112℃, 비점 39℃이며 불연성 물질이지만 염소산 중에서 제일 강한 산이다.

과염소산은 물과 작용해서 액체수화물을 만든다. 또한, 금속 또는 금속산화물과 반응하여 과염소산염을 만들며 Fe, Cu, Zn과 격렬히 반응하여 산화물을 만든다. 방치하면 분해하고 가열하면 폭발한다. 염소산류의 세기 비교는 다음과 같다.

$$HClO < HClO_2 < HClO_3 < HClO_4$$

(2) 위험성

① 대단히 불안정한 강산으로 산화력이 강하다.
② 종이, 나무 조각과 접촉하면 연소와 동시에 폭발한다.
③ 일반적으로 물과 접촉하면 발열하므로 생성된 혼합물도 강한 산화력을 가진다.
④ 과염소산을 상압에서 가열하면 분해하고 유독성 가스인 HCl을 발생시킨다.

(3) 저장 및 취급방법

① 밀폐용기에 넣어 저장하고 통풍이 양호한 곳에 저장한다.

② 화기, 직사광선, 유기물, 가연물과 접촉해서는 안된다.

③ 누설 시 톱밥, 종이 등으로 섞어 폐기하지 않도록 한다.

④ 물과의 접촉을 피하고 충격, 마찰을 주지 않도록 해야 한다.

⑤ 유출시 50배 이상의 다량의 물로 희석하고, 불연성 흡착제인 규조토와 마른모래를 사용해야 한다.

(4) 소화 방법

① 다량의 물로 분무주수하거나 분말소화약제를 사용한다.

② 유기물이 존재하면 폭발할 수 있으므로 주의해야 한다.

표 8-2 과염소산의 주요 물성

화학식	$HClO_4$	성상 및 색상	무취 혹은 자극적인 냄새, 투명한 액체
분자량	100.46	밀도[g/cc]	1.77
분해온도	–	증기밀도	3.46
인화점	40℃	폭발범위	–

2) 과산화수소(H_2O_2)

(1) 일반적인 성질

무색의 액체이며, 오존 냄새가 나고 비중은 1.5이다. 물보다 무겁고 수용액이 불안하여 금속가루나 수산기이온이 있으면 분해한다. 물, 알코올, 에터(에테르)에는 녹지만, 벤젠 · 석유에는 녹지 않는다. 산화제 및 환원제로도 사용되며, 상온에서 $2H_2O + O_2$로 분해시 발생기 산소를 발생하기 때문에 표백, 살균작용을 한다. 과산화수소 3%의 용액을 소독약인 옥시풀이라 하며, 36% 이상은 위험물에 속한다, 일반 시판품은 30~40%의 수용액으로 분해하기 쉬우므로 인산 (H_3PO_4) 등 안정제를 가하거나 약산성으로 만든다. 산화제뿐만 아니라 환원제로도 사용된다.

$$2KI + H_2O_2 \rightarrow 2KOH + I_2 \quad \text{(산화제)}$$

$$2KMnO_4 + 3H_2SO_4 + 5H_2O_2 \rightarrow K_2SO_4 + 2MnSO_4 + 8H_2O + 5O_2 \quad \text{(환원제)}$$

(2) 위험성

① 강력한 산화제로 분해하여 발생한 산소는 산화력이 강하다.

② 상온에서 $2H_2O_2 \rightarrow 2H_2O + O_2$로 서서히 분해되어 산소를 방출한다.

③ 직사일광에 의해 분해하고, 농도 66% 이상은 충격, 마찰에 의해서도 단독으로 분해폭발 위험이 있다.

④ Ag, Pt 등 금속분말 또는 MnO_2, AgO, PbO 등과 같은 산화물과 혼합하면 급격히 반응하여 산소를 방출하여 폭발하기도 한다.

⑤ 진한 것이 피부에 닿으면 화상을 입는다.

(3) 저장 및 취급방법

① 햇빛 차단, 화기엄금, 충격금지, 환기가 잘 되는 냉암소에 저장하고, 온도 상승을 방지해야 한다.

② 과산화수소의 저장용기 마개는 용기의 내압상승을 방지하기 위하여 구멍 뚫린 마개를 사용해야 한다.

③ 유리용기에 장시간 보관하면 직사일광에 의해 분해될 위험성이 있으므로 갈색의 착색병에 보관한다.

④ 농도가 클수록 위험성이 크므로 분해방지 안정제를 첨가하여 산소 분해를 억제한다.

> ※ **분해방지 안정제** : 인산나트륨, 인산(H_3PO_4), 요산($C_5H_4N_4O_3$), 글리세린 등

⑤ 과산화수소는 자신이 분해하여 발생기 산소를 발생시켜 강한 산화작용을 한다.

⑥ 아이오딘화칼륨(요드화칼륨) 녹말종이를 보라색(=청자색)으로 변화시킨다.

(4) 소화방법

① 주수에 의한 냉각소화한다.

② 피부와 접촉을 막기 위해 보호의를 착용한다.

표 8-3 과산화수소의 주요 물성

화학식	H_2O_2	성상 및 색상	무취 혹은 오존 냄새, 무색투명한 액체
분자량	34.01	밀도[g/cc]	1.463
분해온도	–	증기밀도	1.17
인화점	–	폭발범위	–

3) 질산 (HNO_3)

(1) 일반적인 성질

흡습성이 강하여 습한 공기 중에서 자연 발화하지 않고 발열하는 무색의 무거운 액체이다. 강산성을 나타내며 68% 수용액일 때 가장 높은 끓는점을 가진다. 또한, 자극성, 부식성이 강하며 비점이 낮아 휘발성이고 햇빛에 의해 분해되고, 진한 질산을 가열할 경우 액체 표면에 적갈색의 증기가 떠 있다. 물과 반응하여 강한 산성을 나타낸다. 진한 질산은 철(Fe), 니켈(Ni), 크롬(Cr), 알루미늄(Al)과 반응하여 부동태를 형성한다. 은(Ag)은 진한 질산에 용해되는 금속이다. 소방법에서 규제하는 진한 질산은 그 비중이 1.49 이상이다.

> ※ **왕수** : 염산과 질산을 3:1의 비로 혼합한 것.

(2) 위험성

① 진한 질산을 가열하면 분해하여 산소를 발생하므로 강한 산화작용을 한다.
② 환원되기 쉬운 물질이 존재할 때는 분해 촉진으로 산소를 발생한다.
③ 구리와 묽은 질산과 반응하면 일산화질소를 발생한다.

$$3Cu + 8HNO_3 \rightarrow 3Cu(NO_3)_2 + 2NO + 4H_2O$$

④ 할로젠화수소산 같은 물질이 침투하는 것은 쉽지 않다.
⑤ 진한 질산을 가열/분해 시 NO_2 가스가 발생되고 여러 금속과 반응하여 가스를 방출한다.

(3) 저장 및 취급방법

① 공기 중에서 갈색의 연기(NO_2)를 내며 갈색 병에 보관해야 하고 화기엄금, 직사광선 차단, 물기와 접촉금지, 통풍이 잘 되는 찬 곳에 저장한다.
② 진한 질산이 손이나 몸에 묻었을 때 응급처지 방법은 다량의 물로 충분히 씻는다.

(4) 소화 방법

① 소량 화재인 경우 다량의 물로 희석소화하고, 다량의 경우 포나 CO_2, 마른모래 등으로 소화한다.
② 다량의 경우 안전거리를 확보하여 소화 작업을 진행한다.

표 8-4 질산의 주요 물성

화학식	HNO_3	성상 및 색상	자극적인 냄새, 무색/노란색/적색의 액체
분자량	63.01	밀도[g/cc]	1.55
분해온도	-	증기밀도	2.2
인화점	-	폭발범위	-

4) 기타

(1) 할로젠간 화합물(Halogen compound)[(10),(20)]

2종의 할로젠 X(무거운 할로젠)와 Y(덜 무거운 할로젠)로 이루어진 화합물의 총칭으로 일반적으로 할로젠과 비슷한 성질을 가진다. 할로젠간 화합물은 XY_n의 형태로 구성되며, n=1, 3, 5, 7의 형식을 취한다. X와 Y의 원자번호의 차가 클수록 낮은 안정도를 가진다 (예: ClF가 BrF 보다 안정하다). 플루오르화물의 대부분은 무색, 그외는 적갈색 혹은 이것에 가까운 색의 기체 또는 휘발성의 액체(혹은 고체)이다. 물과 반응해서 가수분해하며, 비금속을 산화해서 할로젠화물을 생성한다.

① 삼불화브로민(브롬)(BrF_3)

가) 자극성 냄새가 나는 무색 액체이며, 강산화제이다.

나) 물과이 접촉으로 폭발의 위험이 있으며, 인화성 액체와 접촉 시 혼촉발화한다.

다) 매우 유독하다.

② 오불화아이오딘(오불화요오드, IF_5)

가) 무색의 액체로 물과 접촉시 폭발의 위험이 있다.

나) 산과 반응하여 부식성의 증기를 발생시킨다.

다) 인화성 액체와 접촉시 혼촉발화한다.

라) 화재 시 분말소화약제가 유효하며, 소량 누출 시 다량이 물로 씻어 낸다.

③ 오불화브로민(브롬) (BrF_5)

가) 자극성 냄새가 나는 액체이다.

나) 물과 격렬히 반응하여 유독물질 및 인화성 가스를 발생한다.

④ 기타

삼염화아이오딘 (삼염화요오드, ICl_3) 등

※ 위험물의 위험등급

1. 위험등급 I 의 위험물
   ① 제1류 위험물 중 아염소산염류, 염소산염류, 과염소산염류, 무기과산화물 그 밖에 지정수량이 50kg인 위험물
   ② 제3류 위험물 중 칼륨, 나트륨, 알킬알루미늄, 알킬리튬, 황린 그 밖에 지정수량이 10kg 또는 20kg인 위험물
   ③ 제4류 위험물 중 특수인화물
   ④ 제5류 위험물 중 유기과산화물, 질산에스테르류 그 밖에 지정수량이 10kg인 위험물
   ⑤ 제6류 위험물

2. 위험등급 II 의 위험물
   ① 제1류 중 브롬산염류, 질산염류, 요오드산염류 그 밖에 지정수량이 300kg인 위험물
   ② 제2류 위험물 중 황화린, 적린, 황 그 밖에 지정수량이 100kg인 위험물
   ③ 제3류 중 알칼리금속(칼륨 및 나트륨 제외) 및 알칼리토금속, 유기금속화합물(알킬알루미늄 및 알킬리튬 제외) 그 밖에 지정수량이 50kg인 위험물
   ④ 제4류 위험물 중 제1석유류 및 알코올류
   ⑤ 제5류 위험물 중 1) 위험등급 I의 위험물의 ④에서 정하는 위험물 외의 것

3. 위험등급 III 의 위험물
   1과 2에 정하지 않은 위험물

1 다음 중 제6류 위험물의 일반적 특징 중 잘못된 것은?
① 가열하면 쉽게 분해하여 산소를 방출한다.
② 상온에서 가연성의 유독가스를 발생시킨다.
③ 일반적으로 물과 접촉하면 발열한다.
④ 일반적으로 상온에서 적갈색을 띤 액체이다.

2 다음 중 제6류 위험물의 취급방법 중 잘못된 것은?
① 소화 후 다량의 물로 씻어 내린다.
② 습기가 많은 곳에서 취급해야 한다.
③ 피복이나 피부에 묻지 않도록 한다.
④ 건조사로 위험물의 비산을 방지한다.

3 과산화수소가 표백 및 산화작용을 하는 이유는 분해할 때 무엇이 생성되기 때문인가?
① 이산화탄소 ② 발생기 염소
③ 발생기 수소 ④ 발생기 산소

4 과산화수소에 대한 설명 중 잘못된 것은?
① 냉암소에 저장하고 온도 상승을 방지한다.
② 유리용기에 보관하여도 무방하다.
③ 용기에 내압 상승을 막기 위해 작은 구멍을 낸다.
④ 농도가 클수록 위험하므로 분해방지안정제를 넣어 산소 분해를 억제한다.

5 제6류 위험물 중 공기 중에서 갈색의 연기를 내며 갈색 병에 보관해야 하는 것은?
① 염산 ② 질산
③ 황산 ④ 과산화수소

6 다음 중 제6류 위험물이 아닌 것은?
① 아염소산 ② 할로젠간 화합물
③ 과산화수소 ④ 과염소산

7 질산과 과염소산의 공통성질이 아닌 것은?

① 비중이 1보다 크다.

② 가연성이며, 강산화제이다.

③ 물과 접촉하면 발열한다.

④ 가연물과의 혼합으로 발화의 위험이 있다.

8 다음 중 과산화수소와 과염소산의 공통적인 성질이 아닌 것은?

① 산화제이다.
② 산소를 포함한다.

③ 물에 녹지 않는다.
④ 비중이 1보다 크다.

9 할로젠간 화합물에 대한 설명 중 잘못된 것은?

① 2종의 할로젠 X와 Y로 이루어진 화합물의 총칭

② 물과 반응해서 가수분해한다.

③ BrF가 ClF보다 안정하다.

④ 비금속을 산화해서 할로젠화물을 생성한다.

10 다음 중 과산화수소의 안정제로 사용되는 것은?

① 인산
② 글리세린

③ 실리콘오일
④ 황산

APPENDIX

부록

1. 위험물의 종류
2. 혼합으로 위험이 따르는 화학물질 일람표

- 참고문헌
- 연습문제 해답
- 찾아보기

APPENDIX

부록

1 위험물의 종류

위험물 및 지정수량(위험물안전관리법 시행령 제2조 및 제3조 관련)

유별	성질	품명	지정수량
제1류	산화성 고체	1. 아염소산염류	50킬로그램
		2. 염소산염류	50킬로그램
		3. 과염소산염류	50킬로그램
		4. 무기과산화물	50킬로그램
		5. 브로민산염류	300킬로그램
		6. 질산염류	300킬로그램
		7. 아이오딘산염류	300킬로그램
		8. 과망가니즈산염류	1,000킬로그램
		9. 다이크로뮴산염류	1,000킬로그램
		10. 그 밖에 행정안전부령으로 정하는 것	50킬로그램, 300킬로그램 또는 1,000킬로그램
		11. 제1호부터 제10호까지의 어느 하나에 해당하는 위험물을 하나 이상 함유한 것	
제2류	가연성 고체	1. 황화인	100킬로그램
		2. 적린	100킬로그램
		3. 황	100킬로그램
		4. 철분	500킬로그램
		5. 금속분	500킬로그램
		6. 마그네슘	500킬로그램
		7. 그 밖에 행정안전부령으로 정하는 것	100킬로그램 또는 500킬로그램
		8. 제1호부터 제7호까지의 어느 하나에 해당하는 위험물을 하나 이상 함유한 것	
		9. 인화성고체	1,000킬로그램

유 별	성 질	품 명		지정수량
제3류	자연발화성 물질 및 금수성 물질	1. 칼륨		10킬로그램
		2. 나트륨		10킬로그램
		3. 알킬알루미늄		10킬로그램
		4. 알킬리튬		10킬로그램
		5. 황린		20킬로그램
		6. 알칼리금속(칼륨 및 나트륨을 제외한다) 및 알칼리토금속		50킬로그램
		7. 유기금속화합물(알킬알루미늄 및 알킬리튬을 제외한다)		50킬로그램
		8. 금속의 수소화물		300킬로그램
		9. 금속의 인화물		300킬로그램
		10. 칼슘 또는 알루미늄의 탄화물		300킬로그램
		11. 그 밖에 행정안전부령으로 정하는 것		300킬로그램
		12. 제1호 내지 제11호의 1에 해당하는 어느 하나 이상을 함유한 것		10킬로그램, 50킬로그램 또는 300킬로그램
제4류	인화성 액체	1. 특수인화물		50리터
		2. 제1석유류	비수용성액체	200리터
			수용성액체	400리터
		3. 알코올류		400리터
		4. 제2석유류	비수용성액체	1,000리터
			수용성액체	2,000리터
		5. 제3석유류	비수용성액체	2,000리터
			수용성액체	4,000리터
		6. 제4석유류		6,000리터
		7. 동식물유류		10,000리터
제5류	자기반응성 물질	1. 유기과산화물		제1종: 10킬로그램 제2종: 100킬로그램
		2. 질산에스터류		
		3. 나이트로화합물		
		4. 나이트로소화합물		
		5. 아조화합물		
		6. 다이아조화합물		
		7. 하이드라진 유도체		
		8. 하이드록실아민		
		9. 하이드록실아민염류		
		10. 그 밖에 행정안전부령으로 정하는 것		
		11. 제1호부터 제10호까지의 어느 하나에 해당하는 위험물을 하나 이상 함유한 것		

유별	성질	품명	지정수량
제6류	산화성 액체	1. 과염소산	300킬로그램
		2. 과산화수소	300킬로그램
		3. 질산	300킬로그램
		4. 그 밖에 행정안전부령으로 정하는 것	300킬로그램
		5. 제1호 내지 제4호의 1에 해당하는 어느 하나 이상을 함유한 것	300킬로그램

비고

1. **"산화성고체"**라 함은 고체[액체(1기압 및 섭씨 20도에서 액상인 것 또는 섭씨 20도 초과 섭씨 40도 이하에서 액상인 것을 말한다. 이하 같다)또는 기체(1기압 및 섭씨 20도에서 기상인 것을 말한다)외의 것을 말한다. 이하 같다]로서 산화력의 잠재적인 위험성 또는 충격에 대한 민감성을 판단하기 위하여 소방청장이 정하여 고시(이하 "고시"라 한다)하는 시험에서 고시로 정하는 성질과 상태를 나타내는 것을 말한다. 이 경우 "액상"이라 함은 수직으로 된 시험관(안지름 30밀리미터, 높이 120밀리미터의 원통형유리관을 말한다)에 시료를 55밀리미터까지 채운 다음 당해 시험관을 수평으로 하였을 때 시료액면의 선단이 30밀리미터를 이동하는데 걸리는 시간이 90초 이내에 있는 것을 말한다.
2. **"가연성고체"**라 함은 고체로서 화염에 의한 발화의 위험성 또는 인화의 위험성을 판단하기 위하여 고시로 정하는 시험에서 고시로 정하는 성질과 상태를 나타내는 것을 말한다.
3. **황**은 순도가 60중량퍼센트 이상인 것을 말하며, 순도측정을 하는 경우 불순물은 활석 등 불연성물질과 수분으로 한정한다.
4. **"철분"**이라 함은 철의 분말로서 53마이크로미터의 표준체를 통과하는 것이 50중량퍼센트 미만인 것은 제외한다.
5. **"금속분"**이라 함은 알칼리금속·알칼리토류금속·철 및 마그네슘외의 금속의 분말을 말하고, 구리분·니켈분 및 150마이크로미터의 체를 통과하는 것이 50중량퍼센트 미만인 것은 제외한다.
6. 마그네슘 및 제2류제8호의 물품중 마그네슘을 함유한 것에 있어서는 다음 각목의 1에 해당하는 것은 제외한다.
   가. 2밀리미터의 체를 통과하지 아니하는 덩어리 상태의 것
   나. 지름 2밀리미터 이상의 막대 모양의 것
7. 황화인 · 적린 · 황 및 철분은 제2호에 따른 성질과 상태가 있는 것으로 본다.
8. **"인화성고체"**라 함은 고형알코올 그 밖에 1기압에서 인화점이 섭씨 40도 미만인 고체를 말한다.
9. **"자연발화성물질 및 금수성물질"**이라 함은 고체 또는 액체로서 공기 중에서 발화의 위험성이 있거나 물과 접촉하여 발화하거나 가연성가스를 발생하는 위험성이 있는 것을 말한다.
10. 칼륨·나트륨·알킬알루미늄·알킬리튬 및 황린은 제9호의 규정에 의한 성상이 있는 것으로 본다.
11. **"인화성액체"**라 함은 액체(제3석유류, 제4석유류 및 동식물유류의 경우 1기압과 섭씨 20도에서 액체인 것만 해당한다)로서 인화의 위험성이 있는 것을 말한다. 다만, 다음 각 목의 어느 하나에 해당하는 것을 법 제20조제1항의 중요기준과 세부기준에 따른 운반용기를 사용하여 운반하거나 저장(진열 및 판매를 포함한다)하는 경우는 제외한다.
    가. 「화장품법」 제2조제1호에 따른 화장품 중 인화성액체를 포함하고 있는 것

나. 「약사법」 제2조제4호에 따른 의약품 중 인화성액체를 포함하고 있는 것

다. 「약사법」 제2조제7호에 따른 의약외품(알코올류에 해당하는 것은 제외한다) 중 수용성인 인화성액체를 50부피퍼센트 이하로 포함하고 있는 것

라. 「의료기기법」에 따른 체외진단용 의료기기 중 인화성액체를 포함하고 있는 것

마. 「생활화학제품 및 살생물제의 안전관리에 관한 법률」 제3조제4호에 따른 안전확인대상생활화학제품(알코올류에 해당하는 것은 제외한다) 중 수용성인 인화성액체를 50부피퍼센트 이하로 포함하고 있는 것

12. **"특수인화물"**이라 함은 이황화탄소, 디에틸에테르 그 밖에 1기압에서 발화점이 섭씨 100도 이하인 것 또는 인화점이 섭씨 영하 20도 이하이고 비점이 섭씨 40도 이하인 것을 말한다.

13. **"제1석유류"**라 함은 아세톤, 휘발유 그 밖에 1기압에서 인화점이 섭씨 21도 미만인 것을 말한다.

14. **"알코올류"**라 함은 1분자를 구성하는 탄소원자의 수가 1개부터 3개까지인 포화1가 알코올(변성알코올을 포함한다)을 말한다. 다만, 다음 각목의 1에 해당하는 것은 제외한다.

가. 1분자를 구성하는 탄소원자의 수가 1개 내지 3개의 포화1가 알코올의 함유량이 60중량퍼센트 미만인 수용액

나. 가연성액체량이 60중량퍼센트 미만이고 인화점 및 연소점(태그개방식인화점측정기에 의한 연소점을 말한다. 이하 같다)이 에틸알코올 60중량퍼센트 수용액의 인화점 및 연소점을 초과하는 것

15. **"제2석유류"**라 함은 등유, 경유 그 밖에 1기압에서 인화점이 섭씨 21도 이상 70도 미만인 것을 말한다. 다만, 도료류 그 밖의 물품에 있어서 가연성 액체량이 40중량퍼센트 이하이면서 인화점이 섭씨 40도 이상인 동시에 연소점이 섭씨 60도 이상인 것은 제외한다.

16. **"제3석유류"**란 중유, 크레오소트유, 그 밖에 1기압에서 인화점이 섭씨 70도 이상 섭씨 200도 미만인 것을 말한다. 다만, 도료류 그 밖의 물품은 가연성 액체량이 40중량퍼센트 이하인 것은 제외한다.

17. **"제4석유류"**라 함은 기어유, 실린더유 그 밖에 1기압에서 인화점이 섭씨 200도 이상 섭씨 250도 미만의 것을 말한다. 다만 도료류 그 밖의 물품은 가연성 액체량이 40중량퍼센트 이하인 것은 제외한다.

18. **"동식물유류"**라 함은 동물의 지육(枝肉: 머리, 내장, 다리를 잘라 내고 아직 부위별로 나누지 않은 고기를 말한다) 등 또는 식물의 종자나 과육으로부터 추출한 것으로서 1기압에서 인화점이 섭씨 250도 미만인 것을 말한다. 다만, 법 제20조제1항의 규정에 의하여 행정안전부령으로 정하는 용기기준과 수납·저장기준에 따라 수납되어 저장·보관되고 용기의 외부에 물품의 통칭명, 수량 및 화기엄금(화기엄금과 동일한 의미를 갖는 표시를 포함한다)의 표시가 있는 경우를 제외한다.

19. **"자기반응성물질"**이란 고체 또는 액체로서 폭발의 위험성 또는 가열분해의 격렬함을 판단하기 위하여 고시로 정하는 시험에서 고시로 정하는 성질과 상태를 나타내는 것을 말하며, 위험성 유무와 등급에 따라 제1종 또는 제2종으로 분류한다.

20. 제5류제11호의 물품에 있어서는 유기과산화물을 함유하는 것 중에서 불활성고체를 함유하는 것으로서 다음 각목의 1에 해당하는 것은 제외한다.

가. 과산화벤조일의 함유량이 35.5중량퍼센트 미만인 것으로서 전분가루, 황산칼슘2수화물 또는 인산수소칼슘2수화물과의 혼합물

나. 비스(4-클로로벤조일)퍼옥사이드의 함유량이 30중량퍼센트 미만인 것으로서 불활성고체와의 혼합물

다. 과산화다이쿠밀의 함유량이 40중량퍼센트 미만인 것으로서 불활성고체와의 혼합물

라. 1·4비스(2-터셔리뷰틸퍼옥시아이소프로필)벤젠의 함유량이 40중량퍼센트 미만인 것으로서 불활

성고체와의 혼합물

마. 사이클로헥산온퍼옥사이드의 함유량이 30중량퍼센트 미만인 것으로서 불활성고체와의 혼합물

21. **"산화성액체"**라 함은 액체로서 산화력의 잠재적인 위험성을 판단하기 위하여 고시로 정하는 시험에서 고시로 정하는 성질과 상태를 나타내는 것을 말한다.
22. **과산화수소**는 그 농도가 36중량퍼센트 이상인 것에 한하며, 제21호의 성상이 있는 것으로 본다.
23. **질산**은 그 비중이 1.49 이상인 것에 한하며, 제21호의 성상이 있는 것으로 본다.
24. 위 표의 성질란에 규정된 성상을 2가지 이상 포함하는 물품(이하 이 호에서 "복수성상물품"이라 한다)이 속하는 품명은 다음 각목의 1에 의한다.
    가. 복수성상물품이 산화성고체의 성상 및 가연성고체의 성상을 가지는 경우 : 제2류제8호의 규정에 의한 품명
    나. 복수성상물품이 산화성고체의 성상 및 자기반응성물질의 성상을 가지는 경우 : 제5류제11호의 규정에 의한 품명
    다. 복수성상물품이 가연성고체의 성상과 자연발화성물질의 성상 및 금수성물질의 성상을 가지는 경우 : 제3류제12호의 규정에 의한 품명
    라. 복수성상물품이 자연발화성물질의 성상, 금수성물질의 성상 및 인화성액체의 성상을 가지는 경우 : 제3류제12호의 규정에 의한 품명
    마. 복수성상물품이 인화성액체의 성상 및 자기반응성물질의 성상을 가지는 경우 : 제5류제11호의 규정에 의한 품명
25. 위 표의 지정수량란에 정하는 수량이 복수로 있는 품명에 있어서는 당해 품명이 속하는 유(類)의 품명 가운데 위험성의 정도가 가장 유사한 품명의 지정수량란에 정하는 수량과 같은 수량을 당해 품명의 지정수량으로 한다. 이 경우 위험물의 위험성을 실험·비교하기 위한 기준은 고시로 정할 수 있다.
26. 위 표의 기준에 따라 위험물을 판정하고 지정수량을 결정하기 위하여 필요한 실험은 「국가표준기본법」 제23조에 따라 인정을 받은 시험 · 검사기관, 기술원, 국립소방연구원 또는 소방청장이 지정하는 기관에서 실시할 수 있다. 이 경우 실험 결과에는 실험한 위험물에 해당하는 품명과 지정수량이 포함되어야 한다.

2 혼합으로 위험이 따르는 화학물질 일람표

물질명		혼합 위험물질	조건	현상	비고
아염소산염류	아염소산나트륨	유기물	혼합	발화	
	아염소산나트륨	강산	혼합	발화	
	아염소산나트륨	유지	혼합	발화	
	아염소산나트륨	로단암몬	혼합	발화	
	아염소산나트륨	수산기타유기산	혼합	발화	

물질명		혼합 위험물질	조건	현상	비고
염소산염류	염소산염	황산	이산화염소 발생	폭발	
	염소산염	황화안티몬	밀폐공간에 방치	폭발	발화제
	염소산염	인화구리, 아인산염	혼합, 충격, 가열	폭발	
	염소산염	(알루미늄, 마그네슘, 철) 분말	점화, 충격	발화	흰색 불꽃, 섬광제
	염소산염	(알루미늄, 마그네슘, 철) +스테아린산염	점화, 충격	발화	적색 불꽃, 섬광제
	염소산칼륨	설탕 · 황산		폭발	
	염소산칼륨	오황화안티몬	충격	폭발	발화제
	염소산칼륨	설탕과 적혈염	충격	폭발	발사약
	염소산칼륨	(황, 이황화탄소, 유기황, 적린)	마찰, 충격, 가열	폭발	
	염소산바륨	스테아린산염	마찰, 충격, 가열	폭발	녹색 불꽃
과염소산염류	과염소산칼륨	(목탄, 종이, 나무 조각, 에테르 등)	상온, 습기, 일광	발화	과염소산칼륨을 방치하면 이산화염소로 분해, 일부 철산화염소가 되고 이때 흡열에 의하여 발화한다.
	무수과염소산칼륨	(황, 안티몬, 목탄, 아연, 철)		폭발	
무기과산화물	과산화수소	금속분, 유류, 수지, 면, 모, 연망간광	상온 상온	폭발 발화	자연발화 자연폭발
	과산화나트륨	물 알루미늄 초산무수물 수산화칼륨	상온 약간의 수분 접촉 화학반응	발화 발화 발화 발화	대단히 위험하다.
	과산화바륨·과산화마그네슘·과산화수은	유기물질(목편)	마찰, 수분 첨가	발화	
	과산화납	황산(황화수소) 황 · 주석산 · 구연산 · 수산	기류 중 마찰	발화	
브롬산염류	브로민산칼륨	유기물	가열	폭발	
	브로민산칼륨	디오글리콜산암몬	혼산, 수용일 때는 수분이 휘발할 때 반응이 일어난다.	발화	

	물질명	혼합 위험물질	조건	현상	비고
질산염류	질산칼륨 (질산나트륨)	초산나트륨(또는 수산염) +유기물	가온(저온)	폭발	초산납, 바륨은 안정
	질산칼륨 (질산나트륨)	아인산나트륨		폭발	산화질소, 아질산가스 발생
	질산나트륨	하이포	용해할 때	폭발	
	질산나트륨	주석	질산납이 되면서 오랜 반응으로 질산가스가 발생	폭발	
	질산암모늄	아연	상온, 수분	발화	
	질산암모늄	유안	외부에서 큰 에너지를 가함	폭발	
삼산화물	삼산화크롬	아닐린, 피리딘, 키노딘, 알코올, 아세톤, 신나, 그리스	자연발화	폭발	
과망간산염류	과망가니즈산염	피리딘	충격, 가온	폭발	
	과망가니즈산칼륨	황	177℃	폭발	
	과망가니즈산칼륨	글리세린		발화 폭발	분해로 발생된 수소가 폭발
	과망가니즈산칼륨	에탄올+황산		섬광, 발화	
	과망가니즈산칼륨	피크린산(불이 붙은 나무, 농황산) 나무, 농황산	접촉	발화	
	과망가니즈산칼륨	철(분말)	충격	발화	
	과망가니즈산칼륨	질산암몬	충격, 마찰	폭발	과망가니즈 산이 발생
중크롬산염류	중그롬산칼륨	시안화수은	마찰	발화	
	중크롬산암몬	암몬	가열	급분해 (발열)	
	중크롬산납	카바이드	마찰	발화	

	물질명	혼합 위험물질	조건	현상	비고
린	황린		상온에서 건조	발화	
	황린	발연질산 (아질산염, 염산염)	혼합	발화	
	적린	질산납	혼합, 충격, 가열	폭발	
	적린	요오드	접촉	폭발	
	적린	이황화탄소+암모니아	상온	발화	
알칼리금속 및 토금속	알칼리 또는 알칼리토금속	물	혼합, 수분	발화	칼륨, 나트륨, 티탄, 칼슘, 마그네슘, 아연 등
	금속나트륨	사염화탄소, 클로로포름, 기타 염소화탄화수소, 염소화탄화수소물	마찰, 충격 반응열의 축적	폭발 발화	
	금속칼슘				
	금속세슘				
	금속리튬				
	금속 알루미늄	요오드, 산화철(녹)	상온, 습기, 가열 (테르밋반응)	발화	
질산에스테르류	질산에스테르		비점 이상 가열	폭발	
	질산메틸		상온	폭발	
	질산에틸		밀폐실에서 개방할 때, 상온	폭발	
유기과산화물	벤조일퍼옥사이드 메틸에틸케톤퍼옥사이드 벤젠슬폰퍼옥사이드 피크라민산의 디아조화옥사이드 일부과산화물이 된 키논에틸렌퍼옥사이드 기타 유기과산화물류	나프텐산, 코발트, 회토류 금속	충격, 가온	폭발	
	에틸퍼옥사이드	에테르를 방치할 때 일부에서 발생	과잉 산소, 햇빛	폭발	에테르를 보관할 때는 공기, 햇빛, 아세톤, 과산화수소에 주의
	메틸퍼옥사이드	에테르를 방치할 때 일부에서 발생	과잉 산소, 햇빛	폭발	

	물질명	혼합 위험물질	조건	현상	비고
니트로화합물	나이트로메탄	유기물	혼합	발화 폭발	
	디나이트로메탄		일광, 열, 충격	폭발	
	나이트로구아니틴	농황산	혼합	발화	
	나이트로메탄수은납		자폭성	폭발	
	피크르산염		가열, 충격	폭발	
	피크린산	생석회	혼합	발화	
	탄산벤조하이드라진		단체 자폭성	폭발	
니트로소화합물	나이트로소 펜타메틸렌 테드라민	강산	접촉	발화	
	헥사메틸렌 테트라민	요오드포름화합물	혼합 178℃	폭발	
질산류	질산	알코올		발화	발열반응
	발연질산	디오펜		폭발	
	발연질산	(옥화수소가스 또는 세렌화 수소)	접촉	발화	

참고문헌

1. 최상복., "산업안전대사전"., 골드., 2004.
2. 위험물안전관리법.
3. 산업안전보건법
4. 김태석 외., "화재조사의 길잡이"., 기문당., 2009.
5. 이해평 외., "위험물안전관리"., 하수목., 2015.
6. 윤성탁., "환경생태학"., 아카데미서적., 2004.
7. 현성호., "위험물질론 : 이론과 실습"., 동화기술., 2014.
8. 이승렬., "유해위험물관리론"., 기전연구사., 1998.
9. Petrucci, Ralph H. 외., "General Chemistry: Principles and Modern Applications"., Prentice Hall, 2007.
10. Campbell, Neil A. 외., "Biology: Exploring Life"., Pearson Prentice Hall., 2006
11. 김태석 외., "화재조사의 길잡이"., 기문당., 2009.
12. 세화편집., "화학대사전"., 세화., 2001.
13. 윤창주., "화학용어사전"., 일진사., 2011.
14. "최신자동차공학시리즈-자동차가솔린기관"., 도서출판 골든벨., 2012.
15. 대한간호학회., "간호학대사전"., 한국사전연구사., 1996.
16. 국방기술품질원., "국방과학기술용어사전"., 2011.
17. 황동환 외 공저., "소화약제화학"., 2판., 동화기술., 2013.
18. Clark, William E., "Firefighting Principles and Practices"., Saddle Brook., 1991.
19. 목연수, "메틸에틸케톤퍼옥사이드의 위험성평가에 관한 연구", 한국안전학회, 20(4), 2005
20. Greenwood and Earnshaw., "Chemistry of the Elements", 2nd Ed. Reed Educational and Professional Publishing Ltd. 1997.

연습문제 해답

CHAPTER 2

1. PbO_2는 산화제로 작용하고 H_2O_2는 환원제로 작용한다.
2. 207
3. 879
4. 3
5. C_2H_6, $C_6H_8O_6$
6. (b) CH_3CH_2-OH
10. (b) $CH_3CH_2-O-CH_3CH_2$
11. ④
12. ③
13. ③
14. ①
15. ②
16. ④
17. ②
18. 화재 등의 재난이 발생한 경우 소방관서 등에 대한 연락업무, 화재 등의 재난이 발생한 경우 응급조치, 위험물의 취급에 관한 일지의 작성과 기록 등
19. 연소범위 : 3.75~15.96%, 위험도 : 3.256
20. ①
21. ④
22. $1F=1/2\times6\times10^{23}$개$+1/4\times6\times10^{23}$개 이므로, $2F=9\times10^{23}$개
23. $1F=96{,}500C/mol$, $1C=A\times sec$.
    $96{,}500C : 1/2\times6\times10^{23}$개 $= 1.93C : x$
    $\therefore x= 6.02\times10^{18}$

CHAPTER 3

1. ①
2. ②
3. ③
4. ②
5. ②
6. ①
7. ④
8. ①
9. ①
10. ①
11. ④
12. ④
13. ②
14. ④
15. ②
16. ③
17. ②
18. ①
19. ③
20. ③
21. ④
22. ④
23. ②
24. ①
25. ②
26. ②
27. ②
28. ④
29. ④
30. ②

31. ④
32. ①
33. ①
34. ④

CHAPTER 4

1. ①
2. ④
3. ③
4. ④
5. ②
6. ④
7. ④
8. ①
9. 40℃
10. ③
11. ④
12. ②
13. ①
15. ④
15. ④
16. ④
17. ④
18. ②
19. ③
20. ①
21. ②
22. ①
23. ③
24. ①
25. ③
26. ②

CHAPTER 5

1. ④
2. ①
3. ④
4. ④
5. ②
6. ①
7. ①
8. ③
9. ②
10. ④
11. ②
12. ①
13. ①
14. ④
15. ②
16. ③
17. ①
18. ③
19. ④
20. ③
21. ①

CHAPTER 6

1. ③
2. ③
3. ④
4. ③
5. ③
6. ③
7. ①
8. ④
9. ①
10. ①

11. ①
12. ④
13. ③
14. ②
15. ②
16. ①
17. ④
18. ②
19. ④
20. ③
21. ②
22. ①
23. ②
24. ④
25. ③
26. ②
27. ③
28. ③
29. ④
30. ①
31. ①
32. ④
33. ④
34. ④

CHAPTER 7

1. ④
2. ①
3. ③
4. ①
5. ③
6. ④
7. ④
8. ③
9. ①
10. ③
11. ①
12. ② 질산메틸, 나이트로글리세린 모두 액체

CHAPTER 8

1. ③
2. ②
3. ④
4. ②
5. ②
6. ①
7. ②
8. ③
9. ③
10. ①

찾아보기

ㄱ

가솔린 66, 178
가연물 61
가연성 고체 9
가연성 물질 123
갈탄 64
개미산 189
개미산에틸에스테르 182
건성유 199
경유 67, 188
고무풀 136
고온 부식 67
고체 26
고체연료 64
고형알코올 137
공기액화분리법 38
과망가니즈산나트륨 112, 113
과망가니즈산암모늄 113
과망가니즈산염류 111
과망가니즈산칼륨 111, 112
과망가니즈산칼슘 112
과산화나트륨 101
과산화마그네슘 103
과산화바륨 104
과산화벤조일(벤조일퍼옥사이드) 212
과산하수소 236
과산화칼륨 102
과산화칼슘 104
과아이오딘산 113
과아이오딘산염류 113
과염소산 235
과염소산나트륨 99
과염소산암모늄 100
과염소산칼륨 98
광학이성질체 50
구조식 28
구조이성질체 49
글리세린(글리세롤) 196
금속분 134
금속아지화합물 227
금속의 수소화물 158
금속의 인화물 160
금수성 9
금수성 물질 145
기체 22
기체상수 25
기체연료 68
기하이성질체 50
끓는점 26

ㄴ

나이트로글리세린 215
나이트로글리콜 217
나이트로벤젠 195
나이트로셀룰로오스 215
나이트로소화합물 221
나이트로화합물 218
나트륨 150
나프타 66

ㄷ

다이에틸아연 158
다이에틸텔르륨 158
다이크로뮴산염류 112
단체 15
담금질유 196
동식물유류 198
등유 67, 188
다이나이트로벤젠 220
디나이트로소레조르신 222
디나이트로소펜타메틸렌테드라민 222

디나이트로톨루엔 221
디나이트로페놀 221
디메틸케톤 177
디보레인(B2H6) 44
디아조디나이트로페놀 224
디아조메탄 224
디아조아세토니트릴 225
디아조화합물 224
디에틸에터(에테르) 172

ㄹ

라듐(Ra) 157
락카퍼티 137
류비듐(Rb) 156
르샤틀리에의 법칙 77
리튬(Li) 155

ㅁ

마그네슘 133
메타알데하이드 137
메타자일렌 191
메타크레졸 197
메틸리튬 152
메틸알코올 185
메틸에틸케톤 181
메틸에틸케톤퍼옥사이드 213
모노게르마늄(GeH_4) 45
모노실란(SiH_4) 44
무기과산화물 100
무연탄 64
물질 15
물체 15
밀도 20

ㅂ

바륨(Ba) 157
반건성유 199
발화점(착화점) 74
방향족 46
방향족 화합물 56
베릴륨(Be) 156
벤젠(C_6H_6) 56, 179
변성알코올 187
보일오버(Boil over) 현상 194
보일의 법칙(Boyle's law) 22
복수성상의 물품 11
부분산화법 37
분압법칙(Dalton's law) 25
분자식 28
분진폭발 81, 125
분해연소 74
분해중유 193
불건성유 200
불완전연소 60
불활성가스 43
브로민산나트륨 106
브로민산마그네슘 106
브로민산바륨 106
브로민산아연 106
브로민산염류 105
브로민산칼륨 105
비정상연소 72
비중 20

ㅅ

사에틸납 158
사이클로헥산 183
산소 공급원 62
산소(O_2) 38
산화력 90
산화반응 29
산화성 고체 8
산화성 액체 11, 233
산화제 30
산화프로필렌 176
삼불화브로민(브롬) 239

삼산화크롬(CrO_3) 93
삼황화인(P_4S_3) 127
상전이(phase transition) 18
샤를의 법칙 23
석회질소 161
석회질소법 41
세슘(Cs) 156
소염(화염일주) 82
속연성 물질 123
송근유 191
수성가스법 37
수소(H_2) 37
수소화나트륨 159
수소화리튬 159
수소화알루미늄리튬 159
수소화칼륨 159
수소화칼슘 159
수증기 개질법 37
순수물질 15
스트론튬(St) 157
스티렌 190
슬롭오버(Slop over) 현상 193
시성식 28
시안화수소(HCN) 45
신속평형법 71
실험식 28

ㅇ

아닐린 194
아미노아조벤젠 223
아보가드로법칙(Avogadro's law) 25
아산화질소 218
아세톤 177
아세트알데하이드 175
아세틸라이드 161, 175
아세틸렌(C_2H_2) 42
아세틸퍼옥사이드 214
아스팔트 67
아연분(Zn) 136
아염소산나트륨 94
아염소산염류 94
아염소산칼륨($KClO_2$) 95
아이오딘값 199
아이오딘산염류 109
아이오딘산칼륨 110
아이오딘산칼슘 110
아조벤젠 222
아조화합물 222
아족시벤젠 223
아지화연 225
아질산염류 113
아크롤레인 184
아크릴로니트릴 184
안티몬(Sb) 136
알루미늄 분 135
알진(AsH_3) 44
알칼리금속 155
알칼리토금속 156
알켄족 51
알코올레이트 149
알코올류 185
알킨족 51
알킬리튬 152
알킬알루미늄 151
암모니아(NH_3) 41
압력 20
액적연소 72
액체 26
액체연료 65
액화석유가스 69
액화천연가스 69
에틸렌글리콜 196
에틸벤젠 184
에틸세르솔브 191
에틸알코올 186
역청탄 64
연료 63
연료비 65
연소 6

연소범위 75
연소점 75
염소(Cl_2) 40
염소산나트륨 97
염소산암모늄(NH_4ClO_3) 98
염소산염류 95
염소산칼륨 96
염소화규소화합물 163
염소화아이소사이아누르산 113
오불화브로민(브롬) 239
오불화아이오딘 239
오일가스 69
오황화인(P_2S_5) 128
옥탄가 178
온도 21
올레핀계 51
완전연소 59
왕수 238
위험도 77
위험물 3
유기과산화물 212
유기금속화합물 158
유기화합물 45
유출법 71
윤활유 67, 197
의산 189
의산메틸 182
의산부틸 183
의산에틸 182
의산프로필 183
이상기체 22
이성질체 49
이소프렌 176
이소프로필알코올 187
이황화탄소 174
인화갈륨 160
인화성 고체 9, 136
인화성 액체 10
인화아연 160
인화알루미늄 160
인화점 74
인화칼슘 160
일산화탄소(CO) 39

ㅈ

자기연소 74
자기연소성 물질 10
자연발화 78
자연발화성 물질 9, 145
작용기 48
장뇌유 190
저온 부식 67
적린 129
절대온도 22
점화원 62
정상연소 72
정초산프로필 182
정프로필 알코올 187
제1석유류 177
제2석유류 188
제3석유류 192
제4석유류 197
제삼부틸알코올 137
조연성 물질 8
조해성 89
준자연발화 78
중유 67, 192
증기압 26
증발연소 72, 74
지방족 46
지방족 탄화수소 50
지연성 물질 89
지정수량 11
직류중유 192
질산 238
질산구아니딘 228
질산나트륨 107
질산메틸 216
질산바륨 109

질산소다 107
질산암모늄 108
질산에스테류 214
질산에틸 217
질산염류 106
질산은 109
질산칼륨 107
질소(N_2) 39
질화납 225
질화도 215

ㅊ

차아염소산염류 113
천연가스 69
천연가스분해법 37
천연방사성 물질 156
철분 132
초산 189
초산메틸 182
초산에틸 182
축합반응 173
칠황화인(P_4S_7) 128

ㅋ

카바이드 161
칼륨 148
칼슘(Ca) 157
칼슘시아나이드 161
콜로디온 179
클레오소오트유 194
클로로벤젠 191

ㅌ

탄소화합물 45
탄화도 65
탄화알루미늄 162
탄화칼슘 161
태그 밀폐식 71
테레핀유 190
톨루엔 180
톨루엔($C_6H_5CH_3$) 58
트리나이트로톨루엔 219
트리나이트로페놀 219
트리에틸알루미늄 152
특수인화물 172

ㅍ

파라디나이트로소벤젠 222
파라자실렌 191
파라핀계 탄화수소 51
파이어볼(Fire ball) 현상 194
퍼옥소붕산염류 113
퍼옥소이황산염류 113
페닐히드라진 226
펜스키마텐스 밀폐식 71
펜트리트 218
포름산 189
포스핀(PH_3) 44
포화지방산 198
포화탄화수소 51
폭발범위 75
표면연소 73
표준체 124
프레온(CFCs) 43
프리델크라프츠 알킬화 반응 59
플래쉬오버(Flash over) 현상 194
피리딘 183
피크르산 219
피크린산 219

ㅎ

하버-보쉬법 41
하이드라진 유도체 226
하이드록시아조벤젠 223

하이드록실아민 226
하이드록실아민염류 227
할로젠간 화합물 239
혼합물 16
혼합발화 12, 78
혼합중유 193
혼합화약 108
화학식 27
화합물 15
확산연소 72
환원반응 29
환원제 30
황 130
황린 153
황화수소(H_2S) 42
황화인 127
흑색 화약 108
히드라진 192

영문

ANFO 108
IUPAC 47
LC_{50}(Lethal concentration) 5
LD_{50}(Lethal dose) 5
SI(Systeme Internatiole d'Unites) 19

▌저자 소개

이재욱 경북도립대학교 소방방재과

강웅일 호남대학교 소방행정학과

권용수 경북도립대학교 소방방재과

제4판 위험물질론 정가 19,000원

저자 : 이재욱 · 강웅일 · 권용수

발행인 : 임정대
발행처 : 도서출판 화수목

발행 : 2017년 3월 10일 초 판
2018년 8월 13일 제2판
2021년 7월 15일 제3판
2025년 2월 27일 제4판

등록 : 제2014-000166호

주소 : 서울시 마포구 신촌로 2길 5-15
전화 : 02-338-9119
팩스 : 02-335-2201

ISBN 979-11-89933-48-7 (93530)